夜は樹上でペアで眠る。
1月下旬頃から繁殖期に入る。5月頃にはほぼ大人と同じ姿になる。

▲提供：藤掛幹夫氏
オスは地表で餌を探すことが多い。

**ヤンバルクイナ（上）とノグチゲラ（下）**
どちらも国内希少野生動植物種で沖縄島の固有種。

▲ケナガネズミ
一見リスのように可愛いが、しっぽはやはりネズミ。しっぽの先半分白いのが特徴。
写真左（提供：村山望氏）は幼獣。国内希少野生動植物種。

▲オキナワマルバネクワガタ　　▲ヤンバルテナガコガネ

マニアが多く、どちらも国内希少野生動植物種に指定されている。（提供：村山望氏）

▲クロイワトカゲモドキ（左）と ▶イボイモリ（右）
どちらも出会えるのは夜。原始的でかっこいい。
国内希少野生動植物種。

◀やんばるの森のカエル　固有種 3 種類
すべて国内希少野生動植物種。
上から時計回りに、
ホルストガエル
オキナワイシカワガエル
ナミエガエル

▲雄大な東海岸

▲謝敷海岸のイノー（珊瑚礁湖）

◀安波川上流の滝

「国頭村環境教育センターやんばる学びの森」のレストランテラスは、与那覇岳をはじめとする国頭の山並を一望できる数少ない場所だ。

▲奥の猪垣

▲奥間川の炭焼窯跡

▲楚洲の住居跡

（上）伊部の藍壺、（下）辺戸の水路橋▶

山中には観光資源として期待される
生活遺産が多く存在する。

▲奥集落

▲浜集落の湧水

▲謝敷集落のフクギ並木

▲奥間ターブクのサトウキビ畑

懐かしい生活の風景が残っている。

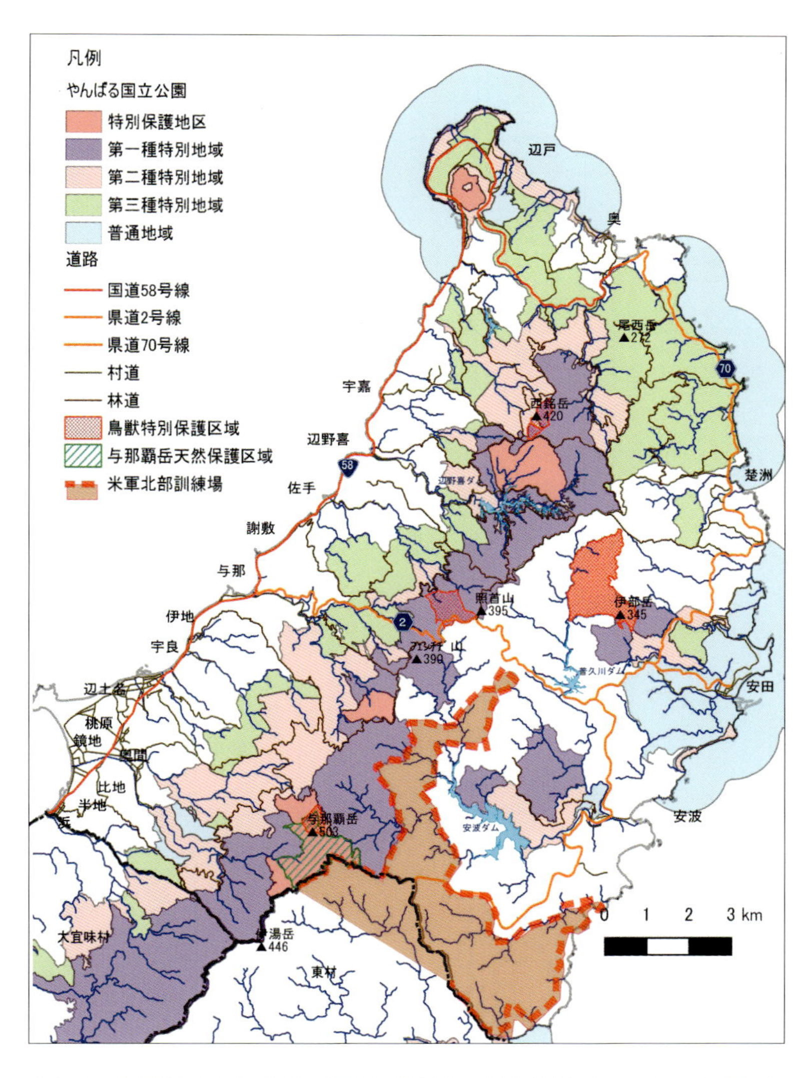


図 4-3　国頭村の森林地域の規制に関係する指定状況（2018 年 1 月現在）
（本文 103 頁）

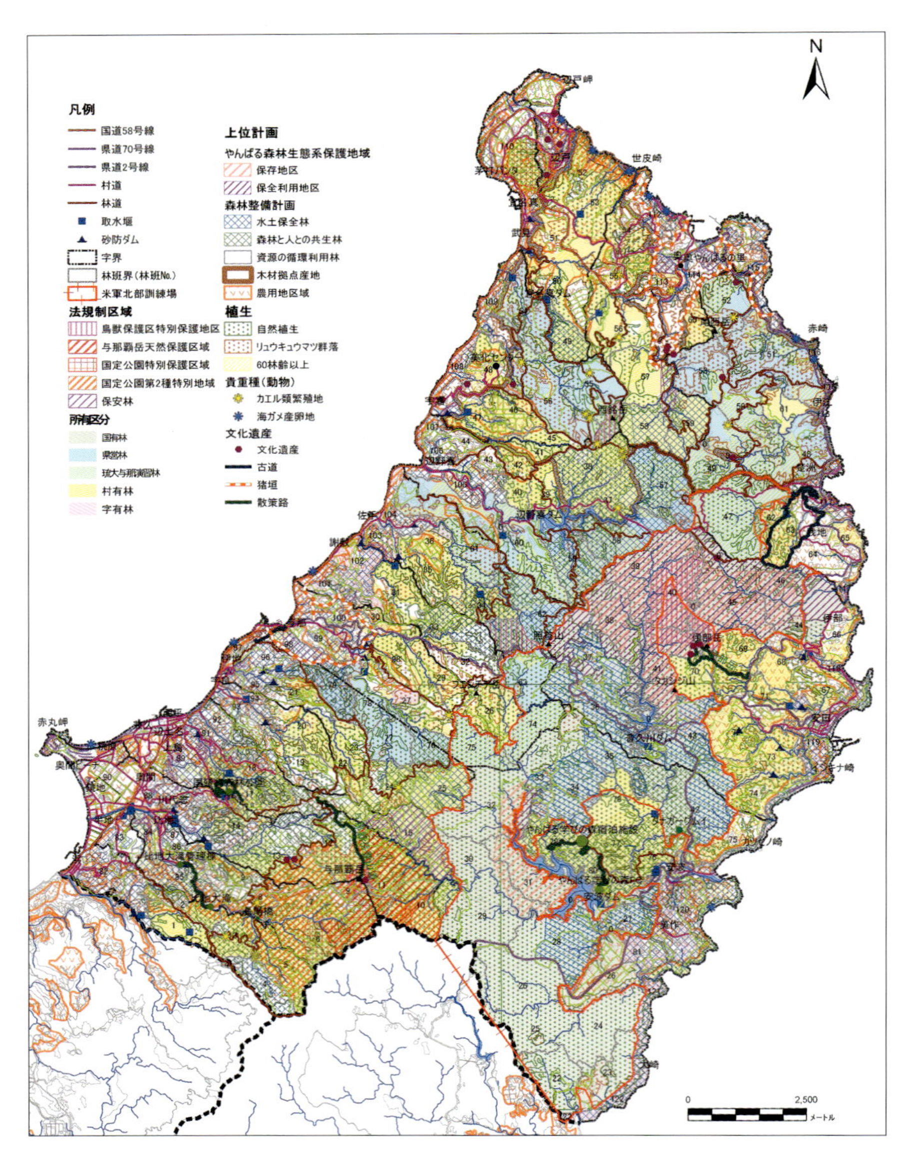


図 6-3　ゾーニング検討のために収集した情報をオーバーレイした図面（本文 161 頁）

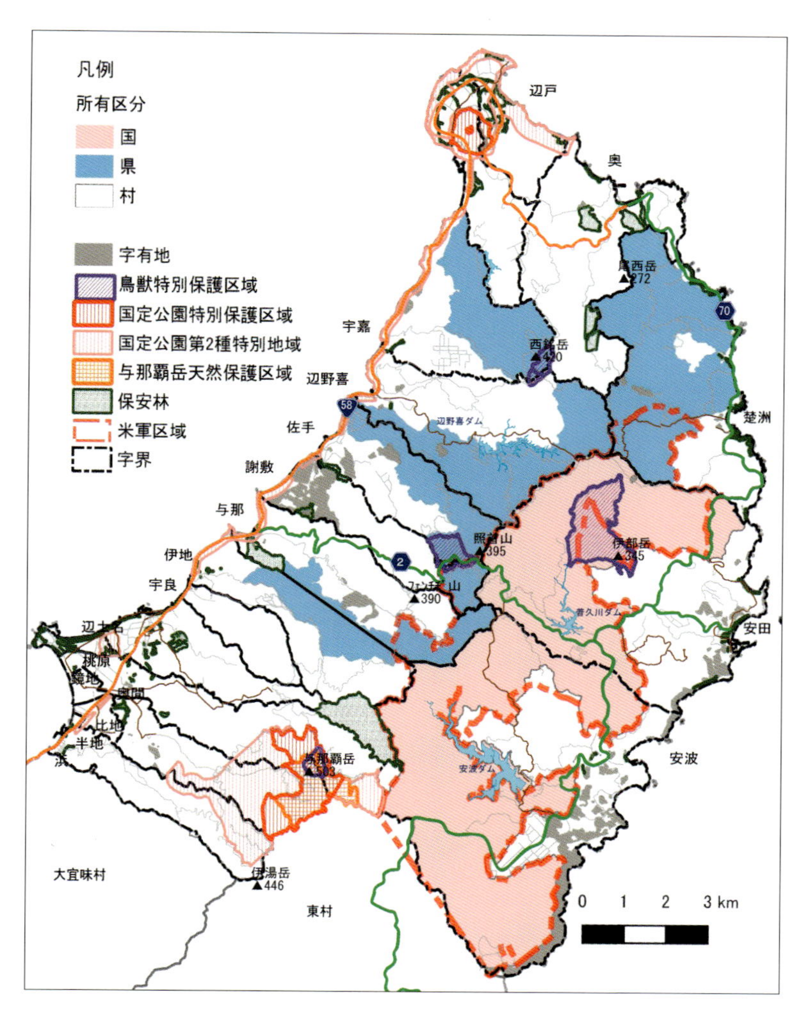


図 6-4　所有区分と法規制（計画策定時）（本文 170 頁）

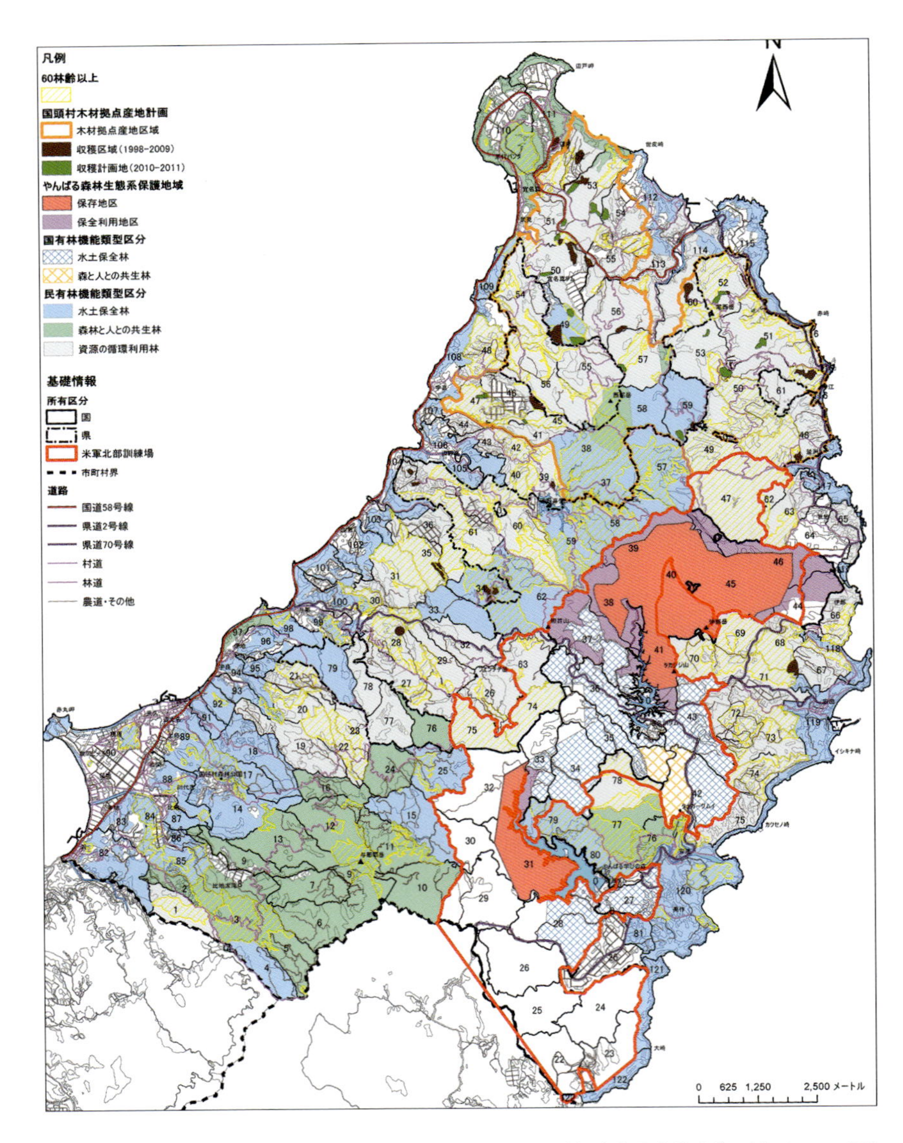


図 6-5　森林整備計画図及び施業履歴・計画（第 5 回検討委員会資料）（本文 171 頁）

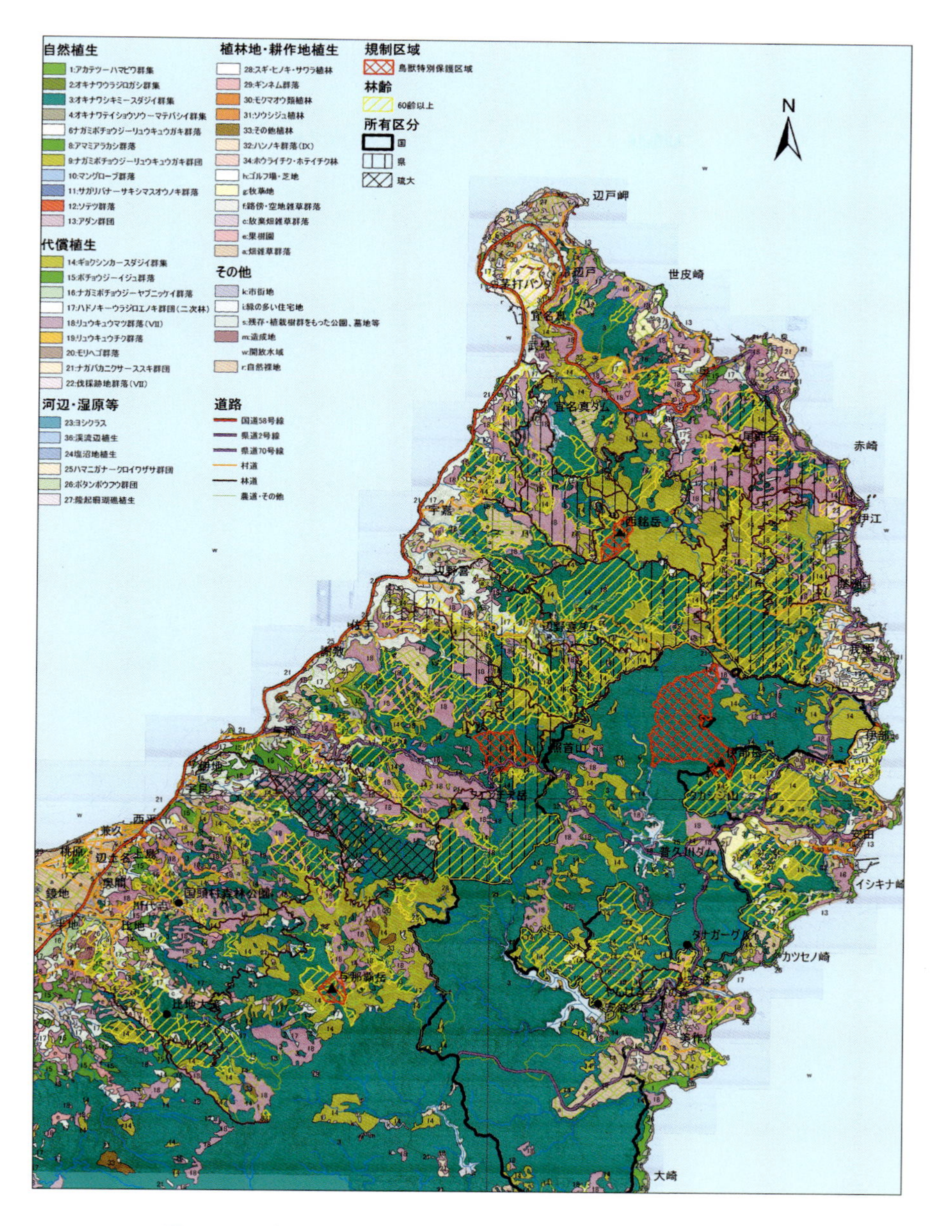

図 6-6　現存植生図（第 5 回検討委員会資料）（本文 172 頁）

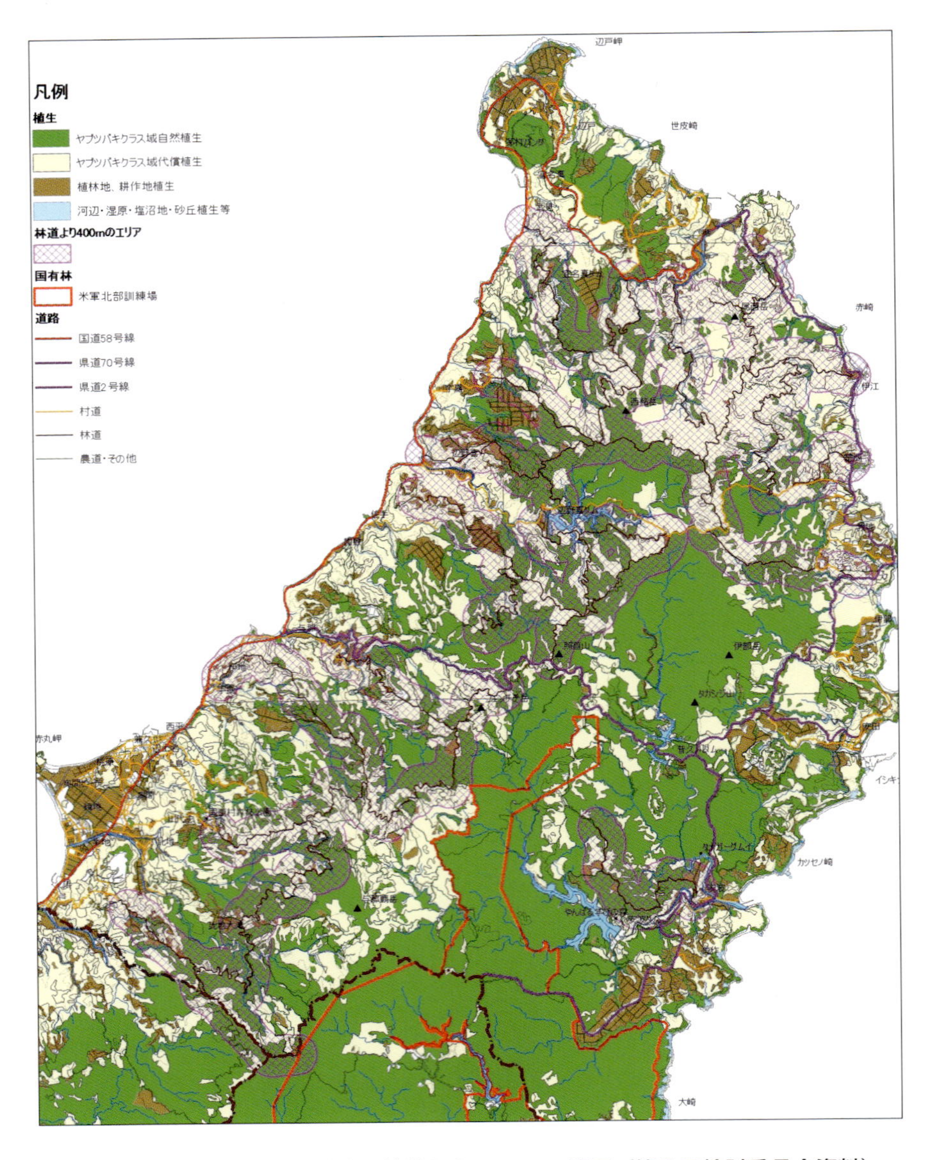


図 6-7　イタジイ林・植林地と林道から 400 mの範囲（第３回検討委員会資料）
（本文 173 頁）

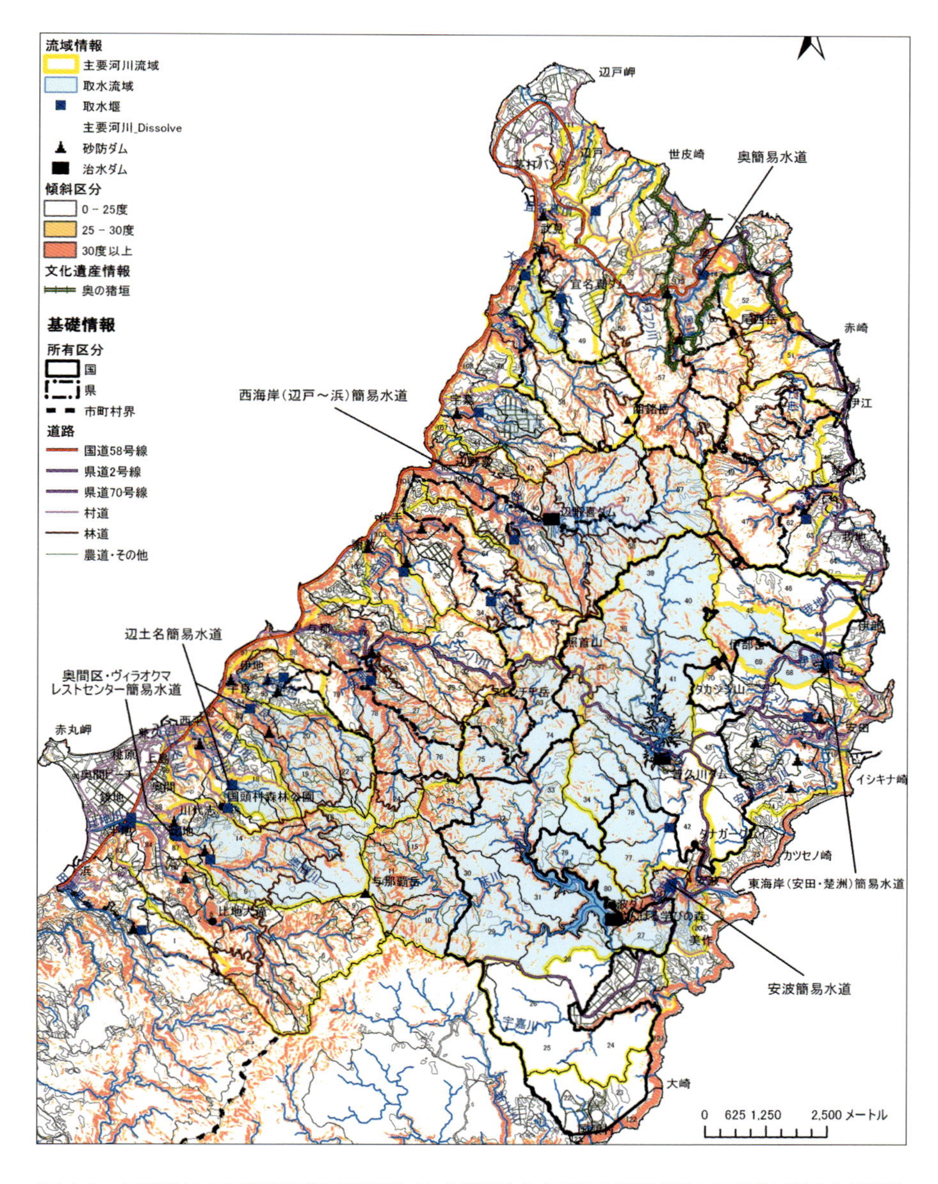


図 6-9　国頭村の流域情報（主要河川、取水堰等）と傾斜区分図（第 5 回検討委員会資料）
（本文 175 頁）

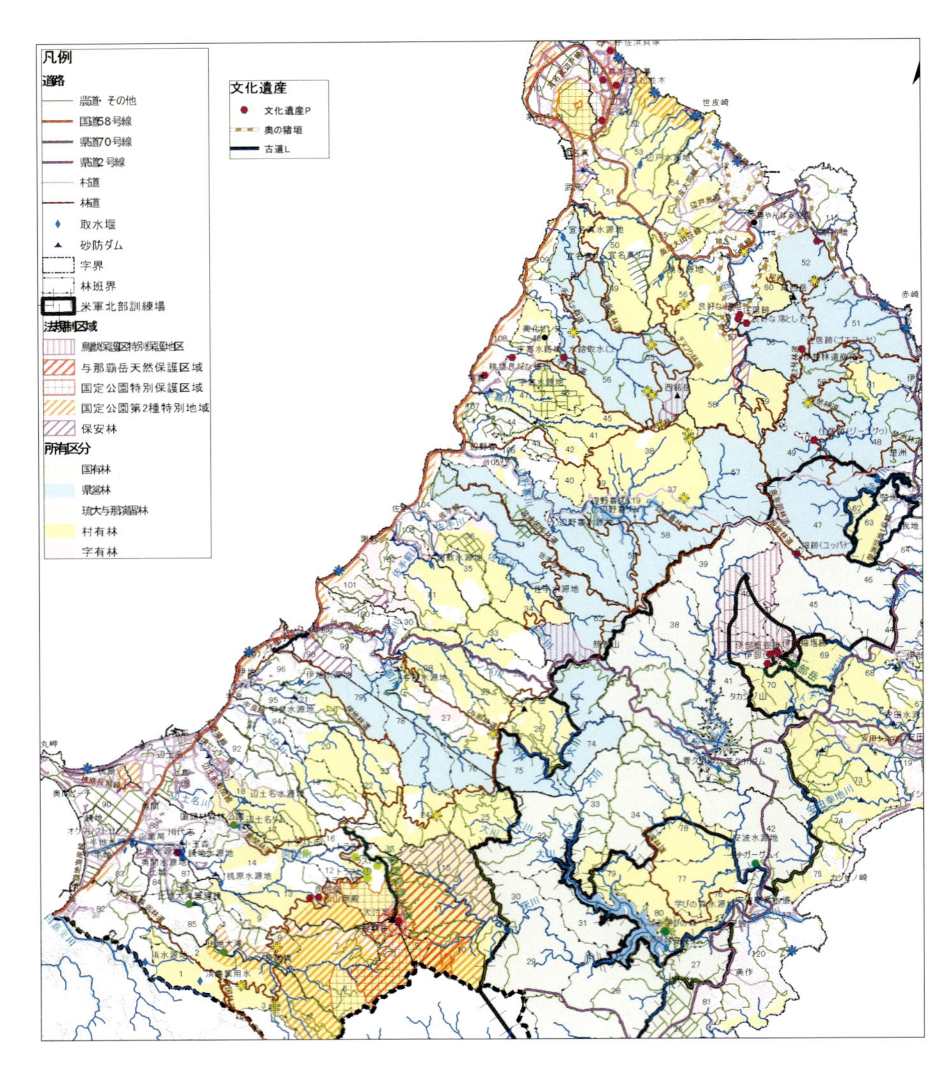


図 6-10　文化遺産調査等位置図（第 6 回検討委員会資料）（本文 176 頁）

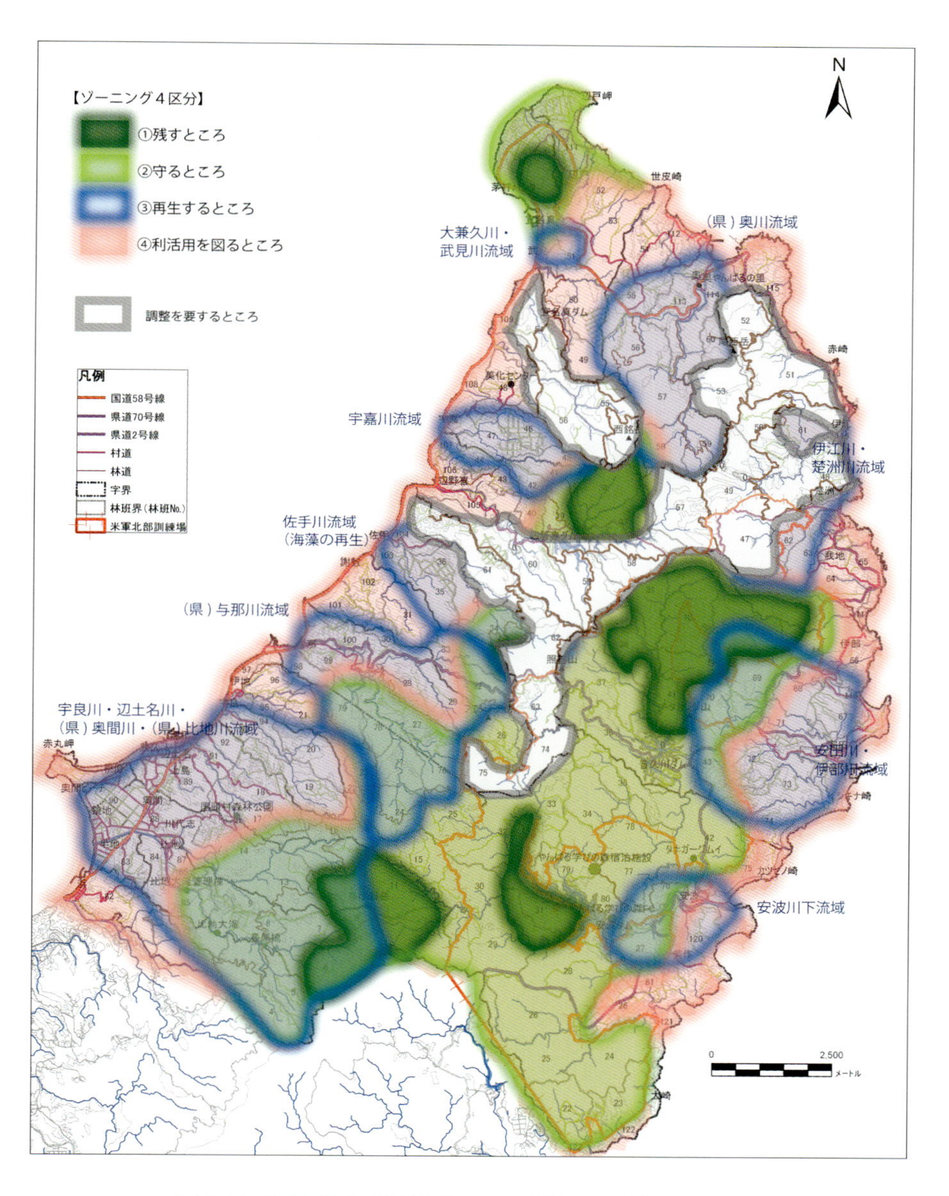


図 6-12　国頭村森林地域ゾーニング計画図（本文 189 頁）

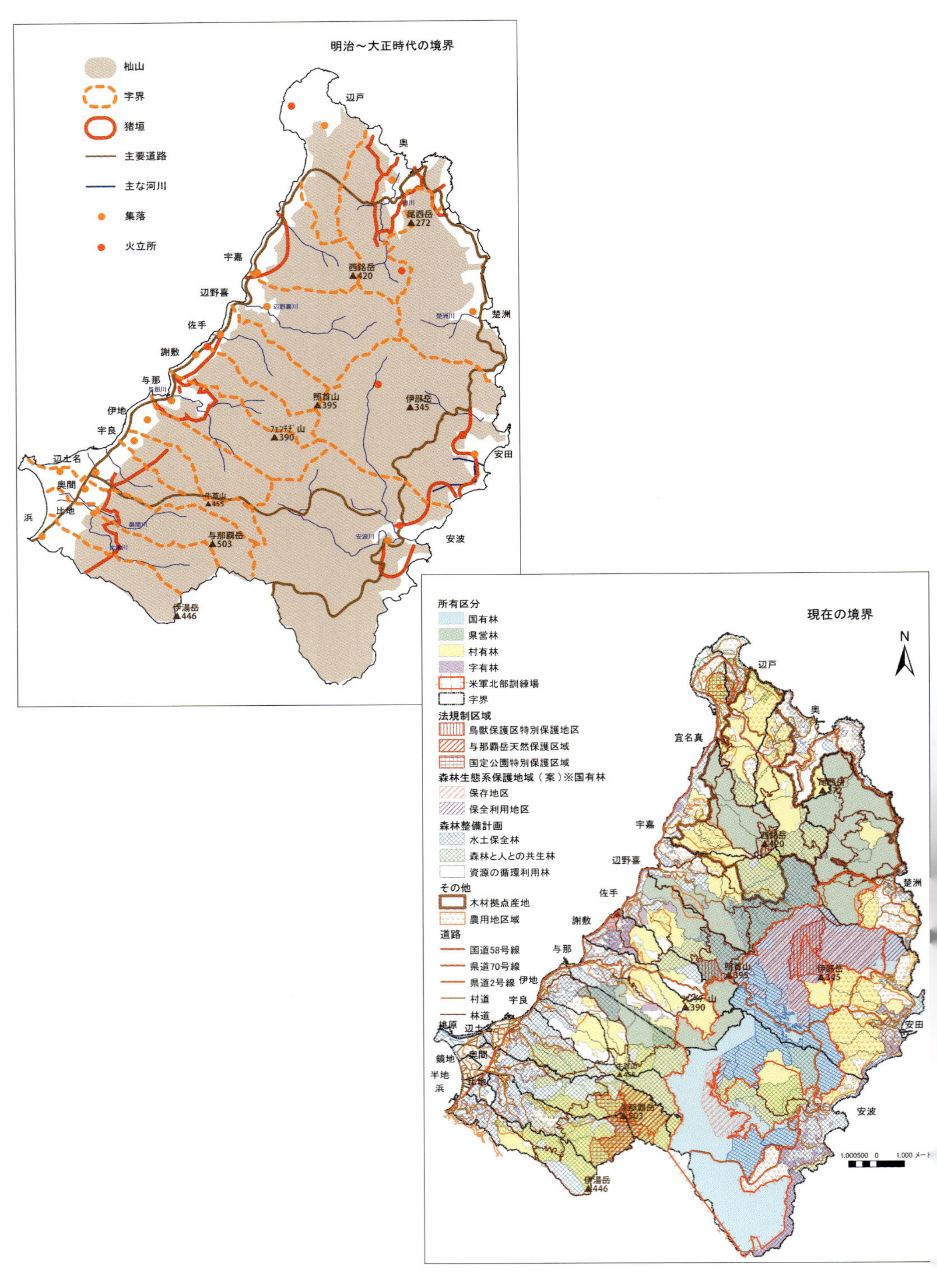


図 7-2　国頭村における境界の過去と現在（本文 196、197 頁）

# 森林資源管理の社会的合意形成

## —沖縄やんばるの森の保全と再生—

谷口恭子

東信堂

# はじめに

本書は、わが国有数の亜熱帯林である沖縄本島北部の「やんばるの森」をどう守り、地域のために活かしてゆくかというテーマに取り組んだ実践とその理論的考察の成果である。

やんばるの森の森林管理では、多くの森林管理のように、保全と利活用の二項対立をどう克服するか、その道筋をどのようにみいだすかということが重要な課題であった。国頭村でも、やんばるの森の保全と利活用をめぐって厳しい対立が存在した。こうした状況を克服するきっかけとなったのは、2011（平成23）年に国頭村が自主的に策定した「国頭村森林地域ゾーニング計画」であった。

「国頭村森林地域ゾーニング計画」の策定は、厳しい対立を合意の形成へと導いた転換点となった。この計画が策定されたのが2011年3月であった。その後、2016年9月にやんばる国立公園指定、12月に米軍北部訓練場の過半が返還され、今後世界自然遺産登録も予定されている。

本書執筆のきっかけとなったのは、わたしが沖縄県国頭村から依頼され、「国頭村森林地域ゾーニング計画」策定事業に従事する機会を得たことである。コンサルタント業務に携わってきたわたしは、公共事業等にかかわる専門的な計画決定は、行政と専門家による話し合いにより成されればいいと思ってきた。しかしながら、国頭村の様々な業務を通じて痛感したことは、地方の基礎自治体で、地域の活性化につなげるための創造的課題解決のためには、その地域に暮す人々を中心とした多様なステークホルダー（関係者）の参画と合意形成が不可欠だということであった。本書はこれまで携わった業務のなかでも、特に創造的成果となった「国頭村森林地域ゾーニング計画」策定過程についての客観的・理論的な考察が基盤となっている。

本書が目指したのは、貴重な自然をめぐる対立紛争を解決するための社会的合意形成の方法論である。すなわち、森林教育の観点も踏まえつつ、森林をめぐる対立・紛争の解決のための社会的合意形成のプロジェクト・マネジメントの実践的方法である。本書には、プロジェクトの設計、検討委員会の運営、住民意見交換会でのファシリテーション等の活動をはじめとする計画策定の全般、その経緯を踏まえた理論的考察が含まれている。

「国頭村森林地域ゾーニング計画」がやんばるの森を守り、活かすための戦略的方法として採用したのは、林野、建設、環境等の行政部門単位での限定された法定計画としてではなく、いわば基礎自治体が準拠すべき一種の総合計画として森林管理計画を策定することであった。本書では、この方法が顕在的・潜在的な対立を克服するための有効な手段であることを明らかにしている。

本書の資料・データの多くは、「国頭村森林地域ゾーニング計画」のなかに組み込んだものである。これらはわたしの建設系コンサルタントにおける環境アセスメント等の実務経験、九州大学理学部生物学科での生物学、立教大学大学院での環境教育、さらに、東京工業大学大学院社会理工学研究科での社会的合意形成研究という多様な研究がベースになっている。この意味で、本書は、理系・文系の領域にわたる内容をもっている。

本書のもとになったのは、東京工業大学大学院社会理工学研究科への学位申請論文「森林資源管理における社会的合意形成プロセスの構築に関する研究～「国頭村森林地域ゾーニング計画」策定事業の実践と考察～」である。この論文で、わたしは、平成27年に博士（学術）の学位を授与された。本書は、このたび日本学術振興会の出版助成を得て、出版向けに加筆・修正したものである。

「国頭村森林地域ゾーニング計画」の策定は、その後のやんばるの森の状況に大きな影響を与えたものと評価されているが、学位論文として受理されたのが2015年11月である。本書の出版は、計画策定から6年が経過したこともあり、計画策定時に整備したGIS情報の重要な基礎情報部分が大きく変更したことを本文中に記述している。参考までに現在の国立公園区域、米軍北部訓練場の位置図を巻頭に記載した。

本書が、地域資源を活用した地域活性化を課題とする研究者・学生、さらに社会的合意形成事業に関わる地方自治体の職員や地域活動を展開する方々、森林環境の保全と利用に興味のある方々の参考になることを願っている。

2018 年 1 月

谷口　恭子

森林資源管理の社会的合意形成／目次



# 第Ⅰ部　森林の保全と利活用における合意形成の課題

## 第 2 章　国頭村の森林資源　37



## 第 3 章　やんばるの森の保全と利活用　63

# 第Ⅲ部　世界自然遺産登録に向けて

# 森林資源管理の社会的合意形成
## ——沖縄やんばるの森の保全と再生——

「住民参加」の仕組みづくりについての研究・実践が都市・まちづくり・河川・道路・森林等の領域で進められている。合意形成の包括的な研究は、Susskind（2006）[9]、猪原（2011）[10]、原科（2005）[11]等にみることができる。猪原（2011）は、「合意形成（consensus building）」について、理論面、方法面、実践面の3つの側面から進展し、かつ一体となって知識体系を構築するための研究としている。具体的には、理論面の研究対象は、用語体系の整備、「場」・合意内容・プロセス・個人などの分類、合意形成の外部要因やほかの分野との関係等であり、方法面の研究では、方法そのものや方法の評価・比較・選択・利用・改善・開発、評価方法や改善方法が対象となり、実践面の研究では、実践の現場であり実践の記録が対象となる。原科（2005）は、公共計画の具体的な策定事例を調査し、参加の課題と本当の意味での合意形成を行うためのプロセスとしての情報交流の場（フォーラム）、合意形成の場（アリーナ）、自由討論の場（ワークショップ）において、市民参加による計画づくりを支える具体的な手法を示している。また、参加協働型社会構築のための人材育成に取り組む世古（2009）[12]は、「参加のデザイン」として「構成・プロセス・プログラム」の3つのデザイン理論に基づくワークショップの実践を積み重ねている。

森林資源における合意形成や住民参加に関する研究としては、1980年代に起きた知床及び白神山地の国有林伐採問題以降、林政学の分野で柿澤（1993[13], 2000[14], 2004[15]）、木平（1997[16], 2002[17]）、土屋（1999）、斎藤（1997）[18]などが、森林管理計画の策定から管理・利用に至るまでの市民参加の必要性・意義を、米国国有林の事例の分析も加えながら示してきた。また、漁業者やNPO等の、職業や価値観を共有する団体による森づくりへの参加の取り組みについて、中村・柿澤（2009）[19]、山本（2003）[20]、秋廣（2005[21], 2007[22]）等の報告がある。

本書では、ローカル・コモンズを「地域社会のしくみにより、地域が持続可能性に配慮して共同管理してきた空間、地域共同管理空間」と定義し、「コモンズは、自然生態系とそれを維持管理してきた地域の土地管理のしくみ、伝統、文化などの社会的装置の両方を含んでいる」（桑子, 2010a）[23]ものとして論考する。また、研究対象とした国頭村の森林資源管理は、村有林と県営林の公共事業としての整備が中心となっているため、コモンズの対象は、私有地を除く公有地を主とした。

以上のように、森林資源管理に関する合意形成については、様々な分野で研究が行われているが、基礎自治体による森林計画策定の実践に関する研究事例は少ない。

本書では、合意形成に関連する先行研究や実践経験を参考にしながら、森林管理に関する合意形成マネジメントの構築のための知見を得るために、「国頭村森林地域ゾーニング計画」策定事業を具体的な実践現場とした。実践フィールドは、沖縄本島北部に広がるやんばるの森のなかでも、特に貴重な動物たちの生息地の中心となっている「国頭村」であり、国内で5番目の世界自然遺産として登録手続きが進む地域の、森林資源管理に関する合意形成プロセスの研究対象地として特殊事例である。グローバルな視点でみると、東南アジア地域共通の亜熱帯林の資源管理に関する合意形成プロセスの研究対象地としての典型事例といえる。

国頭村では、森林地域の保全と利活用のあり方を、国頭村が主体となって検討し、その考えを発信する試みとして「国頭村森林地域ゾーニング計画」策定事業が行われた[24]。国頭村にとって林業は、歴史的に村民の命を繋いできた生業であり、現在も雇用の場として重要な産業であるものの、苦しい経営が続いている。加えて、国頭村の林業に対する世論の厳しい反発は続いている。国頭村行政は、森林の利活用、特に林業の今後のあり方について、公的かつ正式な場で、村民間の複雑な心情をふまえた上で、合意を形成することは容易でないと考えており、協議を避ける傾向にあった。しかしながら、世界自然遺産登録に必要な国立公園指定等の協議や、森林地域を観光資源として活用するための補助事業によるハード整備を進めていくためには、国頭村独自で策定した具体的な森林の利活用計画が必要であった。事業は、2009（平成21）年12月から2011（平成23）年3月の約1年4ヵ月行われた。検討結果は「国頭村森林地域ゾーニング計画」としてまとめられ、平成23年5月に村議会報告、9月には村の広報誌で公表された。

本書では、2011年の森林計画制度の見直しに先行する形で、筆者らが地域を主体として策定に関わった「国頭村森林地域ゾーニング計画（以下、「本計画」とする。)」について、その策定過程において実行した「合意形成プロセス」を記述・分析し、具体的な手法を明らかする。

筆者は、本計画策定のための検討委員会座長の桑子敏雄および国頭村役場職員とともに、プロジェクトの設計、検討委員会の運営、住民意見交換会でのファシリテーション等の活動をはじめとする計画策定の全般に関わる機会を得た。

本事業は、合意形成プロセスを含む事業による理論的・経験的な情報を分析した上で構築した「社会的合意形成プロセスにおける設計・運営・進行の具体的手法」を用いて行った、多様なステークホルダーとの協働による一つの社会実験という意味をもっている。すなわち、困難な合意形成の現場において、合意形成プロセスのための仮説を立て、当事者として問題解決の試みとして行った実践的・社会実験的研究と位置づけることができる。

筆者は、この委員会の事務局として、森林地域のGIS（Geographic Information System：地理情報システム）[25]情報の整備等、計画策定の基礎資料の作成にあたった。本書で用いるほとんどの資料は、筆者がこの業務で作成したものである[26]。

## 第2節　本書の構成

本書では、「国頭村森林地域ゾーニング計画」の策定事業の実践結果を、単なる事例報告ではなく、今後の森林資源管理計画の策定において参照価値のある理論として示す。特に、関係者の潜在的な対立により森林管理計画の策定が困難な地域において、基礎自治体である市町村を主体として計画を策定することの意義、及び策定事業をプロジェクトとしてマネジメントすることの重要性を示す。

本書は序章と終章を3つのパートと9つの章から構成される。序章、第1章から第9章、および終章から構成した。

第Ⅰ部（第1、2、3、4章）では、森林の保全と利活用における合意形成の課題について示す。

第1章では、コモンズとしての森林について考察した上で、やんばるの森の管理の歴史的背景について、琉球王朝の蔡温による林政まで遡って論じるとともに、所有権・利用権の変遷を示す。地域共同体を中心としたローカル・コモンズとしての森林資源利用から、グローバル・コモンズとしての保全を希求する管理へ急速に移行し、地域住民不在のなかで保全と利用の対立が深刻化していった。

第2章では、やんばるの森の象徴でもある資源の価値について、自然資源と文化資源それぞれについて論じる。自然資源については、やんばるの森に生息する貴重な生き物の学術的・普遍的価値は高く、観光資源としても今後ますます経済的に重要視されることが予測される。一方、地域資源については、猪垣や藍壺、住居跡などの半世紀前の生活跡が、「生活遺産」として新たな価値が認められ始めた。これらの遺産から「地域管理の智慧」を読みとりながら、地域活性化のきっかけとなる地域資源として保全・利活用等の管理を行っていくことが必要であることを示す。

第3章では、保全と利活用の対立構造を、「守る対象」の変遷の視点から論じる。さらに、森林資源の利活用について分析することで、対立構造の克服に必要な「人と自然との関わり」を含む多様な価値観の導入の必要性を論じる。

第4章では、森林資源管理に関する法令に基づく境界の設定における合意形成について概説し、「森林地域に張り巡らされている様々な境界による混乱」を示す。

第Ⅱ部（第5、6、7、8章）では、第Ⅰ部で明確になった課題について、解決のために実践した基礎自治体による森林計画策定事業の具体的な内容と合意形成マネジメントについて論じる。

第5章では、本書のフィールドである国頭村が実施した「国頭村森林地域ゾーニング計画」策定事業及び合意形成プロジェクト・マネジメントの概要を示す。筆者は、この事業の合意形成マネジメントチームメンバーとして、業務の設計、運営、委員会資料の作成、さらに合意形成のためのステークホルダーのインタレスト分析を行った。

第６章では、合意形成マネジメントの成果として合意形成に至った「国頭村森林地域ゾーニング計画」の具体的な内容について概説する。本計画策定業務の成果のひとつとして、さまざまな法令により複雑化していた森林地域の境界に関する情報を集積統合し、わかりやすく資料にまとめたことがある。具体的な内容を示しながら、基礎情報の集積・統合からゾーニング図の策定・合意形成までの経緯を論じる。

第７章では、「国頭村森林地域ゾーニング計画」における終盤の厳しい合意形成の構築に大きく貢献した、「ゆるやかなゾーニング」の概念について論じる。ゾーニングに「ゆるやかさ」をもたらすためには、地域住民の想いとしての「自然再生」の概念を森林管理計画に加えることを提案する。

以上の実践をふまえ、第８章では、「国頭村森林地域ゾーニング計画」の意義について、環境教育的視点及び地域政策の視点から論じる。環境教育的視点としては、①多様な参加者による情報交換の機会〈情報交換の場〉としての価値、②多様な立場の人の想いや価値観を知り、認識・理解し合う機会〈協議の場〉としての価値、③実践への行動変容として評価された。

第Ⅲ部（第９章）では、やんばる国頭村の持続可能な森林資源管理における課題について、世界自然遺産登録、森林業、地域を主体とした森林管理、亜熱帯林の典型事例としての今後の研究の展開の視点から論じる。

以上の考察より、多様なステークホルダー（関係者）による保全と利活用の対立が存在するなかで、対立を克服するための合意形成マネジメントの課題について、その解決のために以下の４点を示した。

①　複雑かつ潜在的な森林管理の問題について、その問題の本質に沿い、かつ地域の実情に即しつつ、社会的合意形成プロセスのデザインとマネジメントを社会実験的に実践することで、対立の深い課題を合意に導くことができる。

② 森林をめぐる対立紛争を解決するための合意形成のプロセスを、森林教育的な意味をもつものとしてデザイン・実践することで、多様なステークホルダーが環境をめぐる問題を深く理解し、また解決するためにはどのようなことが必要かを学ぶ機会を提供することが重要である。

③ 自然環境、行政機関等による生態学的・行政的資料をもとに、各種境界の複雑かつ多様な情報をGISソフトの活用によって重ね合わせ、統合することで、戦略的概念としての「ゆるやかなゾーニング」による合意形成を実現することが重要である。

④ 創造的・建設的合意形成プロセスの構築により、地域住民の意見を計画策定プロセスに組み込むことが重要であり、これにより、「再生するところ」による「ゆるやかなゾーニング」が実現できた。

以上のように、本書では、地域の自然環境及び行政機関の複雑な境界の特性を把握したうえで、合意形成理論に基づくプロセス・デザインの実践を行った。この実践は、生態学的情報マネジメント、森林資源や生物多様性といった環境にかかわる行政システム・プロセスに関する知見、および社会的合意形成という社会技術を統合した文理融合的な研究・実践として性格づけることができる。

**注**

1 「開発」は、造成工事等による物理的な土地の形状変更が大規模に行われる行為、「利活用」は、開発行為を含む広義の人為的行為とし、土地の形状を変更しない散策道の整備や林産物の収穫等のすべてを意味する。

2 土屋俊幸（1999）「森林における市民参加論の限界を超えて」．林業経済研究45(1)，pp9-14.

3 奥田夏樹（2005）「西表リゾート要望書―現状報告と今後の展望―」．保全生態学研究10，pp107-110.

4 関根孝道（2007）『南の島の自然破壊と現代環境訴訟―開発とアマミノクロウサギ・沖縄ジュゴン・ヤンバルクイナの未来』，関西学院大学出版会.

5 中尾英俊（2003）『入会林野の法律問題　新装版，勁草書房，東京.

6 三俣学・森元早苗・室田武（2008）『コモンズ研究のフロンティア―山野海川の共

的世界』，東京大学出版会，東京．
7　井上真（2004）『コモンズの思想を求めて』，岩波書店，東京．
8　井上真・宮内泰介（2001）『コモンズの社会学―森・川・海の資源共同管理を考える―（シリーズ環境社会学 2）』，新曜社，東京．
9　Susskind, L. and Cruikshank, J.（2006）Breaking Robert's Rules : The New Way to Run Your Meeting, Build Consensus, and Get Results. Oxford University Press, Inc.（ローレンス・E.・サスカインド，ジェフリー・L．クルックシャンク（2008）コンセンサスビルディング入門―公共政策の交渉と合意形成の進め方．有斐閣，東京．）
10　猪原健弘（2011）「合意と合意形成の数理―合意の効率、安定、存在」，猪原健弘編著『合意形成学』，勁草書房，東京．
11　原科幸彦（2005）『市民参加と合意形成―都市と環境の計画づくり―』，学芸出版社，東京．
12　世古一穂（2009）『参加と協働のデザイン―NPO・行政・企業の役割を再考する―．』，学芸出版社，京都．
13　柿澤宏昭（1993）「森林管理をめぐる市民参加と合意形成―日本とアメリカの現状から―」．森林計画誌 20，pp.77-95．
14　柿澤宏昭（2000）『エコシステムマネジメント』，築地書館，東京．
15　柿澤宏昭（2004）「地域における森林政策の主体をどう考えるか―市町村レベルを中心にして―」．林業経済研究 50，pp.3-14．
16　木平勇吉（1997）『森林管理と合意形成（林業改良普及双書　125）』，全国林業改良普及協会，東京．
17　木平勇吉（2002）「森林計画の立案過程への住民参加」，木平勇吉編著『流域環境の保全』，朝倉書店，東京，pp.122-130．
18　斎藤和彦（1997）「森林管理への「参加」に関する議論の展開（I）森林計画策定過程への市民参加に関する議論の経過」．森林計画誌 29(1)，pp.1-6
19　中村太士・柿澤宏昭（2009）『森林の働きを評価する―市民による森づくりに向けて―』，北海道大学出版会，札幌．
20　山本信次編著（2003）『森林ボランティア論』，日本林業調査会，東京，p.345．
21　秋廣敬恵（2005）「地域社会における森林管理・利用への住民参加・パートナーシップに関する社会経済学的考察（I）―パートナーシップ形成過程の類型化―」，森林計画学会誌 39，pp.123-142．
22　秋廣敬恵（2007）「地域社会における森林管理・利用への住民参加・パートナーシップに関する社会経済学的考察（II）―森林ボランティア活動みる森林管理・利用のための「協働システム」の分類と特徴―」，森林計画学会誌 41，pp.249-270．
23　桑子敏雄（2010a）「地域共同管理空間（ローカル・コモンズ）の維持管理と再生のための社会的合意形成について」，南山大学社会倫理研究所編『社会と倫理』第 24 号，pp.49-62．
24　本計画は、2009 年度は、「持続可能な観光地づくり支援事業」として、沖縄県の事業として実施され、2010 年度は、「森林地域ゾーニング計画（案）策定業務」として国頭村の事業として実施された。

25　GIS とは、地図とその属性を一元的に管理するデータベースのことであり、複数のデータを地図上で重ね合わせ、視覚的にわかりやすく表示することができる。都市・地域計画やインフラ管理、エリアマーケティング、防災計画など幅広く利用されている。

26　本計画策定業務は、当時筆者が勤務する NPO 法人国頭ツーリズム協会の委託業務であり GIS データの入力作業等は、協会職員（当時：久高将洋氏）と共に行った。また、沖縄県からは民有林森林簿、国頭村からは造林補助事業台帳の提供を受けた。所有区分、公共道路、字界等の基礎情報や沖縄県及び国頭村森林整備計画図、沖縄県民有林森林簿に対応する林小班ポリゴンは、齋藤和彦氏（森林総合研究所）が作成した GIS データを提供いただいた。

# 第Ⅰ部

# 森林の保全と利活用における合意形成の課題

# 第1章　森林管理の歴史

森林には、水源涵養、木材生産、治水・防災、保健休養の場、生物多様性の保全などの多様な機能があり、代表的なコモンズ（共有財）である。本章では、コモンズとしての森林について考察した上で、やんばるの資源管理の歴史について、森林が誰のものであるかという「所有権」と、誰がどのように管理・利用してきたかという「利用権」の視点から、その変遷をみていく。なぜならば、この所有権と利用権が関わる地域共同管理（ローカル・コモンズ）の急激な変化と消失が、現在の保全と利活用の対立の要因のひとつとなっている可能性があるからだ。

やんばるの森林資源管理は、琉球王朝の蔡温の時代（1700年代）に早くも成熟期を迎える。沖縄林政の中にも、中国・日本・米国に翻弄されながらたくましく生きてきた琉球民族の歴史を読み取ることができる。本章では、コモンズとしての森林について考察したうえで、①琉球王朝の杣山制度時代（1879年廃藩置県まで）、②明治維新以降の近代的所有権確立による混乱・乱伐時代（1945年終戦まで）、③米軍統治下時代（1972年まで）、④本土復帰後の公共事業時代の4期にわけて、私有地を除く公有地を中心に、所有権と利用権の視点からその変遷について述べる（**表1-1**参照）。

**表 1-1　森林管理の歴史**（1500 年〜）

| | 主な出来事 | | 沖縄県森林管理関連 |
|---|---|---|---|
| 1500 年 | 琉球王国統一（1429）<br>尚真王（1477-1526：黄金時代） | ※天下統一<br>江戸時代 | 初のリュウキュウマツ植林（01） |
| 1600 年 | 島津藩琉球侵略（09）<br>羽地朝秀摂政就任（66） | | 総山奉行（最高森林行政官）の設置（28） |
| 1700 年 | | 蔡温の林政 | 農務帳編纂（34）<br>杣山法式帳、山奉行所規模帳の公布（37） |
| 1800 年 | 沖縄県設置（廃藩置県：1879）<br>日清戦争（1894 〜 95） | 住民による乱伐・荒廃 | 「林政八書」まとめられる（85）<br>県土地整理法公布（99）杣山の国有化⇒「官地民木」から「官地官木」へ |
| 1900 年 | 日露戦争（04 〜 05）<br>第一次世界大戦（09 〜 18）<br>日中戦争（31 〜 37）<br>第二次世界大戦（39 〜 45） | 近代林野所有権の確立<br>戦争特需・過伐時代 | 杣山処分（06：国有林整理処分規則）<br>村等へ払下⇒私有地の発生<br>最初の共同店（奥集落）が成立（06）<br>国有林 4,500 ha を県に無償貸付（09：80 年間）<br>林道開設事業開始（1931） |
| 1950 年 | 朝鮮戦争（51 〜 54）<br>沖縄本土復帰（72）<br>輸入自由化（91） | 米国民政府管理（45 〜 72）<br>エネルギー革命<br>やんばる材需要拡大（75 〜 90） | チェーンソウ導入（大面積伐採・拡大造林：58）<br>北部森林組合設立（74）<br>チップ工場建設（77）<br>ダム建設（安波：78-83, 普久川：79-83, 辺野喜：83-86）<br>国頭村森林組合設立（84）<br>勅令貸付国有林契約更新（89: 60 年間） |
| 2000 年 | | | |

## 第1節　コモンズとしての森林

基本的に都市部においても地方の集落においても、人間は特定の空間を占有し、水、空気、日照、風などの、地域の資源によって生かされている。様々な自然資源のなかでも「森林」は、水源涵養、木材生産、治水・防災、保健休養の場、生物多様性の保全などの多様な機能を有しており、代表的な「コモンズ（共有財）」といえる。「コモンズ（Commons）」の定義に関しては、経済学、法律学、環境社会学、文化人類学などの様々な分野で議論が続いている。本節では、本書におけるコモンズの定義を明確に示す。

### (1) 入会林野とコモンズ

Hardinの「コモンズの悲劇」(1968) として経済学の分野にはじまったコモンズ研究は、日本では「私（Private）」と「公（Public）」の間にある「共(Commons)」的世界としての「入会地、共有地」研究として、法律学及び林政学の分野の入会裁判研究のなかで法体系が整備されてきた。

明治元年の地租改正により、所有権の概念が発生するまでは、利用＝所有であり、共同利用される林野は共同所有が原則であった。その後、政府は「部落有林野統一政策」をおしすすめた結果、所有権は国・都道府県・市町村・字・私のいずれかの所有に明確に区分されたものの、所有に関わりなく部落等で共同利用を行う慣習は続いた。法律学の分野で入会林野を研究する中尾英俊は、その著書『入会林野の法律問題』(2003) で、入会権の特徴を以下のようにまとめている[1]。

① 入会権は一定の部落に住む者だけが部落の慣習（おきて）にしたがってこれをもつことができる権利である。

② 入会権は個人がもつ権利ではなく「世帯」(または世帯主) がもつ権利である。

③ 入会権は個人の権利ではないから相続されない。

④ 入会権は自由に他人に売ったりゆずったりすることはできない。

入会権は、所有権のように相続されるものではないため、「入会権者であるかどうかを決定するのに一番重要なのは、いずれの場合にも入会林野の維持管理に必要な義務を負担し、ほんらいの入会権者たちと部落住民として付き合いをしているかどうか」[2]を問われる厳しい権利である。また、固定化された絶対的権利ではなく、あくまでも「現在の慣習にもとづいて入会林野を管理利用している事実を法律上の権利として認める」[3]ものである。入会権は、固定化された絶対的権利ではなく、その所有・管理形態は流動的である。近代化による林野の管理形態の変化や人口、生活形態の変化による利用の減少に伴い、全国各地で入会的に管理されている森林は減少している。

経済学や環境社会学、森林計画、林業経営学などでは、疲弊する地域共同体の再生・再構築を目的とし、日本国内から東南アジアの森林地域を中心に残存する共的管理制度の事例収集と分析が行われている（鳥越, 1997[4]：井上, 2004[5]）。

環境社会学の分野では、コモンズの「利用権」の問題について議論され、「コモンズ」を、「利用している人たちの社会システムを各地域の実践的な課題に沿って明らかにしていくことが必要」という点で共通認識がもたれた（鳥越, 1997）[6]。経済学の分野では三俣・森元・室田は、コモンズを、「①共有・共用する天然資源、②それらをめぐって生成する共同的管理・利用制度」と定義している[7]。森林社会学者の井上真（2004）も「自然資源の共同管理制度、および共同管理の対象である資源そのもの」と定義し、「資源と管理制度」の両方を意味する言葉として定着しつつある。

本書では、ローカル・コモンズを「地域社会のしくみにより、地域が持続可能性に配慮して共同管理してきた空間、地域共同管理空間」と定義し、「コモンズは、自然生態系とそれを維持管理してきた地域の土地管理のしくみ、伝統、文化などの社会的装置の両方を含んでいる」（桑子, 2010）[8]ものとした。すなわち、空間に含まれる資源や土地と人間の働きかけのすべてをコモンズと定義する。

これらの研究に共通するのは、コモンズ研究により、これまで続いてきた共同管理システムを見直し、衰退の一途をたどる現在の地域社会において、システムを再構築するための理念と具体的な方法を提起することを目的としていることであり、その実践と模索が続いている。

### (2) コモンズと住民参加

井上・宮内 (2001)[9] は、コモンズ研究で重視する領域を、「自然資源を利用しアクセスする権利が一定の集団・メンバーの限定される管理の制度あるいは資源そのもの」である「ローカル・コモンズ」とし、そのなかでも「利用について集団内で規律が定められ、種々の明示的・暗黙の権利・義務関係が伴う『タイト (Tight) なローカル・コモンズ』」についての議論と研究が重要であることを指摘している。既存のローカル・コモンズを分析することによって、管理システムの継続に必要な要素を抽出することが、コモンズの再生や新たなコモンズの可能性を示すことになる。

ノーベル経済学賞受賞者の Ostrom は、膨大な数の既存のコモンズの実態を分析し、コモンズが長期的に存立する 8 つの条件として以下に示した (Ostrom, 1990)[10]。

① コモンズの境界・領域が明らかであること (Clearly defined boundaries)
対象となるコモンズ自体の領域だけでなく、コモンズを利用できる個人あるいは家庭がはっきりと定義できること。

② コモンズに対する利用・供給ルールが地域的条件と調和していること (Congruence between appropriation and provision rules and local conditions)
時間、場所、技術や数量に関する利用ルールと労働、資源量等の提供を定めた供給ルールが、地域の条件と相互に関連していること。

③ 集合的な選択についての取り決め (Collective-choice arrangements)
運営ルールに影響を受ける個々人は、そのルールの修正等の変更に参加できること。

④ 監視・観察の必要性 (Monitoring)
コモンズの状態あるいはその利用者の行動を積極的にモニターできる

こと。

⑤　ペナルティは段階を持ってなされること（Graduated sanctions）

運営ルールの違反者に対して課される制裁は、違反者の個人的状況をよく把握している者によって、違反の程度に応じて行われること。

⑥　紛争解決のメカニズムが備わっていること
（Conflict-resolution mechanisms）

コモンズ利用者間での利害不一致を低コストで調整できる機構が存在すること。

⑦　コモンズを組織する権利に主体性が保たれていること
（Minimal recognition of rights to organize）

コモンズを組織し管理する権利がローカル・コモンズに属していない外部の政府機関などによって大きく侵害されないこと。時に外部の政府機関等にはコモンズのルールの執行にあたっては最低限の正当性しか主張できないように限定されていること。

⑧　コモンズの組織が入れ子状になっていること（Nested enterprises）

コモンズがより大きな組織の一部である場合、利用方法、管理方法、モニタリング、強制手段、利害の調整方法等は、各段階の必要に応じて多層的な入れ子構造となっていること。

また、室田・三俣らは、滋賀県の2地域の共有林及び水利慣行の事例分析より、共同体による持続的な資源保全のための要件を以下のように抽出している[11]。

①　なわばり（資源の境界も利用者も明確に限定され、共有する領域の地理情報も明確に把握）⇒ Ostrom ①

②　モニタリング ⇒ Ostrom ④

③　ルールに反映される地域性 ⇒ Ostrom ②

④　ルール・慣習を定着させたリーダーの存在

⑤　違約者の事情を考慮に入れた罰則 ⇒ Ostrom ⑤

⑥　共有資源と氏神（氏神が民俗的な資源利用に大きな影響を与える）
⑦　常識が生む節度ある資源利用（「昔からされているとおりにする」ことが「常識」）
⑧　コモンズと行政との適度な緊張関係 ⇒ Ostrom ⑧

Ostrom の 8 つの条件と 5 要件が共通しており、今後のコモンズ研究の重要な視座ととらえることができる。異なる独自の条件は、④柔軟な資源管理体制を確立したリーダーの存在、⑥民俗的な資源利用に大きな影響を与える氏神の存在、及び⑦常識の役割の 3 点であり、地域の特異性を表す重要な要件という解釈もできる。

新たなローカル・コモンズの実践事例の多くは、従来の地縁を超えた、職業や価値観を共有する団体によるものである。北海道漁協婦人部連絡協議会による「お魚殖やす植樹運動」（1988 年〜）や宮城県の「牡蠣の森を慕う会」による「森は海の恋人植樹活動」（1989 年〜）以降、漁業者による森づくりの活動は、全国漁業協同組合連合会や自治体等による制度化も追い風となり全国に広がった（斎藤, 2003）[12]。

この他にも、NPO や自然愛好家などによる森林ボランティア活動も全国各地で行われており、パートナーシップの形成過程の類型化（秋廣, 2005）[13]、協議（合意形成）システムの分析（秋廣, 2007）[14] の研究もあるが、いずれも「継続性・持続性」が課題である。

「共的世界」である地域共同体そのものが衰退するなか、残された「タイトなローカル・コモンズ」の分析を行うと同時に、行政が主体となる「公的世界」に「共的世界」組み込んでいくことが現実的な段階にきている。いいかえれば、コモンズ論と同時期に研究が進められてきた「住民参加」の議論が重要である。

### (3)「公」に「共」を組み込む

共的世界が弱まっていく反面、「みんなのもの」の「みんな」が広がっている。森林資源の利用が木材生産のみに単一化し、林業に携わる人間のみが山に入る。その一方で、大規模ダムや大規模な導水により、流域外の住民が水資源の恩恵を受け、世界的に希少な生物を守るために、遙か彼方の自然愛好家が森林の扱いに対して意見する権利を主張する。その地域の野生動植物等の学術的価値が高くなるにつれて、「集落みんなのもの」は、「町民のもの」、「県民のもの」、「日本人みんなのもの」、「世界中のみんなのもの」へと広がっていく。ローカルなコモンズだと思っていた地域や資源がグローバルなコモンズとして注目を集め、いつの間にか公的な管理の力が共的管理制度よりも強くなっていることがある。例えば、これまでは都道府県と市町村が地域森林管理計画を策定し、該当する集落へ承認を得て伐採を行っていたものが、都市部の自然保護団体の申し立てにより、都道府県が自粛を指導するような場合がある。

これからは、公的な管理制度をベースにしたなかに、共的要素を取り込んでいくしくみが必要になっている。つまり、公共事業に地域住民の意見を取り込むしくみということである。森林管理において、国有林や県・市町村有林の管理計画に地域住民の意見はどの程度取り込まれているだろうか。

## 第２節　沖縄本島の森林の利用と管理

日本（本土）で山林の管理が促進したのは、森林の過剰利用が問題になり始めた1600年代である（タットマン, 1998）[15]。徳川幕府よる平和と安定によって、①新たな統治者たちの城郭、邸宅、神社等の造営の増加、②都市・町の急激な成長による建築用木材の消費の増加、③人口増加による食糧、燃料、住宅地への需要の急増、④開墾面積の拡大による森林地域の縮小と肥料利用量の増大が起こった。保護と生産のための管理体制の構築、特に、利用権をめぐる紛争の解決手段を模索することが喫緊の課題となった。17世紀後半には、利用権の争いに加え、森林産物の不足と高騰、山林の深刻な劣化による浸食や下流への悪影響があらわれはじめ、森林の利用を規制する「消極的管理体制」に加え、植林による「積極的政策」が始まった。これらの森林政策は、徳川幕府と大名（藩）が官吏（山方役人）により監視する山林と、村によって共同管理される共有林（入会地）それぞれで行われていたが、「土地を所有する」という概念はなく、利用権の境界や利用規則の設定に関する紛争と調整が続いた。

沖縄本島においては、約2世紀早く琉球王国の統一による平和と安定による人口増加等で、同様な問題が生じ、森林管理が始まった。本節では、沖縄本島の森林の利用と管理の変遷について、国頭村の状況も加えながら概説する。

### (1) 琉球王朝時代の杣山管理と蔡温の林政

沖縄における林政は、1429年の琉球王国統一後、首里城を中心とした地域の人口増加による木材需要の増加や、寺院・王族の建築用材のために育成が必要になったことに始まる。1501年には初めての造林事業として、円覚寺修理のためのリュウキュウマツ植林が行われたことが記録に残っている。尚真王時代（1477～1526年）には、盛んな交易による黄金時代を迎え、独自の文化を発展させる。しかしながら、1609年の島津藩の琉球侵略により沖縄の山野は人心とともに荒廃した。焼払われた民家用材、及び日中交易のための船舶建造材による木材需要が高まり、1628年には総山奉行が設置され、森林の保護・育成が本格的に始まった。

この頃沖縄の林業史を語る上で最も重要な人物である蔡温（1682-1761）が登場する。蔡温は、1728年に国王尚敬に三司官に任命されて以降、琉球の財政、林政、農政、土木、治水等の基礎を確立した人物である。没後250年を迎えた2011年には「蔡温の思想と森林政策に学ぶ」と題した蔡温シンポジウムが那覇市で開催されるなど、今も高い評価を受けている。蔡温は、①持続可能な資源管理（杣山の境界測量と経営）、②リスク管理（資源枯渇、渇水・洪水の管理）、③風水思想による山林管理（魚鱗形造林法）を特徴とする林政を確立した。

蔡温が最初に行ったのは、現在も問題になっている赤土土壌流出防止技術をまとめた『農務帳』の編纂（1734）である。ここでは「地面格護」として、山腹斜面の開墾の禁止や、排水技術（溝の掘り方）、緑化の方法（境界や海辺へのアダン・ススキ・樹木の植栽、ワラのマルチング）が記されている。徹底した現地視察を行っており、本島北部への杣山巡視も3回（各5ヶ月）行っている。15年の間に、造林、保護、利用等を規定した『杣山法式帳』や、杣山に対する将来の方針を規定した『就杣山総計条々』等の7つの法令を公布した[16]。明治18（1885）年には、後年公布された法令とあわせて『林政八書』としてまとめられ、土地整理法により所有権が整理された明治36（1903）年まで、林政八書にもとづく林政が行われた[17]。

蔡温の林政で興味深いのは、風水思想による気を漏らさない「抱護」の重要性である（杣山法式帳）。「抱護（ほうご）」とは、山の中を流れる気（山気）が漏れないように山々が取り囲んでいる状態であり、気の流れを導くとともに、内部に気を充満させる働きを持つと考えられた。抱護がしっかり閉じて、木々がよく立ち上がれば、山の木が豊かになると考え、『樹木播種方法』（1747年）では、憔悴山（濫伐他被害により良材が消耗し、老悪木のみ残る杣山の林相回復を目的に仕立換をする山）の人工造林仕立法として「魚鱗形造林法」[18]が具体的に示されている（加藤, 1997）。国頭村辺戸地区にはその当時の植林が「蔡温松並木保全公園」として保全されており、研究者による調査も行われている。

林政に対する思想は、『就杣山総計条々』の第1～3項で以下のように明確に表現されている。

(1) 当琉球王国は、かつて人口わずかに7、8万人であったため、国じゅうの用材は思いのままに需要を満たすことができた。その後しだいに人口が増加し、もはや20万人に及んでいる。それゆえ、家の普請、船の建造、そして諸道具などへの需要が、人口に対応して増加したことはいうまでもない。とりわけ、首里城正殿の普請や唐船の建造は、大材木でなくては用をなさない。それなのに、以前から杣山の取扱い規則がなく、勝手に伐り取り、焼き開けたため、年が経るに従って木が絶えていき、現在では大材木ははなはだ少なくなってしまった。杣山もことごとく衰微したため、このうえない御配慮をもって、14年以前の雍正13（享保20）年、山奉行を設置し、杣山の取扱い規則と規範を詳細に示し、くり舟をつくることも、かたく禁止された。

(2) 衣食は、年々の人々の働きによって準備ができる。今後、10万人余の増加があっても、田畑の基本的な方法を守って作付けし、家業に精を出して行けば、衣食については不足することはないであろう。しかし樹木については、農作物とは違って、数十年を経なければ、用をなさない。杣山は、とりわけ大切に取り扱うことを命令された。

(3) 当琉球王国は、唐船を建造し進貢やそれにともなう貿易をしなければ成り行かず、かつまた、首里城正殿も大材木で普請しなければならない。しかし、杣山が衰微し、大材木が絶えてしまうと、必要な材木を鹿児島藩へ注文しなければならず、材木代金や海運の運賃を渡さなければならなくなる。そうした事態に至れば、所帯方が逼迫すること必至で、自然と諸士や百姓へ多大な米や銭の供出を命じることになる。王国の上から下まで困窮することは目に見えている。こうした予測のもと、将来のために杣山を大切にすることを命令された。

「林政八書　全（琉球）蔡温ほか著・沖縄県編　pp.168-169」

（加藤衛拡, 1997）[19]

第5～8項では、琉球諸島を3ブロックに分け、各地域の造林計画を記している。

この頃の琉球王国の林野のほとんどが官有地（国有地）であり、「杣山」**（表1-2）**として王府（尚王）により厳重に管理されていた。杣山を間切（現在の村）・村（字）・島に分け、保護取締から植林までの管理を任せると同時に、御用木・禁木以外は地元住民が伐採利用できる入会林野（官民共有・官地民木）制度であった。地域住民は林産物として、用材・薪炭を主とし、真竹・茅・雑草などを副次的に利用していたが、採取に関しては厳しく規定されていた。

国頭村伊地区の「伊地村杣山取締証文」(1887 (明治7) 年) によると、杣山・御仕立山 (王府の御用木) の管理は、各集落の共同管理で、違反者は科米、科銭のほか流刑まで科された。山から木を盗むと科米4俵の上、シマナガシ (所払い) となる。この他、杣山で禁じられた行為は、①山中での炭焼、②格護原 (保護林) からの盗木、③杣山や格護原の道筋からの盗木、④仕立山木への刃物がけ、⑤いく (モッコク) 樫木 (イヌマキ) の盗木、⑥松 (リュウキュウマツ) の盗木、⑦私用の伐取、⑧開墾、⑨砂糖車用木の無届討伐、⑩諸雑物の制限、⑪上納物などの山工、丸木・薪取りの制限、⑫唐竹の無届伐取であった (字伊地編集委員会, 2010)[20]。この他、くり舟の製造禁止や住宅に使用する樹種の制限、集落ごとに営林事業の実績を競う「山勝負」などの様々な規制・仕掛けによる森林資源の管理が行われていた。

**表 1-2　琉球王朝時代の林野の所有・利用形態** (1989, 沖縄県)[21]

| 所有 | 名　称 | 利用形態・内容等 |
|---|---|---|
| 官林 (杣山) | 杣山 | 国有で官有的。林産物は民 |
| | 間切山野・村山野 (御物(おもの)山野) | 共同で使用収益 |
| | 保護山 | 間切・村 (禁伐林)。防風・防潮 |
| | 御物松山 | 間切・村の共同所持。松の人工林 |
| | 唐竹(とうちく)山 | 間切・村の共同所持。竹の造林地 |
| | 百姓地山野 (喰実(くいみ)山野) | 村へ授けた山野。分割して使用収益。開墾、秣(まぐさ)採取 |
| 民林 | 仕明請地山野 | 私有林 (里山) |
| | 請地山野 | 私有林 (里山) |

### (2) 明治維新以降の近代的林野所有権の確立と動乱

1879（明治12）年の廃藩置県による沖縄県設置（琉球処分）以降、所有権の整理が始まり、現在の国有林、民有林（公有・私有）の基礎がつくられた（図1-1参照）。杣山は国有林に、間切山野・保護林は町村有林に、百姓地・浜・村山野は部落有林に、請地山野は私有林となり、近代的林野所有権が確立したが、実際は「旧慣温存」政策が続いた。

杣山は歴史的に官民両属の性格を有していた。観念的には王府林＝官林だが、山林の保護取締りと植林は間切や村の義務であり、代償として採伐権を取得し、雑木や薪を採集していた。1899（明治32）年県土地整理法の施行に伴い、土地整理調査委員会で行われた「官地民木」と「民地民木」について議論の結果、無税となる「官有」を選択した者がほとんどであった。その

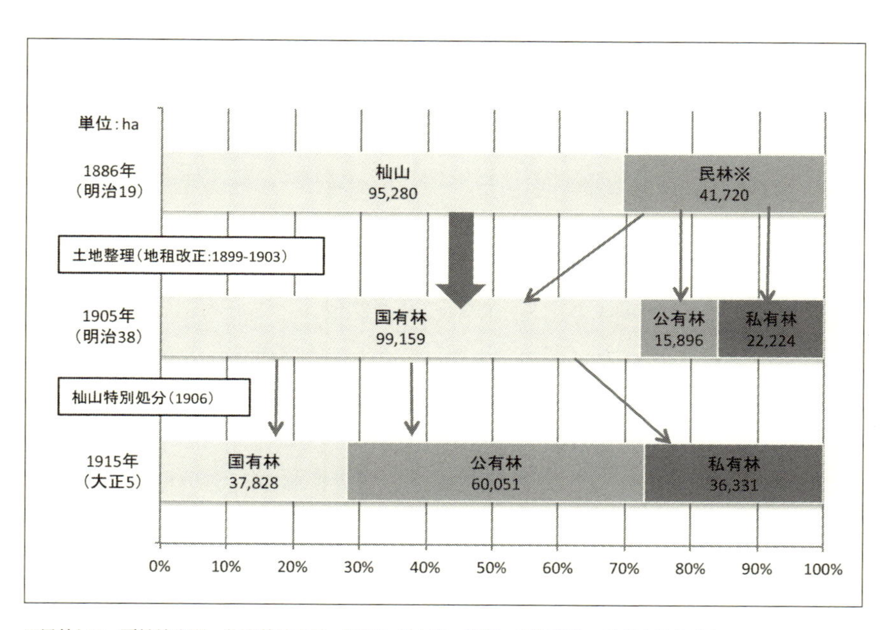


※民林とは、百姓地山野、仕明請地山野、間切・村山野、間切・村保護林、私用山林を指す。

図1-1　沖縄県の林野所有の形成過程（仲間（2011）[22] をもとに作成）

結果、住民は伐採権の一切を取り上げられ、年期限定払い下げ料を支払い伐採することとなった。杣山のほとんどが国有林となった結果、永久に官地官木になるのをおそれて盗伐する住民が多かった。このため、1906（明治39）年に杣山の不要存置林を随意契約で市町村に払い下げ（杣山特別処分）、立木は保護造林した市町村や字に譲与したことで、私有地が発生した。

植林は山を焼いた後に松を植えるのが一般的であった。廃藩により首里・那覇の氏族に杣山の開墾が許されたが、「開墾して畑を耕すのではなく、材木を伐り出すことを専業にしたため、地元民も自分たちが保護してきたのを伐り倒すとは何事か、それじゃあ自分達も伐れと、相当乱伐された」[23]。杣山には、開墾して農耕地化してよいところがかなりあり、1895年から開墾がはじまり、甘藷（サツマイモ）・藍・甘蔗（サトウキビ）を栽培した[24]。

土地整理、杣山整理後にも部落林が存在し、入会地の役割を果たしていたが、1910（明治43）年に公布された「公有林野造林奨励規則」による奨励金交付制度をきっかけに、無統制な開墾等で荒廃した部落有林野が公有林野として整理統合されていった。

1906年、国頭村では奥集落に最初の共同店が成立した。この頃部落民全員が山林に対し平等の収益権を有しており（入会権）、林産物が共同利益を招く同質同価の交換財として重要な役割を果たしていた。奥部落では、公有林の選定された伐採区域に対しては平等で、1日1荷、1月20日の山入日制限があり、杣山時代の抱護法や収益法を踏襲するとともに、集落で利用規制を設けていた。また、部落が王府時代から共有船を有し、百姓地を共有しており、すべてが土地所有者で、ほとんど貧富の差がなかった。灌漑用水、猪垣等の構築・管理は部落の共同作業に属していた[25]。

1908（明治41）年には、県の基本財産の造成と県下林業の模範を示すことを目的として、沖縄県は80年契約で国頭・羽地・久志の国有林野を無償で借り受け（勅令貸付県有林）、造林を実施した。1933（昭和8）年には県有林内に辺野喜製材所を設置し、主に樽板製板、他包装用箱板、枕木製材を行った[26]。1911（明治44）、1921（大正10）年には森林法の全てが施行され、公有林野の施業計画の策定が始まった。林道建設をはじめとする林業振興が本格的に始まったのは、1932（昭和7）年「沖縄県振興計画（1933～47年）」策定以降であり、戦争が始まる1943（昭和18）年まで実施された。しかしながら、人口増加と建築資材の需要増加により県内の林野は荒廃し、この頃県内で自給自足できたのは薪炭のみで、建築材は本土からの移入に頼っていた。

### (3) 米軍統治下の林業政策（1945～1972年）

日本史上唯一民間人を巻き込んで地上戦が行われた沖縄県のなかで、国頭村のあるやんばるの森は、激戦地となった中南部の住民にとって最後の救い、砦となった。国頭村の中心である辺土名集落に米軍が常駐した1945（昭和20）年3月頃、やんばるの森には3万人の避難民が3ヵ月に渡って隠れ住んでいた。戦争で国頭村の人びとも財産、家財道具のすべてを失い、「無一文の裸一貫になったが、もうこれ以上の落ち込む心配もないんだから、しっかりと大地に足をふんばり、どん底から建設へ立ち上がって行こうという意気込みが、字民にはみなぎっていた。戦争を体験し、平和の尊さを知ったみんなのエネルギーが新しい村づくり、文化づくりの歴史をつくりだして行った」[27]。戦争で焦土と化した本島中南部の復興材として、山原材は大活躍した。戦後は、国頭村民にとって山仕事が生活の糧の中心となった。

第二次大戦後、本土復帰が実現する間、沖縄ほど時代に翻弄された地域はないであろう。本土が戦後復興に沸き急激な経済成長を遂げるなか、沖縄は27年もの間米軍統治下に置かれ、辛酸をなめることとなった。中南部では圧倒的権力により土地収用が行われ、治外法権化した街を闊歩する米軍兵による犯罪は後を絶たなかった。林業政策は民政府財産管理官による管理経営が行われた、米国民政府は1955年、北部国県有林地を海兵隊用地として新規接収することを通告し、国頭村の山林総面積15,839 haの約36％（国有林4,459 ha、公有林1,216 ha、計5,675 ha）がゲリラ演習地として接収された。1998（平成10年）に一部返還されたものの、その占有は現在も続いている。

国頭村では本土同様エネルギー革命を迎える1970年代頃まで森林資源の利用は活発に行われていた。1950年代頃には国・公有林野の払い下げや入会的利用による「山稼ぎ」で生計を立てる村民が全体の約半数にも達していた。集落周辺の山にはたくさんの炭焼き窯が作られ、イタジイを中心とした広葉樹が炭にして運ばれた。奥山では馬や「米カー」とよばれる米軍払い下げのトラックを使ってユシギ（イスノキ）、シージャー（イタジイ）、チャーギ（イヌマキ）、イク（モッコク）などの良材の抜き伐りが盛んに行われた。中南部からの士族が山に住みつき、ティカチ（シャリンバイ）や藍（リュウキュウアイ）の染料づくりや、戦前から造林されていたクスノキで樟脳づくりなどを行った。女性たちはヒンプン（垣根）や家の壁などに使われる山竹や薪を運んだ。

入会利用による山林の荒廃を防止するために、集落ごとに取締り規約が作られていた。国頭村辺土名集落の規約「字辺土名公有林、私有林取締り規約」（1986（昭和61）年）では、集落に5年以上在住する住民に対して、1世帯1町歩以内の貸地を許可し、借地者に対して、①隣接地の立木の保護の責任を負う、②1年以内に作付しない場合は立木代価の5倍の罰金を科すことが定められている。この他にも、母樹（種子採取用）の伐採禁止や、水源かん養林地帯、保安林、天然撫育林からの伐採禁止、馬、橇（そり）、自動車などの搬出方法に応じた伐採区域の設定、盗伐者に対する罰則などが定められている（辺土名誌編集委員会, 2007）[28]。このような集落独自の森林管理規約は、奥、与那、伊地、辺戸などの山稼ぎが盛んな多くの集落で定められていた（仲間, 2010）[29]。エネルギー革命後は、山地での農地造成が進み、サトウキビ栽培の拡大に加え、パインやミカン、お茶などの新たな農産品生産が奨励され、「山稼ぎ」の時代は終わる。山仕事は急速に公共事業へと変化していった。

## 第3節　沖縄の林業の現状

### (1)「本土並み」を目指した公共事業中心の林政

終戦後にピークを迎えた国頭村の人口は、エネルギー革命や何度かの好景気を経た後、本土復帰時（1972年）には半分になっていた。耕作に労力のかかる段々畑は放棄され、現在は立ち入りも困難な荒れた林になっている。復帰後は、「本土並み」をスローガンに県全体の公共事業が急増した。やんばるの森でも、国の振興計画に基づく国直轄ダムの建設、農地開発が盛んに行われ、1977、78、84年には年間の伐採面積が100 haを超える大規模な森林伐採が行われた。加えて、米軍基地建設や個人住宅建設のブームを迎え、山原材の県内での需要が1990年ごろまで高まり、年間50 haの伐採が行われた。

振興計画に伴う農地開発により、1960（昭和35）年からパイナップル、1973（昭和48）年にはミカンなどの新たな換金作物の栽培が始まった。キューバ危機以来停滞状態にあったサトウキビ栽培も、1983（昭和58）年以降は国策により水田がサトウキビ畑に転換されていった。復帰前後は農業や漁業を生業としながら山仕事で得た材木や薪、竹を唯一の換金作物とした時代から、エネルギー革命を経て、山仕事を「林業」として専業する形態へ大きく変化した時代であった。1984（昭和59）年には、国頭村森林組合が設立し、民有林における山仕事を、公共事業として専門組織が担うこととなった。

1978年には、「沖縄林業振興特別対策事業」による補助制度がはじまり、高率補助（造林70％、林道70％）による路網整備と伐採・造林・除間伐（複層林改良）等の森林整備事業が行われている（**図1-2**参照）。沖縄県全体での造林事業は、沖縄復帰年にあたる1972年以降、100 ha以上行われていたが、1990年以降は20 ha未満と減少している。1978年以降は、天然生広葉樹林での除間伐事業[30]（育成天然林整備・通称「天然林改良」）が増加している。林道の開設事業は1931（昭和6）年から始まり、1978年から2004年まで、年間10 km以上の開設事業が行われているが、森林整備事業の減少とともに減少し、2009年以降行われていない。

### (2)「やんばる型亜熱帯森林業」の模索

日本の多くの地域がスギ・ヒノキ人工林と里山の管理についての検討や対策を行っているなか、気候的にスギ・ヒノキの生育が困難なやんばるの森における林業の問題は大きく異なり、その研究や政策は進んでいない。人工林

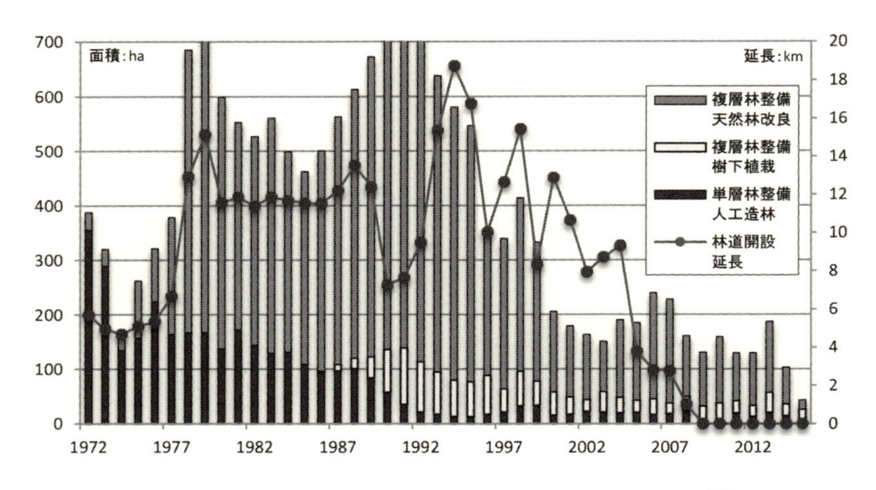


**図 1-2　沖縄県の森林整備事業面積及び林道開設延長** [37]

の割合は全国の 41 % [31] に対し、沖縄県は 16 %と低い [32]。国頭村には、人工林をもつ林家は 2 戸（沖縄県全体で 15 戸）であり、林業を営んでいる林家はない [33]。村または県が所有する山林で、森林組合が伐採後の植林・保育事業を補助事業として受託することで林業経営が成り立っている。森林組合は村内の 6 事業者に作業を委託している。また、日本全体の木材自給率は 33.3 %と、平成 23 年度以降上昇しているのに対し、沖縄県産材の利用は約 4 % と低迷を続けている [34、35]。

イタジイを主とする広葉樹は、良材は建築資材として、その他は薪炭材として利用されてきたが、戦後の乱伐により大径木が減少した結果、伐採材のほとんどがパルプチップとなってきた。生物多様性豊かなやんばるの森がチップとして粉砕され、我々が日々大量に消費している紙になっている。有用木材として付加価値を高めるための取組みが必要である。

国頭村においても、林業の中心は「天然林改良」とよばれる戦前戦後の過伐後に天然更新した形質不良小径木・過密林の除伐が年間 100 ～ 200 ha 程度行われている（**図 1-3** 参照）。スギ・ヒノキ植林地で一般的に行われる管理

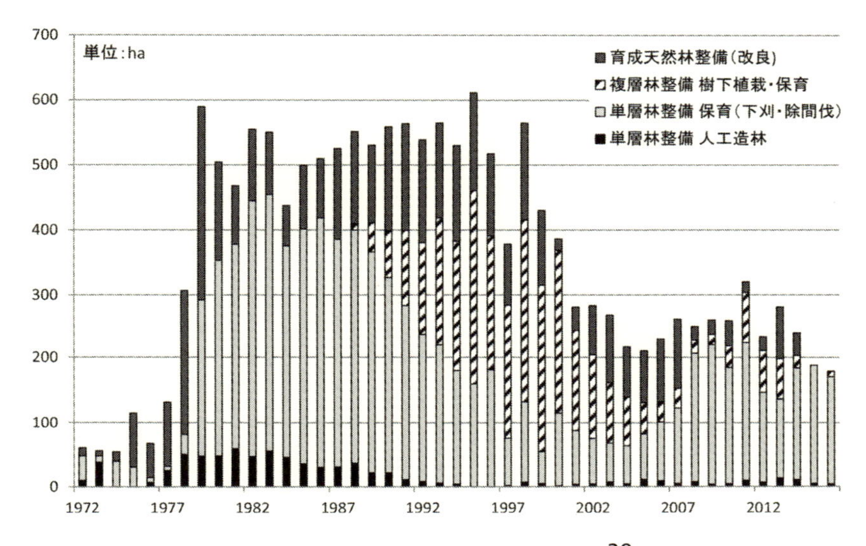


**図 1-3　国頭村の森林整備事業面積**[38]

手法であるが、やんばるの森のような亜熱帯林で行うと、林内の風通しがよくなり、林床が乾燥することで、生物の多様性を損なう可能性があることが、生物学の専門家等から指摘されている（東, 1997）[36]。生物多様性を保全しながらも、水源涵養機能を高めるために適切な森林管理手法を科学的に検証するための研究を進めることなくして、県民や村民の森林管理に対する合意を形成することは難しい。

人口の増加や生活の向上に伴い、支配者層が建築用材を持続的に確保するために、地域住民の不法伐採の規制を主目的とした「杣山制度」を整えたのが森林管理の始まりである。「杣山制度」では、支配者層が森林資源のすべてを囲い込むのではなく、地域に資源の利用権を解放するかわりに、その保育・管理義務を負わせることで森林を管理してきた。地域では、集落等を単位として「入会林野」として共同で管理・利用することで、地域共同体を維持し、「山稼ぎ」により生活の糧を得ていた。エネルギー革命以降は、森林資源を地域が直接利用することは少なくなり、森林管理はグローバル・コモンズとしての多面的機能を発揮するための公共事業となった。1970年〜90年頃までは、ダム事業、農地開発、建設ブームによって、やんばるの森では伐採が盛んに行われた。1990年代以降は、補助制度による林道整備、造林、天然林改良等の森林整備事業が中心となったが、その規模は縮小している。

地域共同体を中心としたローカル・コモンズとしての森林資源管理から、沖縄県民、日本国民、そして世界的自然遺産価値を含むグローバル・コモンズとしての森林資源管理へ移り変わるなかで、保全と利活用の対立が深刻化していった。

**注**

1　中尾英俊（2003）『入会林野の法律問題　新装版』，勁草書房，東京．p.62
2　前掲（中尾，2003），p.122
3　前掲（中尾，2003），p.60
4　鳥越皓之（1997）コモンズの利用権を享受する者，環境社会学研究 3，pp.5-14.
5　井上真（2004）『コモンズの思想を求めて』，岩波書店，東京．p.51-58
6　前掲（鳥越，1997），p.6
7　三俣学・森元早苗・室田武編（2008）コモンズ研究のフロンティア―山野海川の共的世界』東京大学出版会，東京．p.19
8　桑子敏雄（2010a）地域共同管理空間（ローカル・コモンズ）の維持管理と再生のための社会的合意形成について，南山大学社会倫理研究所編『社会と倫理』第24号，pp.49-62.
9　井上真・宮内泰介（2001）『コモンズの社会学』，新曜社，東京．
10　Ostrom,Elinor（1990）Governing the Commons ? The Evolution of Institutions for Collextive Action -，Cambridge University Press,.90
11　室田武・三俣学編（2004）入会林野とコモンズ－持続可能な共有の森日本評論社，東京，pp.209-212
12　齋藤和彦（2003）「漁民の森づくり活動の展開について」，山本信次編著『森林ボランティア論』，日本林業調査会，東京，pp.159-182.
13　秋廣敬恵（2005）地域社会における森林管理・利用への住民参加・パートナーシップに関する社会経済学的考察（I）―パートナーシップ形成過程の類型化―，森林計画学会誌 39，pp.123-142.
14　秋廣敬恵（2007）地域社会における森林管理・利用への住民参加・パートナーシップに関する社会経済学的考察（II）―森林ボランティア活動みる森林管理・利用のための「協働システム」の分類と特徴―，森林計画学会誌 41，pp.249-270.

15　コンラッド・タットマン（1998）『日本人はどのように森をつくってきたのか』，築地書館，東京.

16　林政八書は、①杣山法式帳（1737年）、②山奉行所規模帳（1737年）、③杣山法仕次（1747年）、④樹木播種方法（1747年）、⑤就杣山惣計上々（1748年）、⑥山奉行所規模仕次帳（1751年）、⑦山奉行所公事帳（1751年）、⑧御差図扣（1869年）で、④⑥⑦は、蔡温の指導を受けた山奉行が、実務をもとに書いた具体的な造林技術や杣山維持のための遵守事項から成る。⑧は、⑦から120年後に山奉行所が必要事項をまとめて、地方役人に指示したもの（加藤、1997）。

17　国頭村役場（1983）『国頭村史（二刷）』，p.131，第一法規出版.

18　新たに造林する場合、ススキ、チガヤなどの現存植生を幅約1mほど抱護として魚鱗状に残し、内部に植林する造林法（加藤、1997）

19　加藤衛拡：林政八書　全（琉球）蔡温ほか著・沖縄県編，pp.67-260.（『日本農書全集第57巻　林業2』農山漁村文化協会，東京，1997.）

20　字伊地編集委員会（2010）あしみなの里　伊地

21　沖縄県（1989）「第1章明治・大正期　第1節　土地整理以前の林野制度」，沖縄県農林水産行政史編集委員会編『沖縄県農林水産行政史第7巻（林業）』，pp.4-5.

22　仲間勇栄（2011）『増補改訂　沖縄林野制度利用史研究』，（株）メディア・エクスプレス，那覇.

23　沖縄タイムス（1957）「山林と共に五十年　園原咲也翁のよもやま談」，『辺土名誌下巻』，p.323

24　前掲（国頭村役場，1983），p.330

25　前掲（国頭村役場，1983），p.494

26　前掲（国頭村役場，1983），p.354

27　辺土名誌編集委員会（2007）『辺土名誌　下巻』，p.29

28　辺土名誌編集委員会（2007）『辺土名誌　下巻』，p.172-173

29　仲間勇栄（2010）「国頭村の森林と林業の歴史を語る」，琉球大学農学部学術報告57，pp.41-57.

30　天然林改良事業、育成天然林事業、複層林改良、複層林除間伐事業等と、事業名称は複数回変更している。

31　林野庁ホームページ（2017）森林・林業・木材産業の現状と課題
http://www.rinya.maff.go.jp/j/kikaku/genjo_kadai/（平成29年6月）

32　沖縄県農林水産部森林緑地課（2014）沖縄の森林・林業（概要版）　平成25年版

33　林業統計協会（2002）2000年世界農林業センサス　第1巻　沖縄県統計書（林業編）

34　林野庁ホームページ報道発表資料（平成28年9月27日）
http://www.rinya.maff.go.jp/j/press/kikaku/160927.html

35　沖縄県林業水産部森林管理課（2017）「沖縄の森林・林業（概要版）平成28年版」

**36**　東清二（1997）「貴重な沖縄の昆虫」，池原貞雄・加藤祐三編著『沖縄の自然を知る』，築地書店，pp.95-108.

**37**　沖縄県農林水産部が毎年発行する「沖縄の森林・林業（概要版）」より作成した。

**38**　国頭村役場経済課資料より作成。

# 第２章　国頭村の森林資源

本章では、やんばるの森の象徴でもある資源の価値について、自然資源と文化資源それぞれについて論じる。自然資源については、やんばるの森に生息する貴重な生き物の学術的・普遍的価値は高く、観光資源としても今後ますます経済的に重要視されることが予測される。一方、地域資源については、猪垣や藍壺、住居跡などの半世紀以上前の生活跡が、「生活遺産」として新たな価値が認められ始めた。これらの遺産から「地域管理の智慧」を読みとりながら、地域活性化のきっかけとなる地域資源として保全・利活用等の管理を行っていくことが必要であることを示す

## 第１節　自然資源

### (1) 世界的に貴重なやんばるの森とは

沖縄本島北部の国頭村、大宜味村、東村３村の森林は、「やんばる（山原）の森」と呼ばれ、その６割（16,000 ha）は国頭村に分布している。本書のフィールドである沖縄県国頭郡国頭村は、沖縄本島の最北端に位置する面積194.8 ㎢、人口4,908人（2015年）、山と海を有する自然資源の豊かな村である。このうち、山林面積は16.4 ㎢と総面積の84 %を占め、沖縄本島の最高峰である与那覇岳（503 m）をはじめ、西銘岳（420 m）、照首山（395 m）、伊部岳（345 m）などの脊梁山脈を分水嶺として、12の主要な河川と渓流が太平洋または東シナ海に流下している。主要河川の周辺の平坦地を中心に、東西に20の集落が分布しており、現在も集落毎の結束は固く、独自の文化

を育んできた。年間をとおして温暖で湿潤な亜熱帯性気候と恵まれた自然資源により、漁業と林業を主とした1次産業が中心であったが、他の地方同様、自給率の低下とともに建設業、サービス業の占める割合が高くなり、現在は高齢化率 27.2 %（沖縄県平均 16.1 %）と典型的な過疎地域となっている。

やんばるの森を含む「奄美・琉球」が世界自然遺産の候補地に選ばれて10年となる2013年1月、暫定リスト記載が決まった。2016年度には奄美地域及びやんばる地域の国立公園化、2017年2月にユネスコ世界遺産センターへ「奄美・琉球」の推薦書が提出され、2018年度の登録を目指している。

登録の対象となる地域は、奄美群島及び琉球諸島の北緯24〜29度、東経123〜130度、南北850 kmに連なる琉球弧全域のうちの奄美大島、徳之島、沖縄島、西表島の4島である（**図2-1**）。このうち、沖縄島は、大宜味村塩屋と東村平良を結ぶS–Tライン[1]以北の希少な生物の保護対策が重点的に行われている「やんばるの森」が対象地域となっている。

「生態系」及び「生物多様性」の評価基準（クライテリア）において世界的な自然遺産と評価されることとなるやんばるの森の自然とは、どのような普遍的価値を有しているのだろうか。

**琉球列島** Ryukyu Islands

| 大隅諸島 | 黒島、竹島、硫黄島、屋久島、種子島、口之永良部島 | 北琉球 |
|---|---|---|
| トカラ列島 | 口之島、中之島、諏訪之瀬島、平島、悪石島 | |
| | 小宝島、宝島 | |
| 奄美諸島 | 喜界島、**奄美大島**、加計呂麻島、請島、与路島、**徳之島**、（硫黄鳥島）、沖永良部島、与論島 | 中琉球 |
| 沖縄諸島 | **沖縄島**、伊平屋島、野甫島、伊是名島、伊江島、瀬底島、水納島、屋我地島、古宇利島、粟国島、久米島、渡名喜島、伊計島、宮城島、平安座島、浜比嘉島、津堅島、久高島 | |
| | 慶良間諸島 | |
| 先島諸島 | 宮古諸島 － 宮古島、大神島、池間島、伊良部島、下地島、来間島、多良間島、水納島 | 南琉球 |
| | 八重山諸島 － 石垣島、**西表島**、由布島、鳩間島、小浜島、嘉弥真島、竹富島、黒島、新城島、波照間島、与那国島 | |

※図表中の太字ゴシックは、奄美・琉球世界自然遺産登録予定地域

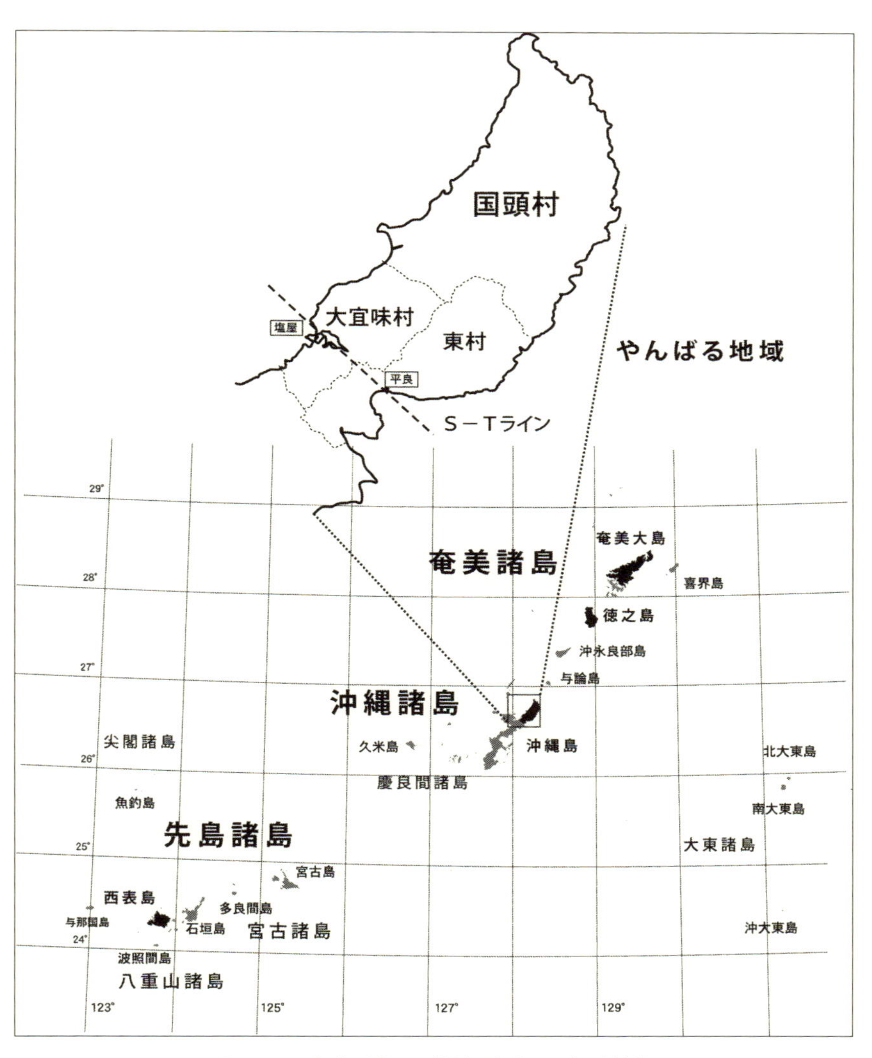


図 2-1　琉球列島及び沖縄島やんばる地域

### (2) やんばるの森の普遍的価値

世界遺産地域の登録において、特定地域の自然の価値をグローバルな視点から評価する場合、その他地域と比較して「顕著で普遍的な価値を有しているか」が問われる。世界自然遺産として「顕著で普遍的価値」を有する重要な地域として認められるためには、以下の3つの条件を満たす必要がある[2]。

①　4つの「評価基準（クライテリア）」(自然美、地形・地質、生態系、生物多様性）の一つ以上に適合すること。

②　完全性の条件（顕著な普遍的価値を示すための要素がそろい、適切な面積を有し、開発等の影響を受けず、自然の本来の姿が維持されていること)」を満たすこと

③　顕著な普遍的価値を長期的に維持できるように、十分な「保護管理」が行われていること。

つまり、現在の価値評価だけでなく、将来にわたって維持できるしくみが整っているかどうかが重要な評価項目となっている。やんばるの森の「顕著な普遍的価値」は、種または亜種レベルでの固有種を含む、絶滅危惧種の重要な生息・生育地となっていることであるが、それらの多くが絶滅の危機に瀕している。

やんばるの森には、ヤンバルクイナ、ノグチゲラ、ホルストガエルなどの固有種とともに、オキナワトゲネズミ、ケナガネズミ、リュウキュウヤマガメ、ナミエガエル、イボイモリ、ヤンバルテナガコガネなどの「生きた化石」といわれる多くの遺存固有種[3]が今も生息している（日本政府, 2017[4]：太田, 1997[5])。固有種は生息域が狭く、局所的である場合が多いため、環境の急激な改変や人為的な外来種の持ち込みによる捕食・交雑の影響を受けやすく、絶滅の危機に瀕している。環境省は、捕獲や採取を法的に規制することができる「種の保存法（絶滅のおそれのある野生動植物の種の保存に関する法律)」の「国内希少野生動植物種」に、ヤンバルクイナ、ノグチゲラ、アマミヤマシギ、ホントウアカヒゲ、クロイワトカゲモドキ、ヤンバルテナガコ

ガネの6種を指定していたが、2016年3月にオキナワトゲネズミ、ケナガネズミ、オキナワイシカワガエル、ナミエガエル、ホルストガエル、イボイモリ、オキナワマルバネクワガタの7種を追加指定した（表2-1）。

植物群においては、日本本土、台湾、中国南部、フィリピン等の様々な地域からやって来た植物たちが混在する、複雑かつ独特な「チャンプルー植物相」となっている。山地部は、動物と同様にアジア大陸由来の種が複雑な地史によって島ごとに分化することで、固有性の高い植物相を有している。一方、海岸部や低地部は、黒潮によって流れついた種子や果実により、ニューギニア、オセアニア、オーストラリアなどの熱帯アジアの島嶼部と深いつながりをもつ植物相となっている。植物相の調査研究は途上であり、今なお新種や新記録種が発見されている（横田, 1997[6]）。森林植生を中心に多様な植物が自生するやんばるの森には、琉球列島の植物種2,207種のうち、1,250種余りが自生し、このうち2割が琉球列島の固有種である（立石, 2015）[7]。また、リュウキュウシダ（EN）、リュウキュウモチ（EN）、オキナワギク（EN）、ホシザキシャクジョウ（CR）、タカサゴヤガラ（EN）、リュウキュウヒエスゲ（CR）の6種が国際的な絶滅危惧種（IUCN）に指定されている[8]（表2-2）。

多くの固有な希少種が存続できたのは、どのような社会的状況と利活用のしくみに関係しているのだろうか。

## 表 2-1　やんばるの森の主な希少動物[9]

| 分類 | 種名 | 法指定状況 | | RDB（RL） | | | 固有種 |
|---|---|---|---|---|---|---|---|
| | | 国内 | 天然 | IUCN | 環境省 | 沖縄県 | |
| 哺乳類 | ヤンバルホオヒゲコウモリ | | | CR | CR | CR | 中琉球 |
| | オキナワトゲネズミ | ○ | 国 | CR | CR | CR | 沖縄島 |
| | ケナガネズミ | ○ | 国 | EN | EN | CR | 中琉球 |
| | リュウキュウユビナガコウモリ | | | E N | EN | EN | 琉球列島 |
| | リュウキュウテングコウモリ | | | EN | EN | EN | 中琉球 |
| | オキナワコキクガシラコウモリ | | | L C | EN | EN | 中琉球 |
| | リュウキュウイノシシ | | | L C | | VU | |
| 鳥類 | ノグチゲラ | ○ | 国特 | CR | CR | CR | 沖縄島 |
| | ヤンバルクイナ | ○ | 国 | EN | CR | CR | 沖縄島 |
| | ホントウアカヒゲ | ○ | 国 | NT | EN | EN | |
| | アマミヤマシギ | ○ | 県 | VU | VU | EN | 奄美・沖縄諸島 |
| | カラスバト | | 国 | NT | NT | VU | |
| | サシバ<br>リュウキュウオオコノハズク<br>サンショウクイ | | | LC | VU | VU | |
| | オシドリ<br>リュウキュウキビタキ | | | LC | DD | EN | |
| 爬虫類 | リュウキュウヤマガメ | | 国 | EN | VU | EN | 沖縄諸島 |
| | クロイワトカゲモドキ | ○ | 県 | EN | VU | VU | 中琉球 |
| | バーバートカゲ | | | | VU | VU | 中琉球 |
| | オキナワキノボリトカゲ<br>オキナワトカゲ | | | | VU | VU | |
| 両生類 | オキナワイシカワガエル<br>ナミエガエル<br>ホルストガエル | ○ | 県 | EN | EN | EN | 沖縄島 |
| | ハナサキガエル | | | EN | VU | EN | 沖縄島 |
| | イボイモリ | ○ | 県 | EN | VU | VU | 奄美・沖縄諸島 |
| | リュウキュウアカガエル | | | EN | NT | VU | 沖縄諸島 |
| 魚類 | アオバラヨシノボリ | | | | CR | CR | 沖縄島 |
| | タウナギ | | | | CR | CR | |
| | キバラヨシノボリ | | | | EN | EN | 琉球列島 |
| 昆虫類 | ヤンバルテナガコガネ | ○ | 国 | EN | EN | EN | 沖縄島 |
| | オキナワマルバネクワガタ | ○ | | | VU | VU | 沖縄島 |
| | フタオチョウ、コノハチョウ | | 県 | | NT | | |

凡例
国内：種の保存法による「国内希少野生動植物種」
天然：天然記念物（国・県・村指定）
RDB（RL）：レッドデータブック（またはレッドリスト）カテゴリー：CR（Critically Endangered：絶滅危惧Ⅰ A 類）、EN（Endangered：絶滅危惧Ⅰ B 類）、VU（Vulnerable：絶滅危惧Ⅱ類）、NT（Near Threatened：準絶滅危惧）、LC（Least Concern：軽度懸念）、DD（情報不足）
IUCN（国際自然保護連合）：Red List Data Assessed: 2016[10]
環境省：「環境省レッドリスト 2017 の公表について（2017 年 3 月 31 日報道発表資料、環境省）」
沖縄県：「改訂・沖縄県の絶滅のおそれのある野生生物　第 3 版（動物編）―レッドデータおきなわ―」（沖縄県文化環境部自然保護課，2017）

## 表 2-2　やんばるの森の主な希少植物

| 種　名 | RDB（RL） | | 固有種 |
|---|---|---|---|
| | 環境省 | 沖縄県 | |
| オキナワセッコク<br>クニガミトンボソウ（ソノハラトンボ） | CR | CR | 沖縄島<br>※国内希少 |
| ホシザキシャクジョウ | CR | CR | 沖縄島 |
| リュウキュウヒエスゲ | CR | CR | 沖縄県 |
| リュウキュウヒモラン、ワラビツナギ、アシガタシダ、オキナワアツイタ、リュウキュウキンモウワラビ、ハカマウラボシ、タイワンビロードシダ、イネガヤ、タカサゴヤガラ、タイワンアサマツゲ | CR | CR | |
| クニガミヒサカキ | CR | EN | 沖縄島 |
| ムラサキベニシダ、リュウキュウミヤマトベラ、アカハダコバンノキ | CR | EN | |
| リュウキュウホウライカズラ | CR | VU | 琉球列島 |
| タカツルラン | CR | VU | |
| イヌイノモトソウ | CR | | |
| カンダヒメラン | EN | CR | 沖縄県 |
| コブラン、ホザキザクラ、タカクマソウ、アキザキナギラン、カンラン | EN | CR | |
| クニガミシュスラン | EN | EN | 沖縄島・徳之島 |
| ヨウラクヒバ、カンザシワラビ、ヒメウラボシ、シコウラン、ヤクシマネッタイラン、タイワンエビネ、ムカゴサンシン、クスクスヨウラクラン | EN | EN | |
| ヤナギバモクセイ | EN | VU | 沖縄島 |
| ラハオシダ、タネガシマムヨウラン、アオジクキヌラン、リュウキュウサギソウ、トサカメオトラン、イモネヤガラ | EN | VU | |
| カンゼキラン | VU | CR | |
| ヒモラン、シノブホラゴケ、ウチワゴケ | EN | | |
| セイタカイワヒメワラビ、ウスバクジャク、ミズヒキ、キンミズヒキ、ヌルデ、ウマノミツバ、イズセンリョウ、ツルマンリョウ、ヤマトウバナ、アオヤギソウ | | CR | |
| ケラマツツジ | VU | EN | 琉球列島 |

| 種　名 | RDB（RL） | | 固有種 |
|---|---|---|---|
| | 環境省 | 沖縄県 | |
| ヒメホングウシダ、ヒメノボタン、ホンゴウソウ、カクチョウラン、ヒメトケンラン、ウエマツソウ、ナギラン | VU | EN | |
| ウスバイシカグマ<br>シマイワウチワ | NT | EN | |
| リュウキュウタチスゲ | | EN | 沖縄島（変種） |
| イワヒバ、タカサゴキジノオ、クルマシダ、リュウキュウシダ、タヌキシダ、ミゾシダ、オキナワコクモウクジャク、ヒメウマノミツバ、ムクノキ、カラタチバナ、ハシカグサ、アラガタオオサンキライ、タイワンヤマツツジ、リロシャクジョウ、ルリシャクジョウ、コクラン | | EN | |
| コバノミヤマノボタン、オキナワヤブムラサキ | VU | VU | 沖縄島 |
| オオシロショウジョウバカマ、コケタンポポ、オキナワギク | VU | VU | 琉球列島 |
| ナガバハグマ | VU | VU | 沖縄県 |
| コウシュンシダ、オオタニワタリ、オオギミシダ、ニセシロヤマシダ、オキナワツゲ、チケイラン、シマシュスラン、ヤクシマアカシュスラン、ツルラン，ヤナギニガナ、コショウジョウバカマ、レンギョウエビネ、オナガエビネ、カシノキラン、ハルザキヤツシロラン | VU | VU | |
| ヒメミゾシダ、ハンコクシダ、ニコゲルリミノキ、ユウレイラン、タシロラン、オキナワムヨウラン、イシガキキヌラン、ヤクシマヒメアリドオシラン、カゲロウラン | NT | VU | |
| リュウキュウコンテリギ | VU | | 沖縄島 |
| オオイシカグマ、キクシノブ、カワリバアマクサシダ、マメヒサカキ、ミヤマシロバイ | VU | | |
| オキナワウラジロイチゴ、 | | VU | 沖縄島 |
| ナンカクラン、オニトウゲシバ、ホソバコケシノブ、シシラン、アミシダ、ミミガタシダ、ヒロハミヤマノコギリシダ、ホコザキノコギリシダ、ウラジロガシ、ヤマアイ、ヤクシマスミレ、キジョラン、ヘツカニガキ、ミヤマミズ、サンショウソウ、コウガイゼキショウ、ミヤマササガヤ、エダウチヤガラ、マメヅタラン、カゴメラン | | VU | |

凡例
RDB（RL）：レッドデータブック（またはレッドリスト）カテゴリー：CR（Critically Endangered：絶滅危惧ⅠA類）、EN（Endangered：絶滅危惧ⅠB類）、VU（Vulnerable：絶滅危惧Ⅱ類）、NT（Near Threatened：準絶滅危惧）
環境省：「環境省レッドリスト 2017 の公表について（2017 年 3 月 31 日報道発表資料）」
沖縄県：「改訂・沖縄県の絶滅のおそれのある野生生物（菌類編・植物編）－レッドデータおきなわ－」（沖縄県文化環境部自然保護課，2006）
※固有種欄の「※国内希少」は、種の保存法による「国内希少野生動植物種」を示す。
※種名の下波線は、国際的な絶滅危惧種（IUCN 指定種）を示す。

### (3) 貴重な生き物を育んできたやんばるの森

やんばるの森の普遍的価値のひとつである「生物の固有性の高さ」には、主に 3 つの理由がある（環境省, 2008[11]：伊澤, 2005[12]）。

ひとつめは、「複雑な地史」である。2012 年に世界自然遺産に登録された小笠原諸島は、大陸と一度も陸続きになったことのない火山活動でできた「海洋島」であり、固有種の占める割合は高いものの、種類数・種分化の多様性に欠ける。一方、やんばるの森がある琉球列島は、ユーラシア大陸に起源をもつ「大陸島」であり、長い年月をかけて大陸から島が隔離されたことで、琉球列島のそれぞれの島で固有な種へと分化し、島ごとの特異な生物相を有すこととなった（**図 2-2** 参照）。加えて、大陸等の近隣地域に生息していた近縁種が絶滅することにより、特定の島だけに残る遺存固有種が多く、その貴重性は高い。

ふたつめは、「湿潤亜熱帯」という世界でも少ない気候帯である。北緯 27

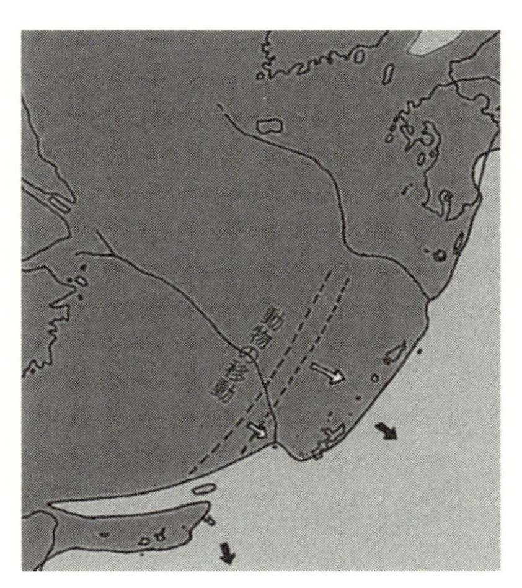

大陸から動物が移動（約 520 万年前）

ケラマ海裂が陥没して南・中琉球が分離（約 70 〜 30 万年前）

**図 2-2　琉球列島の生い立ち**

出典：「琉球列島ものがたり」（神谷厚昭，2007）

度に位置するやんばるの森は、世界の亜熱帯地域の多くが内陸部の砂漠地帯であるのに対し、黒潮海流の影響で年間を通して温暖・湿潤な海洋性気候となり、熱帯と温帯の両方の種が生育・生息できる環境となった。また、大陸の東側に位置することにより、大陸性気団と大洋性気団の影響を受け、梅雨と台風により多雨をもたらす。これらの気象条件が年間を通して動物・植物の生息・生育を活発にしている。

3つめは、「森の利用」である。これらの貴重な生物にとって重要な環境が、イタジイ（標準和名はスダジイ）の優占する亜熱帯雨林であり、やんばるの森の潜在自然植生である。良好な森林環境と東西に流れる12の主要な河川と渓流がつくる渓畔林環境が連続することで、多種多様な陸生生物を育んでいる。しかしながら、手つかずの状態にある「原生林」はほとんどなく、戦後復興材の切り出しや1960年代以降の大規模開発及び林道建設により、皆伐または抜き切りされた森林が多くを占めている。1990年代以降ダム建設などの大規模開発は行われてなくなったため、伐採面積は年間10 ha前後とピーク時の10分の1程度に減少し、森林はゆるやかに回復してきている。原生的な植生が広く分布している地域は、国頭村北部の西銘岳周辺と米軍北部訓練場（約8.3 ㎢）である。東村と国頭村にある米軍北部訓練場は、「ジャングル戦闘訓練センター」として現在も占有されている。国有林の大半は米軍基地であったために、民有林で行われた大規模伐採と林道建設から免れ、原生的な植生がまとまって残った結果、多くの希少種にとって避難場所になった可能性がある。2016（平成28）年12月には、20年前に約束された返還予定地4千haが返還された。環境省は返還地を国立公園に追加指定するための調査を始めているが、オスプレイも利用するヘリパット6カ所の建設も進められており、貴重な野生生物の生育・生息地の保護担保措置は十分とはいえない。

### (4) 貴重な自然資源・ヤンバルクイナ

絶滅のおそれのある貴重な野生生物の捕獲採集を禁止する法律は、種の保存法（国内希少野生動植物種）と文化財保護法（天然記念物）である。世界自然遺産登録を見据え、環境省は、やんばるの森に生息する7種を2016年に国内希少野生動植物種に指定した。このうち、種の保存法により、繁殖の促進、生息地等の整備事業を推進する必要のある「保護増殖事業対象種」となっているのは、ヤンバルクイナ、ノグチゲラ、アマミヤマシギ、ヤンバルテナガコガネの4種であり、環境省が積極的な保護政策を行っているのはヤンバルクイナである。

ヤンバルクイナは、国内希少野生動植物種（種の保存法、1993年指定）、国の天然記念物（文化財保護法、1982年指定）、IUCN（Red List 2012）、環境省レッドデータブック（2008年）及びレッドデータおきなわ（沖縄県, 2005年）[13]で絶滅危惧IB類に指定されている。世界中で島嶼にのみ分布する飛翔力のないクイナ類33種のうち13種が絶滅しており、18種が絶滅の危機にあるともいわれており[14]、学術的価値の高さがうかがえる。

新種として記載されたのは1981年、先進国でかつ鳥類としては驚くほど最近である。方言で「アガチャー（せっかちの意）」、「ヤマデゥイ（山の鳥）」などと呼ばれており、丸みのある重そうな胴体で鮮やかな赤い肢を素早く動かしながら走る様を、地域住民は日常的に目撃していたことがうかがえる。また、鳴き声も「キョキョキョキョキョー」と大きく特徴的であり、種として記載されていなかったことが不思議である。発見当時（1985年）の調査では、国頭村・大宜味村・東村3村のほぼ全域に生息していたが、外来種のマングースの生息域拡大に伴い、2003年には分布域が約4割減少した（尾崎, 2005）[15]。しかしながら、2000年から始まった環境省・沖縄県によるマングース捕獲事業が徐々に効果をあげており、2016年には大宜味村で16年ぶり繁殖が確認されるなど、分布域は回復している[16]。推定個体数は1,000羽から1,500羽に修正されている（2013年）[17]。

その一方で、ロードキル（交通事故）の報告件数も増加傾向にある（**図2-3、4参照**）。ロードキル防止のために、道路を管轄する国と県は、これまで様々な対策を講じてきた。国道ではクイナフェンス（道路への侵入防止）やクイナトンネル、県道では道路法面のコンクリート張り（見通しの確保）や側溝の改良・小動物用階段の設置等である。これらの多くは、生き物側への働き

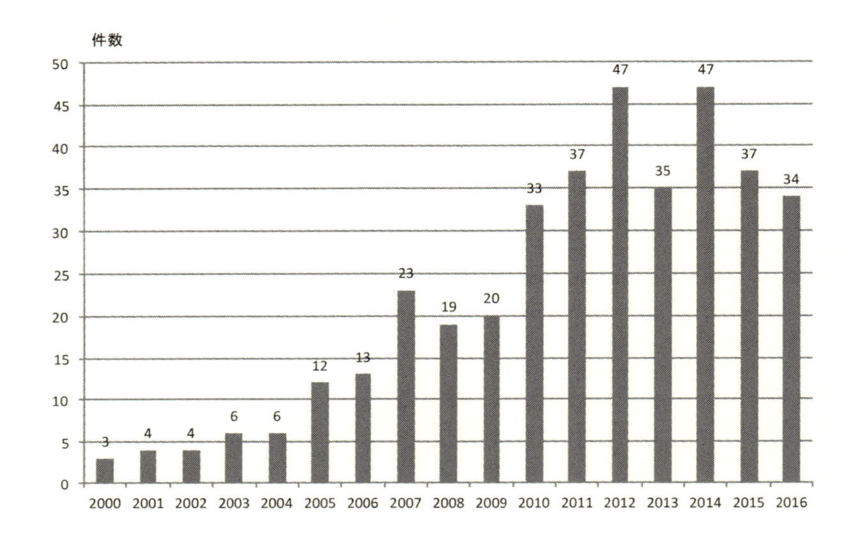


**図 2-3　ヤンバルクイナロードキル（交通事故）確認件数**[20]

かけであり、ドライバーへの働きかけが十分とはいえない。筆者は、基金を活用した地域連絡協議会の活動として、ドライバーが無意識に減速する道路構造についての専門家のアドバイスをもとに、道路改良の提案を行った（図 2-5）[18]。ロードキルの発生している県道の一部で、実証実験が始まっている。

国頭村は、2006 年に安田区に「ヤンバルクイナ保護シェルター」を整備し、シェルター内のヤンバルクイナのカメラによる観察小屋の運営を行ってきた。2015 年には「ヤンバクイナ生態展示学習施設」として新たに整備を行い、人工飼育されたヤンバルクイナ 1 個体を観察することができ（図 2-6）、年間 1.5 万人前後が来館している。2009 年には、保護増殖事業計画（文部科学省・農林水産省・国土交通省・環境省，2004）をもとに、環境省が安田区に「ヤンバルクイナ保護・繁殖施設」を整備した。施設では、2015 年時点で 68 個体を飼育し、飼育下で生まれたペアの繁殖にも成功している[19]。

国頭村内では、早朝に東部地域の県道に車を走らせれば、一年中ヤンバル

**図 2-4　県道のヤンバルクイナ**

ヤンバルクイナは車に向かって走ってしまいます。

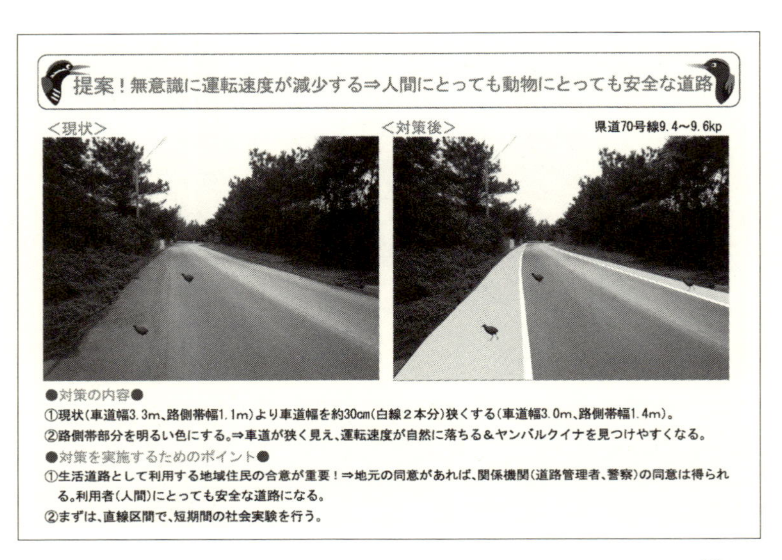


図 2-5　ロードキル防止のための道路改良の提案（CCY，2011）[21]

図 2-6　ヤンバルクイナ生態展示学習施設：人に馴れた個体が身近で観察できる。

クイナに出会うことができる。もともと草地などの開放的な空間を餌場として好むため、交通量の少ない朝の出勤時間帯前であれば、道路の側溝にたまる落葉にいるミミズなどの土壌動物を探しまわり、仲間と追いかけっこをする、リラックスした姿を観察することができる。愛嬌のある仕草と、赤と黒のコントラストが美しいヤンバルクイナは、やんばるの森を訪れる観光客にとって最も会いたい野生生物であり、最も会いやすい希少種でもある。既にヤンバルクイナをキャラクターにしたＴシャツやエコバック等のグッズも多数販売されており、経済的にも重要な自然資源のひとつとなりつつある。

## 第２節　文化的資源

### (1) 地域活性化の鍵を握る「地域資源」の掘り起しと活用

グローバル化と情報化が進行している。日本中に同じような量販店が立ち並び、街並みや行き交う人々の持ち物も着る物も同質化している。地方に目を向けると、第１次産業がつくりあげる季節ごとの美しい農村景観は少しずつ姿を消し、荒れ果てた休耕田や畑、間伐や枝打ちが行われていない暗い植林地が目に留まる。

地域の独自性や伝統文化の喪失は、個のアイデンティティーの喪失につながる。多くの文化圏で、生まれ育った地域の歴史や文化を神話として物語る「語り部」が存在していた。神話とは、長い視座のもとに同じ時代にともに生きる人々のために何かを成し遂げる英雄の物語である。地域の語り部は、「一族が大きな転機にさしかかった時、それまでの来歴をあらためて正しく語り、自分たちが何者なのか、どんな旅をしてきたのかを思い出させることによって、未来への適切な決断や選択を助ける」(Paula, 1993/1998)[22] 役割を担っている。

過疎化・超高齢化により疲弊する集落の増加とともに、地域にあたりまえに残っている伝統や文化－地域資源－を掘り起こし、その価値を見直す「地元学」[23] と呼ばれる活動が全国各地で行われている。活動は、市町村や集落の有史が自発的に行っているところもあるが、農水省の公募型事業等で実施されている例もみられる。

地域の「文化的資源」として真っ先に思い浮かぶのは、文化財保護法で指定されてきた天然記念物であろう。天然記念物には、城址や神社・寺院など歴史文化的価値の高い建造物から、「無形文化財」と呼ばれるお祭りや踊りなどが、国・県・市町村それぞれのレベルで指定されており、普遍的・学術的価値のある「文化遺産」として、または地域の観光資源として、行政機関が税金で保全・管理している。

新たな動きとして見直されている地域の「文化的資源」は、普遍的価値を有すとは言い難い、地域住民が後世に伝えたい智慧に関わる「生活遺産」である。「生活遺産」とは、古くから使われてきたが今は枯れてしまった共同井戸、それほど遠くない先祖が精巧に積み上げた石垣や棚田、まだ使い方がわかる人がいる衣食住に関わる道具類、そしてそれを使いこなす大先輩などであり、技術や智慧の結晶としての「モノ」とそれを造り、使うことのできる「人」が残されていることが重要である。「生活遺産」の多くは、技術の向上や生活様式の変化とともに不要となったものであるが、それらの中に、現在多くの日本人の中に失われた、地域共同体の一員として大切にしなければならない考え方や精神、「伝統的な地域管理の智慧」があるのではないだろうか。

### （2）国頭村の「生活遺産」の掘り起し

国頭村の「生活遺産」について論じられている公的な資料としては、「国頭村史」と各集落で編纂された字誌[24]がある。村内20集落のうち5集落（辺土名、伊地、奥、安波、与那）で発行されている[25]。資料には、現役世代の編集委員が高齢者から聞き取りを行った、集落にとって重要な拝所や御嶽、禁じ山、祭事から猪垣、藍壺、炭窯などの情報が記載されている。字誌は、取り組みの数や密度の点で奄美に特徴的であり、1920年代以降の激しい世替わりを身をもって体験してきた世代が、自分たちの時代と地域の記録をきちんと残したいという強い気持ちから、“民衆が民衆の歴史を書く”ことを始めた「住民の地域史づくり」活動である（中村, 1987）[26]。

2004 年には、国頭村と地元の NPO の連携による「人材育成講座」が 3 年間開催され、集落ごとの生活遺産を集落の住民自らの手で再発見する作業が行われた。講座では、20 ～ 30 代の若手が中心となって地域の大先輩から昔の話を聞きながら集落をまわり、その成果を「くんじゃん徒歩ナビ」と名付けた集落ガイドブックにまとめた。これまでに村内 9 集落（浜、比地、与那、奥間、桃原、鏡地、奥、楚洲、宜名真）のガイドブックが制作・販売されており[27]（図 2-7 参照）、このうち 3 集落（比地、与那、奥）では、ガイドブックを使った「集落散策ツアー」を行っている。

2011 年には、「国頭村森林地域ゾーニング計画」の森林資源基礎資料収集の一環として、村内の森林地域を中心とした文化遺産の調査を行った[28]。

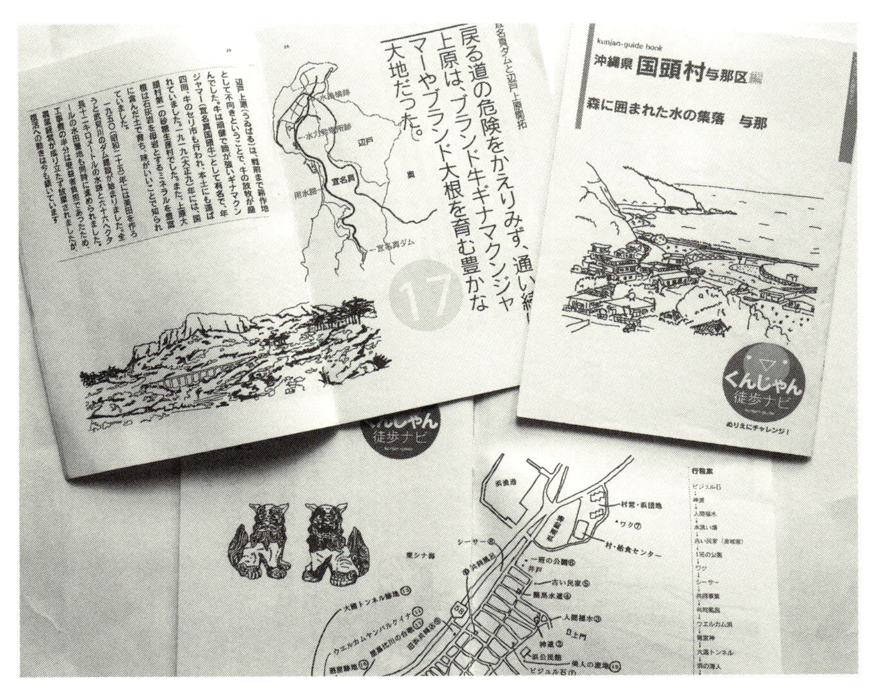


図 2-7　集落ガイドブック「くんじゃん徒歩ナビ」

**表 2-3　国頭村の文化遺産の概要**（NPO 国頭ツーリズム協会，2010）[29]

| 種類 | 集落名 | 概　要 | 文献 | 聞取 | 現地 |
|---|---|---|---|---|---|
| 猪垣 | 浜 | 今は私有地で、開墾時などにほとんど壊された。猪を落とす穴もあったが、ほとんど埋まっている。 | | ○ | |
| | 奥間 | 辺土名～奥間～川代志～比地～浜までの猪垣（ハチンジョー：垣門）を守るところにしてほしい。猪垣の内側が私有地で、猪垣が目安になっていた。昔は恩納村までつながっていたが、役場への払い下げの時に壊された。 | | ○ | |
| | 辺野喜 | 猪垣（フイ）は大きいものが 3 か所あった。落とし穴も作った。 | | ○ | |
| | 奥 | 全長約 9m の猪垣の多くが残っている。フイジ垣には落とし穴等がある。松くい虫駆除作業で結構壊された。ツアー等で利用していきたい。手をつけないで保全してほしい。 | | ○ | ○ |
| | 伊地 | 猪垣は残っているが、私有地にもあるため、扱いが難しい。 | | ○ | |
| | 宇嘉 | 猪垣（座中坂付近）：万里の図を見るが如し | ○ | | |
| | 安田 | 石垣ではなく、土を掘った最上部に、テーブル珊瑚の返しをつけた猪垣が残っている。 | | ○ | |
| | 安波 | 猪垣（安波港アハムルル） | ○ | | |
| 拝所 | 浜 | ヨリアゲ森 | ○ | ○ | |
| | 比地 | 幸知嶽、小玉森、キンナ嶽 | ○ | ○ | |
| | 奥間 | ヒヨウノ嶽 | ○ | | |
| | 浜 | ヨリアゲ森（他は大宜味村） | ○ | | |
| | 辺土名 | イチフク森城嶽 | ○ | | |
| | 与那 | ヨリアゲ森、ウフドームイ（大道森） | ○ | ○ | |
| | 辺野喜 | ヨリアゲ森 | ○ | | |
| | 宇嘉 | 部落東の宇嘉川を越えた森に老松の立ち並ぶ神山。そばに「世の初めの屋敷（井）」があり毎年拝む。 | ○ | | |
| | 辺戸 | 安須（あす）森：シチヤラ嶽（石灯籠アリ）、アフリ嶽、宜野久瀬嶽からなる | ○ | ○ | |
| | 奥 | ヤハ嶽、ミアゲ森 | ○ | | |
| | 安波 | ヤギナハモリ城 | ○ | | |
| | 安田 | あだかもり、よりあげ森 | ○ | | |
| | 安波 | マシラジの神：ヤギ（海岸の細長い土地）ナハ（漁場）森城 | ○ | | |
| 古道 | 宇良 | 宇良川川床に湧水が何か所かあった。保全・復元させたい。 | | ○ | |
| | 与那 | タカヒラの古道を自分たちで使う所として位置づけたい。 | | ○ | |
| | 楚洲 | 楚洲辺野喜線（旧道）を再生したい。辺野喜ダムに一部沈んでいる。木が大きくなって、ツーリズムに活かせる。 | | ○ | |
| 藍壺・炭焼跡 | 奥間 | 与那覇岳頂上付近上流に、藍壺、炭焼窯等がある。 | | ○ | |
| | 辺野喜 | 藍は山に約 10 軒あった。藍壺は 3 箇所あったが、今はない。樟脳窯も畑の下にあったが壊された。 | | ○ | |
| | 奥 | ヒクリン川上流部に戦時中疎開していた。かまどや屋敷、保存用の穴などの跡がある。炭焼きの跡もある。尾西岳にはウンニーエーバテー（藍壺）がある。 | | ○ | ○ |
| | 安田 | 伊部岳周辺に藍壺が良好な状態で残っている | | ○ | ○ |

| 種類 | 集落名 | 概　要 | 文献 | 聞取 | 現地 |
|---|---|---|---|---|---|
| 住居跡 | 奥間 | インチキヤードイ（犬付屋取：与那覇岳頂上近くにある金丸隠居遺跡）を文化遺産として保全したい。 | | ○ | |
| | 宜名真 | 宜名真御殿：金丸居住遺跡 | ○ | | |
| | 楚洲 | ゆっぱー（横津巴）：県有林設置（1909 年）以降、事務所が設置された。大正時代は山仕事に従事する 20 軒あった（泡瀬・本部・今帰仁出身）。 | ○ | ○ | ○ |
| | | 住居跡（ジーブグヮ：儀保小）：戦前に那覇から移住した 4 世帯が生活していた。家畜小屋、トイレ、生垣、畑の跡等が残る。 | | ○ | ○ |
| | 辺野喜 | 渡嘉敷住居跡（私有） | | ○ | |
| | 安田 | 伊部岳頂上付近のヨコッパー住居跡を保全したい。 | | ○ | ○ |
| 井戸・湧水 | 辺土名 | ノロ殿内横の川（井） | | ○ | |
| | | 屋号「東リ」南側に古井があり、そこに近い南の山下に水宇拝み場があり、若水を汲むところとなっている。東リの全面の河床にも湧水箇所がある。 | ○ | ○ | |
| | 比地 | S30 年代まで豊かだった 2 つの湧き水・井戸が道路の新設により減った。復元できるといい。 | | ○ | |
| | 宇良 | 宇良川の現川床内の湧水所 | ○ | | |
| | 伊地 | 旧アサギ付近の大川（うふかー） | ○ | | |
| | 与那 | 村落後方の後川（しーらがー） | ○ | | |
| | 佐手 | 丘に義本王の身替りのための偽墓と屋敷跡と古井、裏側に枯渇することのない湧水があり、神人や部落民の水拝み所となっている。 | ○ | | |
| | 謝敷 | 根神屋背後の神川および上の川 | ○ | | |
| | 辺野喜 | 根神屋背後の後川（しーかー） | ○ | | |
| | 宇嘉 | 宇嘉川の山岳部に旧家大家があり、付近にアサギがある。対岸北嶽南部の高所に上川（ういはー）、近くにテンガー（天川）があり、若水や撫で水の汲み場所になっている。 | ○ | | |
| | 宜名真 | 北原（にしんばーる）に枯渇することのない湧水がある。村落北側に若水を汲んだ比謝川。 | ○ | | |
| | 奥 | 村落南方の小高いことろの前の坂（めんぱー）に湧水。ノロ殿内や根神屋の小高い所に湧口をもつ「あん川」も指撫で水汲み所・東流するイビの森前に出る。 | ○ | | |
| | 楚洲 | ニーズ（根水）という湧水：新里家裏手・神人の水拝み場 | ○ | | |
| | 安田 | アサギ後ろの穴川 | ○ | | |
| | 安波 | ノロ殿内付近の清水（そーじ） | ○ | | |
| その他 | 奥間 | 「マチヤマウドン（松山御殿の山林）」は私有地だが、調べてほしい。イシブルチ（基準点､塚）を文化遺産として保全したい。 | | ○ | |
| | 宇嘉 | 棚田の跡が残っている。17ha。水源は、ザツン（座津武）川からひいている。トンネル水路もある。ポンプ場は集落内にある。復帰後まであった。再生して観光に活用したい。 | ○ | ○ | ○ |
| | 辺戸 | アマン（城）。義本王の墓：辺戸玉陵（たまおどん）。宇座浜 A 遺跡発見（1954） | ○ | | |
| | 奥 | 楚江川の杉仕立山：1830 年代苗木を薩摩から取り寄せて植えた。笹森儀助時代目通り 10m | ○ | | |
| | 安波 | ヤギナハモリ城 | ○ | | |
| | | 部落の海岸線北 300 m海岸砂丘に縄文後期の貝塚が 1969 年に発見された。 | ○ | | |

調査では、現在も良好に残る山間部の生活遺産を確認し、地域住民がそれらの資源をどう保全・活用していきたいかについても聞き取りを行った。ほとんどの集落に拝所と近接する湧水地が存在し、現在も重要な場所として扱われている。この他にも猪垣、古道、水路橋、藍壺・炭焼窯跡、住居跡、造林地、共同店などが挙げられた（**表2-3**参照）。

国頭村では木材と薪炭、杣山開墾で栽培される山藍や樟脳などの林産物が重要な換金産品であった。1879（明治12）年の沖縄県設置（琉球処分）以降、杣山の多くは国有林となったが、森林資源は村落共同体規定によって利用された。また、新たな生活を求めて中南部の無縁士族が寄留（移住）し、その一部は山間部に住み着き、樟脳や藍、炭を作って生計を立てた。現在も山中に住居跡や藍壺、炭焼釜の跡が残っている。

「生活遺産」の掘り起しで重要なことは、世代間での聞き取り調査の過程にある。字誌や集落ガイドブックの制作をきっかけに、3世代に渡って自分の生まれ育った地域の物語を共有する。地域の若者が祖父母世代の物語を通して、地域のもつ「気質」を感じとり、数世代に渡って引き継がれてきた巧みな「地域管理の智慧」を知ることで、自分のアイデンティティーを確立していく。それでは、「文化遺産」から読み取ることのできる「地域管理の智慧」とはどのようなものだろうか。

### (3) 地域における猪垣の役割

かつて国頭村の山地と集落の境には猪垣が張り巡らされており、その多くは集落が設置・管理していた。明治時代初期に1,380名程度であった国頭村の人口は、45年を経た1920（大正9）年には11,525名に急増した。当時の国頭村の主要農産物はサツマイモと米であったが、生産量は少なく、平地も限られており、食糧を自給するために少しずつ畑が山の方に広がっていった。猪垣は、イモ、米、粟などの大事な作物を沖縄本島唯一の大型哺乳類であるリュウキュウイノシシから守るために山と里の境界に作られた。集落や立地条件によってその造りは様々であり、石を精密に積み上げた頑丈な石垣から、地形を利用して珊瑚の返しを付けたもの、木や竹を編んだもの、近年ではスチール製の網など様々であった。現在ほとんどの猪垣が、土砂崩れや腐食、土地区画整備等で消失しているが、その一部分は残っている。

奥集落には1903年に構築された総延長約9 kmの猪垣が今も良好に残っている（**図2-8**）。石積の部分が多かったことや、比較的最近（1959年）まで厳しい規制による共同管理が行われていたためである。猪垣の里側には深さ約2 mの落し穴の跡もあり、侵入するイノシシを貴重なタンパク源として利用していた。イノシシの侵入を防ぐために、インジチ（犬付猟師）が定期的に見まわりや捕獲をした。各猪垣の管理責任者（垣主）は「大垣台帳」に記録されており、侵入が確認されたら、どこから入ったかを調べ、破損個所の修復を垣主は3日以内に行う決まりであった（宮城, 2010）[30]。

安田集落周辺には、隣接する両集落まで総延長8 kmの猪垣があり、安田区が管理していた（図2-8）。猪垣の記録は残っておらず、畑の所有者が山の境に設置し、自発的に修繕なども行っていた。猪垣は基本的に私有地にあり、石垣のものはほとんどなく、素掘りした土手の上にテーブル珊瑚の返し（ケーシガチ：返垣）を付けた形が多かった。シシ垣の畑側にイノシシが入ると、定期的に奥集落のインジチ名人に捕獲を依頼していた。猪垣が機能していた頃は、ユイマール（共同作業）として猪垣の設置の手伝いや管理をしていたが、必要でなくなると共にユイマール（共同体）精神も失われていった[31]。

「猪垣」には少なくとも3つの「地域管理の智慧」が含まれている。1つ目は、人と動物が棲み分けながら共存する智慧である。猪垣によって山と里の境界を明確にすることで、イノシシをただの「有害獣」として駆除するのではなく、イノシシが安心して棲める場所を提供し、その恵みを永続的にいただくことができる。

2つ目は、現在の猪垣から読み取れる、環境への負荷をかけない人工構造物の設置と管理に関する技術・智慧である。構造物の規模を最小化し、材料はできる限り近くから調達できる自然素材に限定することで、設置時にかかるコストと環境改変を最小限化する。設置時のコストを削減する代わりに、補修管理を常時行うことで、地域雇用につながる。時代の変化に伴い必要が

**図 2-8　猪垣**（上：奥の石垣、下：安田のケーシガチ）

なくなっても、廃棄物にならず自然に還る。時には地域の文化遺産になることもある。

３つ目は、ユイマール精神（共同体意識）の保持がやむを得ずできてしまうしくみである。猪垣を管理していた時代は、この他にも地域の力を結集すべき様々な作業があったが、一か所でも管理放棄すると、すべての機能が失われる猪垣の築造と管理は、関係者のユイマール精神を強く保つ役割を果たしていたのではないだろうか。

### (4)「地域資源」の保全と活用

いくつかの集落では、ダムや林道建設などをきっかけに、集落の文化遺産の価値を再認識し、保全のための調査や独自の活動が始まった。

奥集落では2000年ごろから有志による猪垣の調査が行われており、今も現地での確認調査が続いている。2010年に猪垣の一部が県営林道予定地と重なっていることが新聞に取りあげられるとともに、地元住民が案内する猪垣散策ツアーも始まり、貴重な地域資源として保全・活用されている。

与那集落では、区長と役場職員を中心として、集落ガイドブックの制作をきっかけに散策ツアーがはじまり、屋号看板の設置や共同店改革、字誌の編纂、都市部との交流イベントなどの様々な取り組みが盛んに行われている。

宇嘉集落では、「国頭村森林地域ゾーニング計画」に伴う文化遺産調査をきっかけに、棚田と水路の詳細調査・再生活動が行われた。1956（昭和31）年に整備され、1985（昭和60）年頃まで自給米が栽培されていた約10haの棚田と２本の水路橋を有す山の中の水路は、住民にとって他集落も羨む自慢の資源として今も語られている。2010年に宇嘉区と地元NPOが中心となって水路と棚田を再生し、水路散策と田植え体験のイベントを行った。

これらの「文化遺産」からは、地域の人びとの「想い」を読みとることができる。山間部にある住居跡や藍壺からは、都市部からの寄留民を受け入れる先人たちの距離感を、猪垣や水路には、野生生物との共生のしくみと精巧な土木技術、ユイマールの精神が息づいている。

都市部から地方まで多くの人々が物質的豊かさを満たされた反面、失いつつある共同体精神を新たな形で創りあげていく時代を迎えている。これまでただの廃墟として扱われていた半世紀前の生活跡に、「生活遺産」としての価値を見出し、新たな共同体精神の形を創造するヒントを得る。

本章では国頭村の森林資源として、「自然資源」と「文化的資源」をみてきた。「自然資源」は主に学術的根拠にもとづく普遍的価値であり、世界自然遺産登録後は、ますます地域にとって重要な資源として保全・活用が進んでいくであろう。一方、「文化的資源」のなかの「生活遺産」は、地域活性化のきっかけとなる新たな価値が認められ、保全と活用が始まっている。地域の資源管理の施策を検討する際に、これまでの普遍的価値に加え、その地域固有の価値についても、同様に組み込んでいく仕組みづくりが必要とされている。

**注**

1　S–T ラインとは、環境省・沖縄県が実施しているマングース捕獲事業で使われている用語。希少動物を捕食するマングースの完全排除を目標とする大宜味村塩屋から福地ダム（福上湖）を経て大泊橋に至る第 1 北上防止柵のライン（塩屋－福地ライン：S–F ライン）と、塩屋から東村平良に設置されている第 2 北上防止柵のラインを「塩屋－平良ライン（S–T ライン）」という（環境省那覇自然環境事務所　ホームページ (H26.4.1　第 2 期沖縄島北部地域におけるマングース防除実施計画（平成 25 年度 -- 平成 34 年度）より)。

2　環境省ホームページ　日本の世界自然遺産
http://www.env.go.jp/nature/isan/worldheritage/info/index.html

3　固有種とは、「ある特定の地域だけに分布している生物種」。固有となる過程で、新固有（広範囲に生息していた同じ種が、地理的障壁よって分断され、時間の経過とともに遺伝的に分化して特定地域に固有に分布する）と遺存固有（各地で偶発的に生じる隔離の積み重ねによって種分化を繰り返し、地理的に連続した分布を示していたが、競争者や捕食者の圧力によって局所的に絶滅が繰り返された結果不連続分布の状態となり、特定の地域だけに取り残され、周辺に近縁種がまったくみられない状態）にわけられる（太田, 1997）。

4　日本政府（2017）世界遺産一覧表記載推薦書　奄美大島、徳之島、沖縄島北部及び西表島

5　太田英利（1997）「両生類と爬虫類たち」,『沖縄の自然を知る』, 築地書店 ,

pp.109-128.
6　横田昌嗣（1997）「沖縄の小さな植物」,『沖縄の自然を知る』, 築地書店, pp.139-155.
7　立石庸一（2015）「第6章　陸域の植物　第3節各諸島の植物相と植生　1.沖縄島と周辺離島の植物相と植生　(1)沖縄島北部　1沖縄島北部の植物相」,『沖縄県史　各論編　第1巻　自然環境』, pp.456-461.
8　前掲（日本政府, 2017）
9　森林を主な生育・生息地とする種で、沖縄県RDBの絶滅危惧II類（VU）以上を記載した。
10　「改訂・沖縄県の絶滅のおそれのある野生生物　第3版（動物編）―レッドデータおきなわ―」（沖縄県文化環境部自然保護課, 2017）を参照した。
11　環境省那覇自然環境事務所（2008）輝くやんばるの森　森と生き物たちのつながり
12　伊澤雅子（2005）「ノネコ, マングースによるヤンバルクイナの捕食」, 遺伝59巻2号, pp.34-39.
13　沖縄県文化環境部自然保護課（2005）改訂・沖縄県の絶滅のおそれのある野生生物（動物編）―レッドデータおきなわ―
14　尾崎清明（2009）「「飛べない鳥」の絶滅を防ぐ―ヤンバルクイナ―」, 山岸哲（編）『日本の希少鳥類を守る』, 京都大学出版, pp.51-70.
15　尾崎清明（2005）「ヤンバルクイナの分布域と個体数の減少」, 遺伝59巻2号, p29-33.
16　環境省那覇自然環境事務所報道発表資料 (2015.5.15）
http://kyushu.env.go.jp/naha/pre_2015/post_11.html
17　環境省やんばる野生生物保護センター　ホームページ (2017.5.5)
http://www.ufugi-yambaru.com/torikumi/kishyou_kuina.html
18　街中の交通安全対策を研究する橋本成二氏（岡山大学大学院環境学研究科准教授）によると、①路側帯に色を付けることで道路幅を狭くみせる、②中央線をなくすことで、ドライバーが無意識に減速することがわかっている。
19　環境省那覇自然環境事務所報道発表資料（2015.4.10）
http://kyushu.env.go.jp/naha/pre_2015/post_7.html
20　環境省やんばる野生生物保護センターHP公表資料より作成。事故の5割以上は、4～6月の繁殖期に確認されている。
21　やんばる国頭の森を守り活かす連絡協議会（2011）ニュースレターVol.3サントリー世界愛鳥基金活動報告
22　ポーラ・アンダーウッド（1993／1998）『一万年の旅路―ネイティヴ・アメリカンの口承史』（星川淳訳）, 翔泳社, p.535.
23　地元学とは、「地元に学び役立てる実学」であり、「住んでいる人たちが主役となり、自分たちで足元にあるものを探し、地域の持っている力、住んでいる人の力を引き出し、ものづくりや生活づくり、地域づくりに役立てていく。個性を確認していく。個性を知ると住んでいる地元に自信と誇りが生まれる。自ら調べることにより地域と人の力が見えてくると、自分でやる力が身につき、町や村の元気づくりの手が打てるようになる。ここにあるものを探して磨くことが、独自の地域づくりを開いていく。」（吉本哲郎（2007）広がり進化する地元学，pp.10-17．農村文化運動 No.185，農山村文化協会，東京．）

**24**　字誌とは、100 世帯程度、人口 300 ～ 500 人規模の字（行政区）の人びとが、自分たちの"世界"を記録し、描くもの。先祖代々取り組んできた地域の自然の特徴や農業・漁業・山仕事など生業のこと、村落の成り立ちや変遷、小地区と屋号、年中行事や生活習慣の伝統、地域の自治や教育、家々の系譜、移民や出稼ぎの経験、戦争体験、戦後復興期の思い出、土地改良事業など地域ぐるみで取り組んだ様々な事業のこと、そして地元が生んだ人物、民話やわらべ唄、言い伝えなど実にいろいろなことについて、先輩・同輩たちの体験や記憶をもとに、地域史料を含めて必要な調査研究を重ね、みんなが理解できる形にまとめ上げる、それが字誌である。

**25**　国頭村内の字誌は、それぞれ以下のとおりである。
　奥のあゆみ刊行委員会（1986）：奥のあゆみ．
　辺土名誌編集委員会（2007）：辺土名誌（上下巻）．
　字伊地編集委員会（2010）あしみなの里　伊地．
　与那誌編集委員会（2013）ユナムンダクマの郷　与那誌．沖縄コロニー印刷．

**26**　中村誠司（1987）「沖縄における地域史づくりの現状と課題」，『琉球・沖縄―その歴史と日本史像―』，地方紙研究協議会，雄山閣出版，pp.312-344.

**27**　9 集落のうち、奥、楚洲のガイドブックは、他の形式で制作されている。

**28**　文化遺産調査（2010 年 7 ～ 12 月）は、W–BRIDGE プロジェクト（早稲田大学と㈱ブリヂストンの連携研究プロジェクト）の助成による「やんばる国頭の森の持続可能な森林資源管理に関する研究」として、NPO 法人国頭ツーリズム協会が受託・実施した。

**29**　NPO 法人国頭ツーリズム協会（2010）W–BRIDGE　2010 年 7 月～ 2011 年 6 月研究・活動委託　やんばる国頭の森の持続可能な森林資源管理に関する研究　1st Stage 成果報告書，p.8-9.

**30**　宮城邦昌（2010）「沖縄島奥集落の猪垣保存活動」，高橋春成『日本のシシ垣―イノシシ・シカの被害から田畑を守ってきた文化遺産』，古今書院，東京，pp.196-211.

**31**　国頭村文化協会会長　大城盛雄氏聞き取り・現地調査（2011 年 1 月 19 日）による。

# 第3章　やんばるの森の保全と利活用

森林管理の歴史について、管理の目的という視点から考えてみると、支配者層（国）、地域住民それぞれが、森林資源の恩恵を持続的に受けることにあった。恩恵を持続的に受けるためには、資源の利用と災害のリスクを管理することが藩政時代より強く意識され始めた。長く安定した藩政時代では、過伐は即「災害」として現れたため、「恩恵と災害のリスク」管理を藩主と入会利用する住民とが重層的に行っていた。明治維新以降の土地整理法による林野統一、大規模一斉造林、エネルギー革命により、地域と森林との日常的な関わりが希薄になった結果、それぞれの地域で流域単位に絶妙に保たれていた森林管理システムは急速に消失していった（保屋野, 2010）[1]。

最初の保護運動は、戦後の好景気・高度経済成長とともに、経済的価値を優先することによって生じた。直接的に人命を脅かす公害問題に起因する「人の命を守る」ための戦いであった。その後、人間にとっての豊かさの本質に関わる「自然を守る」戦いに移行し、今も続いている。近年、物流・情報のグローバル化が急速に進み、森林管理の目的にも多様な価値軸が生じている。直接的な「恩恵」と「リスク」だけでなく、地球温暖化や生物多様性の保全などの長期的・間接的な地球規模のリスクをいかに管理していくかを模索する中で、森林の保全と利用のあり方についての意見対立が顕在化している。その一方で、人と自然との関わりが希薄になり、その結果、人と人との関わりまで希薄になっている。それらの「関わり」を取り戻すための戦いが、保全と利用の対立を複雑化する反面、二項対立を解決する鍵にもなろうとしている。本章では、「保護運動」として顕在化してきた対立構造につい

**表 3-1　森林保全と保護活動の変遷**

| 年 | 主な出来事 | | 環境保護運動等 | |
|---|---|---|---|---|
| | | | 全国 | やんばる地域 |
| 1950 (S25) | 水俣病発生（56'） | 人命を守る | | ノグチゲラ・アカヒゲ天然記念物指定（55'） |
| 1960 (S35) | 公害基本法成立（67'） | | | |
| 1970 (S45) | 沖縄本土復帰（72'）<br>日本列島改造論（72'） | | | 米軍実弾演習闘争（70'） |
| 1980 (S55) | ヤンバルクイナ発見（81'）<br>リゾート法制定（87'）<br>保護林制度制定（89'） | 自然を守る | 知床伐採計画凍結（87'）<br>清秋林道凍結（89'） | |
| 1990 (H2) | 屋久島・白神世界遺産登録（93'）<br>SACO 同意（96'） | 関わりを守る | 日本初自然の権利訴訟（奄美、95 ～ 99'） | 林道訴訟①（93'-06'）<br>林道訴訟②（97' ～現） |
| 2000 (H12) | 知床世界遺産登録（05'） | | | WWF-J 伐採中止要望（09'） |
| 2010 (H22) | 保護林政度拡充（10'）<br>小笠原世界遺産登録（11'）<br>やんばる国立公園指定（16'） | | | やんばる林道計画休止（10'） |

て論じる（**表 3-1** 参照）。

## 第 1 節　森林保全と保護運動

### （1）人命を守るための保護運動

公害対策基本法が成立した 1967（昭和 42）年以前の対立は、戦後復興、好景気、高度経済成長期に急速に発展した大企業や国などの圧倒的な権力から、自分や仲間の命を守るための対立であった。水俣病やイタイイタイ病などの公害問題も、大企業の利益のために命を脅かされる生活者を守るための対立である。

公害対策基本法が成立した頃、沖縄はまだ米軍統治下にあった。やんばるの森で起こった最初の自然保護運動は、アメリカ海兵隊という圧倒的な権力を相手に沖縄返還の約2年前（1970年）に起こった「米軍実弾演習闘争」である（比嘉, 2001）[2]。

1970年、やんばるの森の中でも東部地域の水源地として長年保護されてきた天然林650.73 haを海兵隊の実弾射撃場に使用することが通告された。通告時既に伐採された林内に演習場は建設され、砲台なども運ばれていた。恩納村や金武村では実弾演習によって山林1,500 haが山火事によって消失していた。実弾による住民の人命を守るために、村民を中心に約270名が発射台や着弾地点で座り込みを行った。加えて、沖縄県民の水源地保護、世界的に貴重な天然林及びノグチゲラの保護のために、国内だけでなく欧米の自然保護団体からの要請も加わり、演習は中止となった。新聞記事等により計画が発覚する2日前には、住民による米軍車両の焼き討ちが行われた「コザ騒動」が起きており、沖縄県民の米軍統治に対する憤りが限界に達している時期でもあった。

この運動では、公害問題と共通点として①特定地域の人命が関わっていること、②圧倒的権力への抵抗が挙げられる。住民にとっては、「人命を守るための圧倒的権力への抵抗闘争」であり、県民にとっては「沖縄県の貴重な財産である水源地を守るための要請」であり、国内や欧米の自然保護団体にとっては「世界的に貴重な森や鳥を守るための運動」であった。

### （2）自然の普遍的価値を守るための保護運動

自然を守るための運動としては、原生的な森林に代表される「生態系」を守る運動と、そこに生息する「種」を守る運動とにわけることができる。また、保全と保存についての議論も必要だ。

公害対策基本法が成立した1967（昭和42）年以降、日本列島改造論（1972）、リゾート法（1987）による大規模開発に反対する運動が各地で起こった。それまで手がつけられていなかった山岳地帯では、スキー場やスーパー林道の建設だけでなく、省庁で唯一独立採算を求められていた林野庁による国有林内の天然林の大規模伐採に対して、それまで木材生産の推進を唱えていた世論は一気に保全を求めた。その代表的な対立として、世界自然遺産に登録されている屋久島、白神山地、知床がある。屋久島は、周回道路の建設反対運動に端を発し、1993年に登録された。白神山地は、1989年には清秋林道が凍結、森林生態系保護地域として指定され、1993年に登録された。知床は、1987年に知床国立公園内の択伐計画が凍結され、2005年に登録された。1995年には、日本で初めての「自然の権利訴訟」が奄美の貴重種を原告として起こされた。

やんばるの森では、国の振興計画に基づく国直轄ダムの建設、農地・草地造成が盛んに行われ、1977～84年には年間の伐採面積が100haを超える大規模な森林伐採が行われた。加えて、米軍基地建設や個人住宅建設のブームを迎え、山原材の県内での需要が1990年ごろまで高まり、年間50ha前後の伐採が行われた。1990年代以降は大規模開発が減少し、伐採面積は年間10ha前後とピーク時の10分の1程度に減少している（**図3-1**参照）。なお、過去40年間の造林事業による伐採面積は約800ha、開発による伐採面積は1,000 haを超えている。

本土復帰後は「本土並みの経済発展」のために、急ピッチでダムや林道の建設が短期間に行われたことによる建設反対運動が中心であったが、その後林業を営むこと自体に対する全国組織の保護団体による反対運動に発展している。1996（平成8）年の北部訓練場の返還を決めたSACO（Special Actions Committee on Okinawa：日米特別行動委員会：沖縄の米軍基地の整理・縮小を目指した協議機関。1995年設置）合意を受け、環境省はやんばるの森を国立公園に指定することを公表した。

同じ年の1996（平成8）年には、やんばるの森の林道建設に対して、弁護士と県内の自然保護論者による現職知事等に対する住民訴訟が2度起こった（やんばる林道訴訟）[3]。2015年3月の那覇地裁の判決では、林道工事に対する損害賠償請求は棄却されたものの、事業再開には専門家や環境省から指摘のあった問題点についての調査・検討、世界遺産登録を重点目標に掲げる県の環境行政との調和を求めた[4]。日本生態学会や世界自然保護基金（WWF）

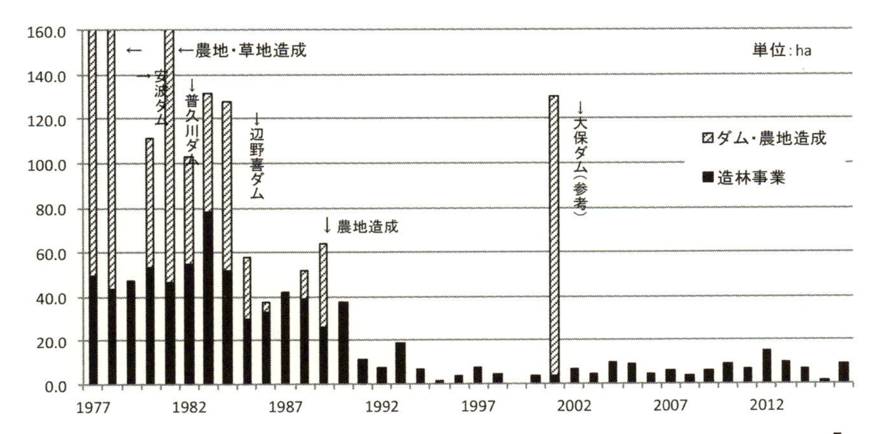


※　国頭村内の立木払下（伐採）実績ほか（篠原武夫 ,1999、2003）、国頭村森林組合提供資料等より作成 5

**図 3-1　国頭村の伐採実績**

ジャパン、日本自然保護協会（NACS − J）等の全国組織の自然保護団体も伐採や林道建設に反対する意見書を複数回にわたって沖縄県及び国頭村に提出している。2010 年には県議会で林道建設費に対する議論が紛糾し，2011 年 3 月議会で、「建設に関する環境保護団体との合意形成や環境負荷の少ない工法の確立等」までは、林道計画の休止が決定された（**図 3-2** 参照）。

これらの保護運動は、大規模開発を推進する経済至上主義に対し、原生林やそこに生息する貴重な野生生物などの普遍的価値を有する「原生自然」を守るための運動である。

（沖縄タイムス：2010.12.8）

国頭の林道

# 工法や環境対策検討

## 県、慎重に進める考え

奥間川流域保護基金のメンバー（左側）に要求事項を回答する県森林緑地課職員ら＝7日、県庁

県森林緑地課は7日、特定非営利活動法人（NPO法人）奥間川流域保護基金が10月に県営林道5路線（国頭村）の建設中止などを要求していた件について、県庁で同基金に回答した。同課の謝名堂聡課長は「今後の林道建設は工事方法、環境保全対策などを検討し、地域住民や県民、関係者等との合意形成を進めたい」と慎重に進めていく考えを示した。

県は5路線のうち、県公共事業評価監視委員会の答申を踏まえて、伊江1号線と伊江原支線の工事を休止している。奥山線、伊楚支線、楚洲仲尾支線は未着工。

同基金のメンバーは「伐採後に森林保護をすると回復しているように見えるが、保水力は半減し、生息する動植物も減っている」と訴え、既存の林道と伐採地の環境調査を求めた。

同課は「予算の制限もありすべてを調査するのは難しいが、場所を選んで調査する方針で現在、予算要求している」とした。予算額や調査場所など詳細については、正式に決定していないため現段階では答えられないとしている。

同基金は話し合いの継続を求めており、両者は年明けにも同様の会合を開くことで合意した。

要求書は県営林道5路線の建設中止のほか、北部地区の森林の保全・保護策を講じることも求めている。

国頭2林道費用対効果

# 「木材生産」1％未満

## 県再算出　便益低く根拠揺らぐ

県が国頭村に建設を予定する2林道の費用対効果算出に用いるべき基礎資料を所有していなかった問題で、県は5日、費用対効果を再算出し、県公共事業評価監視委員会に提示した。再算出した数値では、2路線の事業効果を示す便益合計2億5570[illegible]円のうち、県が林道整備目的の筆頭に掲げている木材の収穫などを示す「木材生産」が全体の1％未満と最小便益額（2[illegible]万円）となっており、1月の前回の算出項目にはなかった「市民と森林の触れ合い」が全体の60％を占める最大便益額（1億5411万円）となっていることが分かった。

（32面に関連）

## 監視委、事業を疑問視

再算出で県がこれまで林道開設の主な根拠としてきた林業の生産基盤整備に関する便益が極めて低く、新たに出てきた「森林との触れ合い」という付帯的な便益が主目的になっていることに複数の委員からは事業の必要性を疑問視する声が相次いだ。

県が費用対効果を再算出した林道は伊江原支線と伊江1号支線。再算出した費用対効果はそれぞれ1・61、1・86となり、事業の便益が費用を上回る指標とされる1・0を上回った。

県の再算出によると「木材生産」に関する便益は前回の2256万円から21[illegible]5万円に減少した。

県は委員からの指摘について「林道は木材生産のみならず、森林の適正な管理や自然との触れ合いなどいろいろな機能がある。マニュアルに従って計算した」と妥当性を強調した。

県はこの日の委員会で、本年度に見送っていた両路線の着工を来年度以降も当面休止する方針を表明した。木材利用や環境保全など、山原の森林を目的別に区分けする作業を進めるほか、環境負荷が少ない工法[illegible]

県策2林道の費用対効果の変遷（万円）

| 伊江原支線 旧 便益 | | 新 便益 | |
|---|---|---|---|
| 木材生産経費・縮減 | 852 | 木材生産等 | 23 |
| 洪水防止 | 4954 | 森林整備経費縮減 | [illegible] |
| 流域貯水 | 780 | 保健 | 5071 |
| 水質浄化 | 1159 | 森林の総合利用 | [illegible] |
| 土砂流出防止 | 735 | （ふれあい） | |
| [illegible] | 35 | | 9154 |
| 森林整備等経費縮減 | 139 | | |
| 計 | [illegible] | | 14247 |
| 費用 | [illegible] | 費用 | [illegible] |
| 費用対効果 | [illegible] | 費用対効果 | 1.61 |

| 伊江1号支線 旧 便益 | | 新 便益 | |
|---|---|---|---|
| 木材生産経費・縮減 | 1405 | 木材生産等 | 193 |
| 洪水防止 | 6327 | 森林整備経費縮減 | [illegible] |
| 流域貯水 | 971 | 保健 | 4874 |
| 水質浄化 | 1481 | 森林の総合利用 | [illegible] |
| 土砂流出防止 | [illegible] | （ふれあい） | |
| [illegible] | 44 | | [illegible] |
| 森林整備等経費縮減 | 139 | | |
| 計 | [illegible] | | [illegible] |
| 費用 | [illegible] | 費用 | [illegible] |
| 費用対効果 | 1.62 | 費用対効果 | 1.86 |

（琉球新報：2010.3.6）

沖縄県が算定した林道の費用対効果について共産党県議団が伐採中止を求める要望

**図 3-2　森林保護をめぐる報道記事**

# 皆伐で山肌むき出し

## やんばる訴訟団　希少種保護へ中止訴え

国頭村で県が進めている林道開発工事は希少動植物に被害を与え違法として、県に公金差し止めなどを求めている訴訟（沖縄命の森やんばる訴訟）の原告団（平良克之原告団長）や弁護団、自然保護団体の約15人が23日、伐採地の村有林を視察した。平良原告団長は「固有種や希少種の動植物に悪影響を及ぼしている」として伐採の中止を訴えた。弁護団らは視察を踏まえ、固有の自然林が失われる伐採工事の中止を求める抗議声明を近く発表する方針。

この日は、本年度に伐採が進められている同村辺戸、宜名真など4カ所の村有林を視察。一定面積全てを伐採する皆伐で山肌がむき出しになった斜面や、伐採地で国指定特別天然記念物のノグチゲラの採餌場所の痕跡を確認。また、辺戸の伐採地では環境省のレッドデータブックで準絶滅危惧種に指定されているチョウのリュウキュウウラナミジャノメも確認された。

視察に参加した日本蝶類学会に所属する研究者、宮

伐採地で確認された準絶滅危惧種のチョウ「リュウキュウウラナミジャノメ」＝23日、国頭村辺戸

準絶滅危惧種のチョウ「リュウキュウウラボシシジミ」などが確認された村有林の伐採地＝23日、国頭村辺戸

（琉球新報：2012.9.24）

# 国頭 吉波山 皆伐中止を

## 県に事業者指導要請

### 共産党県議団

共産党県議団（嘉陽宗儀団長）は7日、県庁で比嘉俊昭農林水産部長に対し、本島北部で行われている「皆伐方式」による森林伐採の中止を求めて緊急に申し入れた。

県議団は、一定面積をすべて伐採する皆伐によって生物多様性の破壊や、赤土流出を指摘した。

現在、国頭村宜名真の吉波山の村有林で国頭村森林組合が行っている伐採事業について、即時中止を働き掛けるよう要求した。

比嘉部長は「皆伐だけでなく環境を大事にする方法もあるので、地元と相談しながら伐採方式を検討していきたい。一方で地域の雇用もあり、木材資源を活用する林業と生物多様性の議論とのすみ分けも必要だろ

国頭村宜名真の吉波山で行われている皆伐方式による伐採の状況＝6日（共産党県議団提供）

吉波山で進められている伐採状況の写真を示し、皆伐の中止を申し入れる共産党県議団（右列）＝7日、県庁

（琉球新報：2011.1.9）

# 住民側が逆転敗訴

## やんばる訴訟控訴審

## 「違法だが損害なし」

### 福岡高裁那覇支部　工事支出に公益性

原告、上告の意向

やんばる訴訟（琉球新報：2004.10.15）

## 国頭森林組合長を告発

伐採で住民ら

本島北部の森林伐採を問題視する住民や弁護士らの有志が13日、法や条例で定められた手続きを取らずに、ヤンバルクイナなどが生息する森林区域で伐採したとして、国頭村森林組合の大嶺進一組合長を文化財保護法違反と県文化財保護条例違反に当たるとし、刑事告発した。

告発では、国指定天然記念物ノグチゲラやヤンバルクイナの存在を知りながら森林を伐採したとして、文化庁長官の許可を得ずに森林を伐採したとしている。また、県指定天然記念物のイシカワガエルについても県教育委員会の許可を得ずに生息する森林を伐採したとしている。同組合が国頭村から購入した森林区域は、契約内容からノグチゲラなどの生息・繁殖地であることを前提として売却されており、同組合が許可なく伐採、搬出した行為は文化財保護法などの違反が成立するとしている。

有志らは、那覇地裁で係争中のやんばる林道訴訟に関わるメンバー。10月以降に伐採地区で行った調査で、自然環境の破壊や貴重な生態系の減少を確認しており、証拠がそろったため告発したという。



（琉球新報：2012.3.14）

# やんばる林道訴え却下

## 県事業再開「是認できず」

### 那覇地裁判決

県が国頭村で計画する林道建設事業で、自然写真家の平良克之さん(63)ら市民9人が県知事に公金支出の差し止めなどを求めた訴訟の判決が18日、那覇地裁であり、鈴木博裁判長は、事業が休止中であることなどを理由に訴えを却下した。一方、事業再開について「現状のままでは、社会通念上是認できず、(知事の)裁量権の逸脱・濫用と評価されかねない」と指摘。原告側は「実質勝訴」として、控訴しないことを決めた。

(2面に関連、29面に判決要旨・判決文抜粋)

**判決のポイント**

❶ 公金支出等の差し止め
現時点で、未着手や休止中の路線を開設することに、相当な確実性をもった予測はできないため、訴えの利益がなく、却下

❷ 損害賠償について
公金を支出した３林道の開設事業は、知事の裁量権を逸脱・濫用した違法なものではないので、棄却

❸ 事業の再開について
現状では、社会通念上是認できず、社会的妥当性を著しく損ない、裁量権の逸脱・濫用と評価されかねない

判決の意義を語る平良克之原告団長(右から２人目)＝18日午後、那覇市松尾・沖縄合同法律事務所

対象は、県が2005年に策定した「沖縄北部地域森林計画」による林道8本の開設事業。2本は完成したが、環境影響評価を理由に1本は中断、残る5本も未着工で、計6本の事業は休止している。

判決は、却下の理由に「実施に向け、現時点で公金支出されることが相当の確実さをもって予測されるとはいえない」ことを挙げ、原告らに訴えの利益はないと判断。再開に必要とされる環境省からの指摘に対する調査、検討など「県や村が実施への具体的な手続きをしていると認めるには足りない」とした。事業に違法性はないとして、損害賠償請求は棄却した。

他方、判決は、県の環境行政について「沖縄北部地域が世界的にみても生物多様性上、重要な地域だと明確に打ち出し、環境保全に本格的に乗り出そうとしている」と指摘。事業の採択時とは「顕著な変化」があり、同地域の林道開設を含む林業に関わる事業には「環境行政との調和を図ることが求められている」と環境への広い配慮を求めた。

費用対効果指数については、算出根拠が明らかでない便益が計上されているといった問題点を指摘した。

平良さんは「やんばるの生物多様性の重要性を裁判所が認めた。相当満足している。運動の弾みになる判決だ」と評価した。

## 原告市民「実質勝訴だ」

やんばる林道差し止め訴訟で、現状での事業再開を「認められない」とする那覇地裁判決に、原告らは「実質勝訴だ」と歓喜の声を上げた。訴え自体は退けられたが、県の林道行政に警鐘を鳴らした司法判断と評価し「これで事業はできないはず」と口々に語った。

判決後の記者会見で市川守弘弁護士は開口一番、「勝ちすぎなくらいだ」と笑みを浮かべた。判決文の中身を記者団に説明しながら「森林関係の裁判で、裁量権の逸脱・濫用に言及するのは珍しい」と話す。

原告団長の平良克之さんが「裁判所までやんばるの生物多様性と保全を明確に認めた」と報告すると、集まった原告や支援者から拍手が起こった。「長い闘いだったが、納得のいく結果が出た」と喜びをかみしめた。

## 再開か中止か 決断の時

**解説**

やんばる林道訴訟で、現状での再開は是認できないとした那覇地裁判決は、県の林道事業と環境行政との調和を求め、再開すれば違法とされる可能性が高いことを意味している。直ちに工事を再開することは事実上、困難になった。

林道建設予定地では、希少な動植物が確認されており、環境省も林道の環境調査などが必要だと県に指摘している。県は事業休止から7年以上が経過した現在、指摘に対応していない。事業を進めるのか、中止するのか決定せずに放置している姿勢は、厳しく問われなければならない。

判決は市民側の事業が国際法（世界遺産条約、生物多様性条約）に違反しているという主張には言及していない。しかし、やんばる地域が国際的に貴重だとして世界遺産登録を目標に掲げる県に、森を切り開く林道事業と自然環境の保護を訴える環境行政の矛盾を指摘。やんばる地域の自然に、希少な価値があると高く評価している。

市民側の請求は退けられたものの、県に事業を再開するには森林の利用区分や施業方法などの具体的な検討を求めていると言え、事

**北部地域の林道計画**

完成した林道
❶伊江原線(1,994m) ❷チイバナ線(2,983m)
合計 4,977m

休止中の林道
❸楚洲仲尾線(1,465m) ❹伊江原支線(1,350m)
❺伊江１号支線(550m) ❻奥山線(1,350m)
❼伊楚支線(1,980m) ❽吉波山線(2,320m)
合計 9,015m

辺戸岬
N
宜名真
奥
58
70
国頭村
楚洲

(沖縄タイムス：2015.3.19)

### (3)「人と自然との関わり」を守るための保護運動

生物多様性や原生自然の保全などの学術的価値などの原理主義が当然の価値観として認められるようになると、学術的価値のために本来あった人と森との関わりを失う人たちが出てきた。環境社会学者の鬼頭秀一は、世界自然遺産に登録された白神山地で、マタギとして狩猟採集を行ってきた地域文化が、「原生自然の保護」のために立ち入り制限という形で失われていく現実に危機感を抱き、①「原生自然の保護」の普遍的妥当性、②自然と関わることの意味、③地域における考え方の差を論点として、「ローカルな環境倫理」の新たな構築の必要性を論じている[6]。

都市部周辺の里山の開発に対する保護と保全のための活動が各地で展開している。普遍的・学術的価値ではない、伝統文化の基底となる景観や関わりを守るための運動である。

やんばるの森での対立構造は、「人と森との関わり」を守るための対立に変わろうとしている。すでに広く認知されている「学術的普遍的価値」を守るためには、極力人が手を加えず自然の遷移に任せるべきと考える自然保護団体等による「保護運動」に対し、戦前戦後の乱伐により荒れた森林を、人の手を加えることによって水源涵養機能の高い「いい山」にして後世に引き継ごうと考える地域住民の抵抗が続いている。戦前戦後の最も苦しい時代に村民の命を支えた森林資源の「恩恵」の形は、現在「林業」という公共事業による雇用確保のための産業であり、沖縄本島の多くの住民の「水資源」である。そこには、「地域住民と森林との関わり」はみえてこない。普遍的価値を守りながら、森林との「多様な関わり」を新たに構築するためには、地域住民の森林に対する想いを聞くことから始まるのではないだろうか。「国頭村森林地域ゾーニング計画」の策定はその第一歩に位置付けることができる。

## 第2節　利活用方法の岐路

やんばるの森の多様な「恩恵」は現在どのように利活用されているのだろ

うか。ここでは、「木材資源・観光資源・水資源」の視点から、その利活用方法の課題についてみていく。

### (1) 混迷する木材資源の利用

やんばるの森の樹木は、古くから木材としての資源利用が盛んであり、方言名がついている樹種が多い（**表 3-2** 参照）。琉球王朝時代には、禁木が定められ、山奉行による厳しい管理が行われてきた。本土復帰以降、1984（昭和59）年には国頭村森林組合が設立され、森林計画制度による「地域森林施業計画」に基づき、国頭村森林組合が村内の森林の施業全般の管理を請け負うこととなった。

国頭村で植林された樹種は、昭和 53 年までは、針葉樹のスギ及びリュウキュウマツが主要であり、以降、樹種は、イヌマキ・エゴノキ・ハンノキ（初期）、イジュ・イスノキ・クスノキ・イヌマキ（中期）、イジュ又はイスノキ（後期）と変遷がみられる。全体的に新植自体は減少傾向にあり、現在は、イジュとイスノキを主とした造林が行われている。イジュは成長が早いものの芯腐れを生じにくく、比較的通直な樹形をとることから、構造材などに幅広く利用できる。イスノキは材が硬く、伝統的楽器の三線の柄にも用いられるなど高い付加価値が期待されるが、生長が遅く、生育状況調査でも順調とは言い難い（やんばる国頭を守り活かす連絡協議会・内閣府沖縄総合事務局, 2009）[7]。

1993（平成 5）年以降、20 年間の伐採面積は年平均 8 ha と、大規模ダムや農地開発が行われた 1980 年代に比べて 10 分の 1 に減少している。森林整備計画によると、国頭村の木材資源循環利用林は 7,254 ha あり、その 4 分の 1 が林業適地と仮定し、年間の伐採計画面積 15 ha で単純に計算すると、120 年ごとに伐採地をまわす循環利用が可能ということになる。それなのになぜ、これほどまでに伐採を反対されるのか。理由は 2 つある。

ひとつめは、利用するエリアと保全するエリアが明確に示されてこなかったことにある。沖縄県が指定した国頭村の「木材拠点産地」[8] の指定地域をみるとそれが明確である。区域は国頭村北部地域を指定しているが、その中

表 3-2　国頭村主要植栽樹木

| 標準和名［科名］（方言名） | 植林 | 禁木 | 用　途 |
|---|---|---|---|
| アカギ［トウダイグサ科］ | ● | | 建築材、移入種 |
| イジュ［ツバキ科］ | ● | 皮 | 仕立敷：用材（建築、造船材）、丸太 |
| イスノキ［マンサク科］（ゆしぎ・よす） | ● | ● | 仕立敷:用材（建築、造船材）、製陶（木灰） |
| イタジイ［ブナ科］（しいぎ） | ● | | 建築材・土木用材 |
| イヌマキ（樫木）［マキ科］（ちゃーぎ） | ● | | 建築用材。耐白蟻性・耐湿性 |
| エゴノキ［エゴノキ科］（ひちゃまぎー） | ● | | 用材、薪炭 |
| オキナワウラジロガシ［ブナ科］（かしぎー） | ● | ● | 仕立敷：用材（建築、造船材）、林産物 |
| カンヒザクラ［バラ科］ | ● | | 用材、鑑賞 |
| クスノキ［クスノキ科］ | ● | ● | 仕立敷:用材（建築、造船材）、丸太、樟脳、移入種 |
| クスノハカエデ［カエデ科］（まもく） | | | 建築材 |
| クヌギ［ブナ科］ | ● | | 薪炭、椙木、染料（樹皮） |
| コウヨウザン［スギ科］（広葉杉） | | ● | 仕立敷：用材（建築、造船材）移入種 |
| シナアブラギリ［トウダイグサ科］（とぅんじゅー） | | | 移入種、用材、乾性油（種子）、タンニン（樹皮） |
| スギ［スギ科］ | ● | ● | 仕立敷：用材（建築、造船材）移入種 |
| センダン［カンラン科］（しんだんぎ） | ● | ● | 仕立敷：用材（建築、造船材） |
| トキワギョリュウ［モクマオウ科］（もくまおう） | ● | | 丸太・垂木・杭木 |
| ニッケイ［クスノキ科］（からぎ） | ● | 皮 | 材、薬用・香味料（皮：肉桂） |
| ハゼノキ［ウルシ科］（はじぎ） | | | 製蝋（果皮） |
| ハンノキ［カバノキ科］ | ● | | 肥料木、移入種 |
| ヒノキ［スギ科］ | | | 林産物、移入種 |
| ホウライチク［イネ科］（だき） | | | 生垣、支柱、編籠、食用（筍）、移入種 |
| ホルトノキ［ホルトノキ科］（とーるしー） | ● | | 用材、椙木、薪炭 |
| モッコク［ツバキ科］（いく） | | ● | 仕立敷：用材（建築、造船材）、丸太、耐白蟻性 |
| モッコクモドキ［バラ科］（てーちぎー） | ● | | （オキナワシャリンバイ）薪炭材、染料（樹皮） |

には、伐採が禁止されている鳥獣保護区特別保護地区や、森林整備計画で伐採を行わない予定になっている区域（森と人との共生林）、水源地となっているダム流域（水土保全林）が含まれている。また、林道建設に関しても、林道と林道をすべて効率よくつなぐために、本来保全すべき水土保全林などの中央に開設される等の過剰な整備計画が策定されている。沖縄県の公共事業の多くは本土よりも補助率が高額であるため、費用対効果の算定も安易に計画される傾向があり、県議会でも問題となってきた。つまり、やんばるの森林資源の持続可能な利活用ビジョンができていないのである。

ふたつめは、伐採された木材の利用方法である。皆伐された木材の約2割は用材、8割は原木として買い取られ、原木はチップ化される。2014年度までは、パルプチップの製造が主要な売上品目の一つとなってきた（**図3-3**）。チップ材は、森林組合の工場で粉砕後、本土の製紙メーカーに買い取られていたが、製造コストの高騰、森林認証の問題から、生産されていない。オガ粉は、きのこ栽培の培養土や畜産施設で利用されており、県内需要は増加している。木材として売上の過半を占める支柱材は、治山事業等の公共事業に依存しているため、生産量の変動が大きく、生産体制の安定化が課題となっている。また、建築材などの利用も検討されているが、用材として村有林から主にでるイタジイやイジュは乾燥過程で曲りや割れなどの損傷が大きく、利用に適さない。一方、乾燥板材として需要が高いリュウキュウマツは県営林に多く、県との調整が課題となっている[9]。国頭村森林組合は2010（平成22）年に経営改善計画を策定し、需要に応じた製材加工への切り換えや営業強化による経営改善を目指している。2012（平成24）年には、木のおもちゃなどの製品開発によりやんばる材に付加価値をつけるための事業も始まっている。国立公園化、世界自然遺産登録により伐採量の増加が難しいことから、付加価値を高めた利益率の高い林産物の生産向上が、今後益々重要である。

### （2）過剰に期待される森林ツーリズム

日本経済の成長とともに、それまで限られた人間が楽しんでいた海外旅行者も増え、大手旅行会社を中心とする「マスツーリズム」の台頭ととも

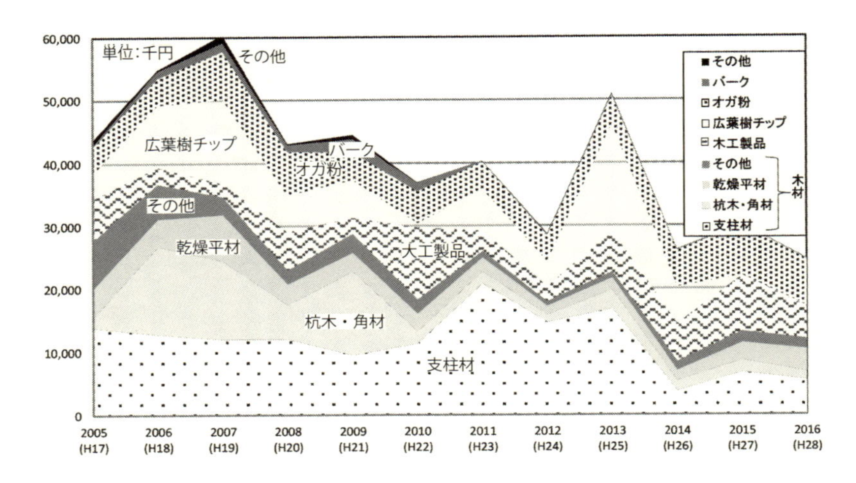


**図 3-3　国頭村森林組合の売上額**（千円：2005 ～ 2016 年度）[10]

に、それに対峙する言葉として「エコツーリズム」という言葉が生まれたのが 1980 年代である。日本では、2008 年にエコツーリズム推進法が閣議決定し、条文ではエコツーリズムの基本理念を掲げている。

> エコツーリズムは、自然観光資源が持続的に保護されることがその発展の基盤であることにかんがみ、自然観光資源が損なわれないよう、生物の多様性の確保に配慮しつつ、適切な利用の方法を定め、その方法に従って実施されるとともに、実施の状況を監視し、その監視の結果に科学的な評価を加え、これを反映させつつ実施されなければならない[11]。

林業経営の厳しい亜熱帯林では、森林資源の利活用として「エコツーリズム」や「森林ツーリズム」が推進されてきた。エコツーリズム推進法に先駆けて、2006 年には沖縄県エコツーリズム推進協議会が設立されている。

国頭村の森林地域で観光資源としてガイドマップ等で紹介されている主なフィールドは、表 3-3 に示す 7 か所であり。村内では、任意団体を含む 9 団

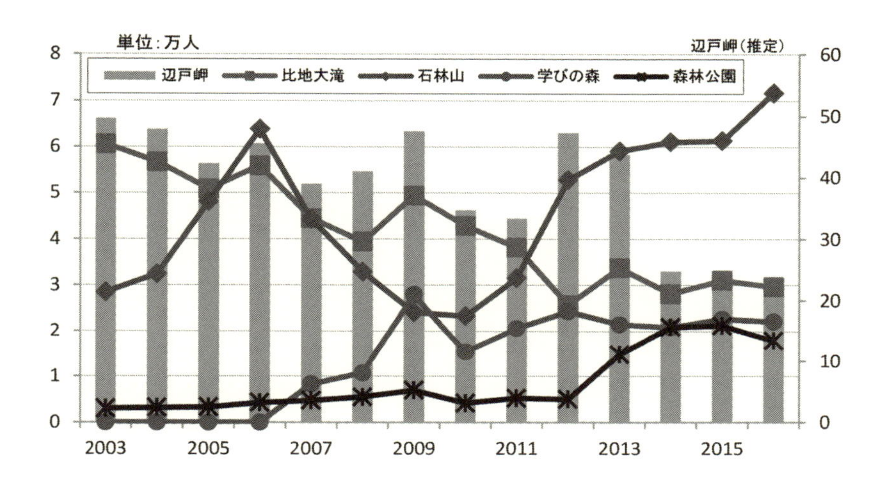


**図 3-4　国頭村の森林地域の観光拠点の利用者数**（国頭村企画商工観光課資料）

体が森林地域を活用したツアーを実施している。このうち、利用者等の管理を行っているフィールドは、比地大滝（比地、国頭村観光物産㈱）、国頭村森林公園（辺土名、国頭村森林組合）、国頭村環境教育センターやんばる学びの森（安波、NPO 法人国頭ツーリズム協会）、金剛石林山（辺戸、㈱南都ワールド所有・管理）の 4 か所であり、各施設の入込者数を**図 3-4** に示す。2016（平成 28）年度の各拠点の利用者数は、多い順に金剛石林山 7.1 万人、比地大滝 2.9 万人、やんばる学びの森 2.2 万人、森林公園 1.7 万人であった。なお、沖縄本島最北端の辺戸岬の推定入込者数は約 23.5 万人、村内最大の宿泊施設であるオクマプライベートビーチ＆リゾートの宿泊者数は 13.5 万人である。金剛石林山は、散策路の改善により、2011 年より増加している。比地大滝は、度重なる台風被害による閉鎖、入場料の値上げもあってか、減少傾向にある。2007 年にツアープログラムとキャンプ場の運営から始まったやんばる学びの森は、2012 年の宿泊施設等のリニューアルオープン以来、安定傾向にある。国頭村森林公園は、2013 年に開設された「やんばる森のおもちゃ美術館」により急増している。

フールドの整備・管理が不十分で、今後検討を要するフィールドとして、与那覇岳登山道、タナガーグムイ、伊部岳登山道がある。与那覇岳は、沖縄本島最高峰として、登山者による利用があるが、旧林道を利用する登山道の終点（9合目）より上の登山道の整備や案内が十分でないため、利用者数の増加に伴うエロ―ジョンによる植生への影響や遭難者の増加が懸念されている。タナガーグムイは、河畔の特殊な植生を有する国指定天然記念物である。林野庁の作業道を使って観光客が美しい淵を目指すが、水難事故による死者（2003、17年）や周辺での遭難者が頻発している。村は利用しない方向で調整しているが、①天然記念物であるため利用者のための看板設置が必要、②陸域が米軍北部訓練場であったため注意看板等の設置許可が下りなかった等の理由で、安全管理の対応が遅れている。伊部岳は、オキナワウラジロガシの大木をめぐるルートと、山頂に向かう登山道があり、所在集落にあるやんばるエコツーリズム研究所が、村内で唯一沖縄県知事認定の保全利用協定[12]を締結している（2014年～）。

2007年には、国頭村が県内で初めて「森林セラピー基地」に認定され、国頭村森林セラピー協会を中心として、基地として認定された村内4カ所（与那覇岳登山道、国頭森林公園、比地大滝遊歩道、やんばる学びの森）において、森林セラピーツアーが行われている（国頭村, 2013）[13]。

この他にも、大国林道等の林道が、バードウォッチングツアーなどでも利用されているが、利用者数の増加による接触事故や、貴重な生き物の盗掘、ロードキル等が懸念されている。国頭村は、2016（平成28）年9月より、村営林道全路線の夜間通行を許可制とする等の対策を行っている。

やんばるの森の世界自然遺産登録に向けて、2015（平成27）年度から森林ツーリズムのルールづくりが始まった。沖縄県の森林管理部局の事業で、やんばる3村それぞれの関係者でワーキンググループ（WG）を構成し、協議を重ねている。筆者は国頭村WGの事務局として運営に携わり、2カ年計12回の協議を経て、森林ツーリズムの理念と基本方針、基本ルール、ガイド制度等を定めた「国頭村森林ツーリズム推進全体構想（案）」が策定された。森林資源の持続可能な活用のための適正利用だけでなく、地域の雇用

### 表 3-3 国頭村の森林地域の観光資源の概要

<table>
<tr><th>所有</th><th>観光資源</th><th colspan="2">概　要</th><th>整備</th><th>管理</th><th>利用</th></tr>
<tr><td>村</td><td>比地大滝</td><td colspan="2">国頭村観光物産㈱が指定管理運営。沖縄本島最大の落差。遊歩道、キャンプ場が整備。国立公園第 2 種特別地域。2 級河川（県管理）。</td><td rowspan="4">済</td><td rowspan="4">○</td><td rowspan="4">○</td></tr>
<tr><td>村</td><td>国頭村<br>森林公園</td><td colspan="2">国頭村森林組合が指定管理運営。遊歩道、キャンプ場、ログハウス、森のおもちゃ美術館等がある。</td></tr>
<tr><td>村</td><td>やんばる<br>学びの森</td><td colspan="2">国頭村環境教育センター。NPO 法人国頭ツーリズム協会が指定管理運営。自然散策路、宿泊施設、キャンプ場等があり、森林散策やジャングルカヌー、ナイトハイクなどのツアーが充実（図 3-5）。ガイドが常駐。国立公園第 2 種特別地域。</td></tr>
<tr><td>私</td><td>金剛石林山</td><td colspan="2">㈱南都ワールド所有のカルスト台地を公園化。遊歩道ある。国立公園特別保護地区</td></tr>
<tr><td rowspan="2">村</td><td rowspan="2">与那覇岳</td><td rowspan="2">国頭村が管理。国立公園特別保護地区、国指定天然記念物（天然保護区域）。沖縄本島の最高峰（標高 503m）。登山道の途中にはトラスト地もある。</td><td>9 合目<br>より下</td><td colspan="2">検討</td><td>△</td></tr>
<tr><td>9 合目<br>より上</td><td>未</td><td>検討</td><td>×</td></tr>
<tr><td>国<br>・<br>県</td><td>タナガーグムイ</td><td colspan="2">国指定天然記念物（植物）。タナガー（テナガエビ）がたくさんいるグムイ（淀み）の意味。特殊な植生を有す。陸域は林野庁、水域は県が管轄。林野庁が作業道を整備し、観光客が利用している。2003、17 年と死亡事故が発生。</td><td>△</td><td>×</td><td>×</td></tr>
<tr><td>国<br>・<br>村</td><td>伊部岳</td><td colspan="2">オキナワウラジロガシの大木をめぐるルートと、山頂に向かう登山道がある。やんばるエコツーリズム研究所が県保全利用協定締結事業者認定。国立公園特別保護地区、第 1,2 種特別地域。</td><td>未</td><td>○</td><td>△</td></tr>
</table>

〈利用項目の凡例〉
○：ツアーフィールドとして積極的に利用
△：適正なルールと管理のもとで利用する
×：原則として利用しない。

「整備・管理・利用」は、「国頭村森林ツーリズム推進全体構想（案）」（2017, 国頭村森林ツーリズムワーキンググループ）を参考にした。

図 3-5　「国頭村環境教育センターやんばる学びの森」の森林ツアー
（上：ジャングルカヌー、下：ナイトハイク）

や経済に貢献するための仕組みづくりを重視し、条例化を目指している。

国頭村には、狭いエリアに張り巡らされた林道をがあるために、地域外の業者がツアーを組み、山歩きに慣れていない観光客がやんばるの森の核心地域に安易に入り込める環境が整っている。だれがどのように利用者を規制するのか。よそものが自分たちの山にどんどん入ってくることに対する地域住民の不安や憤りなどの想いを反映させるための仕組みを、早急に作る必要がある。

### (3) 沖縄本島の水がめとしての役割

やんばるには、国直轄のダムが国頭村に3基（辺野喜ダム、普久川ダム、安波ダム）、東村に2基（新川ダム、福地ダム）、大宜味村に1基（大保ダム）あり、すべてが導水管でつながり、その水を中南部に送っている。加えて国頭村西海岸に注ぐ主要な9河川（武見、座津武、宇嘉、辺野喜、佐手、佐手前、与那、宇良、比地）の河口部には取水ポンプ場が設置されており、それらもすべて中南部に送られている。人口約1万人のやんばる3村の森の水が、森林のない中南部140万人と年間約500万人の観光客に供給されている。沖縄県の2016年度の観光客数は、過去最高の877万人に達している。特に、台湾、韓国、中国、香港等の東アジア地域を中心とした外国人観光客は、212万人と増加しており[14]、今後も水資源の確保が重要な課題といえる。

一方、国頭村内に計画されていた奥間川流域の直轄ダムは、自然保護団体だけでなく、地域住民も反対を表明したことから、2010年に建設中止が発表された[15]。ダムの建設は、山と海を遮断し、野生生物の生育・生息地として最も重要な渓流域・河畔域を水没させるため、開発の中でも地域の生態系に与える影響が大きい。保護団体だけでなく地域住民も新たな建設を反対している今、増え続ける観光客のための水源をどう確保するか。国や県は、貴重な生態系の保全と観光客の増大を目的としてやんばるの森を世界自然遺産に推進しているが、その目的は両立するのだろうか。

### (4) 林産物の利用

東北地方や信州地方などの豊かな森を維持している地域では、山菜やキノコ、川魚などの森の恵みを食料として現在でも盛んに利用している。しかしながら、やんばる地域を含む沖縄県においては、食糧としての自然の恵みの多くは、海、イノーと呼ばれる珊瑚礁湖が圧倒的に豊かで採りやすい。海藻類、貝類、イカ・タコ、小魚と1年を通して多様な恵みがあり、今でも大潮の干潮時の浜歩きは地域住民の楽しみである。森の恵みの話を聞くことは少なく、マツナバ（マツ林）、チリナバ（イタジイ林）、タケナバ（竹林）などのキノコ類を利用していた人は山仕事などの限られた人であり、川でモクズガニやタナガー（テナガエビ）、オオウナギを捕るのが一般的である。

地域医療が整備される前には、集落の畑地や周辺の林で薬草となる植物が栽培・利用されていた。国頭村で現在も薬草茶等を利用している住民15名に聞き取りを行った結果、現在も使っている野草として、インジャナバー（別名ニガナ：ホソバワダン）は胃薬として、チタ（オオイタビ）は糖尿病予防、クミ（ツルグミ）の茎は利尿作用、サクナ（ボタンボウフウ）、ニンブトゥガー（スベリヒユ）、フーチバー（ヨモギ）、バンシルー（グアバ）は健康増進に、クワンソウバ（アキノワスレグサ）は不眠症に、カラギ（オキナワニッケイ）、ヤマムム（ヤマモモ）は薬酒・甘味料として使われていた。また、現在は利用していないが、なちょーら（海人草）はさげぐすい（虫下し）として、うー（バナナや芭蕉の茎）のしぶ（汁）は下痢止め、できもの（吹き出物）、チンボーラ（川の貝）は滋養、などの話もあった。現在は、インジャナバー（別名ニガナ：ホソバワダン）、サクナ（ボタンボウフウ）、ニンブトゥガー（スベリヒユ）、フーチバー（ヨモギ）、ハンダマ、ヒカゲヘゴの新芽などが栽培され、野菜として地元で販売されている。このような野生の有用植物は、品種改良が進んだ野菜よりも栄養価が高いといわれており、特産品としての商品開発の原料として、今後も期待されている（**表3-4**参照）。

表 3-4　国頭村で利用されている主な有用植物 16

| No. | 植物種名〈科名〉<br>(方言名) | 部 位 | 利用方法 |
|---|---|---|---|
| 1 | ホソバワダン〈キク科〉<br>(にがな・いんじゃなば) | 葉・根 | 野菜（和えもの、ジューシー、味噌汁)、健胃・胸やけ（ニガナ酒：根) |
| 2 | ボタンボウフウ〈セリ科〉<br>(さくな・長命草) | 葉・根 | 万能薬／サクナ酒（根)、お茶（葉) |
| 3 | アキノワスレグサ〈ユリ科〉<br>(くわんそう) | 葉・根 | 睡眠剤・野菜として／和えもの・炒め物（葉)、お茶（根) |
| 4 | オオイタビ〈クワ科〉<br>(ちた) | 茎、葉 | 健康茶として／茎、葉を干して煎じる |
| 5 | ヨモギ〈キク科〉<br>(ふーちばー) | 葉・茎・根 | 野菜 (ジューシー、味噌汁、お茶)、咳止め／ヨモギ酒 (根・茎)、万能薬／生汁、神経痛／薬湯、しびれ／あぶる |
| 6 | ニッケイ〈クスノキ科〉<br>(からぎ) | 根・葉・樹皮 | おやつ／樹皮、若葉。<br>お茶・お酒／根・葉・樹皮（内側) |
| 7 | バンジロウ〈フトモモ〉<br>(ばんしるー) | 葉 | 健康茶として／葉を干して煎じて飲む。 |
| 8 | シマグワ〈クワ科〉<br>(くわぎ) | 実・葉 | 整腸（実)、健康茶（葉) |
| 9 | クサギ〈クマツヅラ科〉<br>(くさんぎな) | 葉 | 野菜（おかず、餅) |
| 10 | ビワ〈バラ科〉 | 葉 | 腎臓の薬・虫下し／葉を煎じて飲む |
| 11 | ウコン〈ショウガ科〉<br>(うっちん) | 芋（根) | 肝腎臓の薬／芋を粉末にして使う |
| 12 | スベリヒユ〈スベリヒユ科〉<br>(にんぶとぅが) | 葉・茎 | 野菜（和えもの) |
| 13 | ヤマモモ〈ヤマモモ科〉<br>(やまむむ) | 実 | 果物（実)、果実酒（やまむむ酒) |

## 第3節　保全と利活用の対立

これまでみてきたように、森林の保全と利活用の対立は、森林を木材の生産地ととらえる経済的価値と、人命や貴重な生態系の保護・保全を求める普遍的価値との二項対立の構造を繰り返してきた。この構図は、「地域住民対都市住民」、あるいは「行政対保護団体」などの形をとる。経済成長の低迷期が始まった2000年頃から、この二項対立のどちらにも属さない「人と森林との関わり」について、その価値が認められ、見直され始めている。

**表 3-5 環境保護運動に関わる価値と権利**

| | | 価 値 | 例 | 権 利 | 環境社会学 |
|---|---|---|---|---|---|
| ローカル | 物理的・具体的 | 直接的（経済的） | 木材・林産物生産 | 住民の生活権<br>林野利用権<br>入会権 | 人間中心主義 |
| | | 間接的 | 国土保全<br>水源涵養<br>レクリエーション<br>地球温暖化防止 | 生存権<br>自然享有権<br>環境権 | |
| グローバル | 精神的・抽象的 | 遺産的 | 文化景観<br>遺伝子バンク<br>生態系サービス | | |
| | | 学術的（普遍的） | 原生的自然<br>生物多様性<br>希少種・固有種 | | 原理主義 |
| | | 内在的 | 本来的・本質的 | 自然の権利 | 科学的普遍主義 |

「関わりの価値」の主役は「地域住民」であるが、現在、直接的な関わりの多様性は失われ、森林への関心も薄くなっている。利活用の内容によって、その立場は利活用を主張することもあれば、積極的に保全を推進することもある。

現在の対立は、「公共事業として行われる経済的価値を優先とする森林管理」と「グローバルな普遍的価値に基づく自然保護の論理」に起因しており、地域住民の存在は、「公共事業による森林整備事業」を生活の糧とする「林業関係者」のみである。直接林業に携わることのない地域住民が、現在の森林管理に求めることは何なのだろうか。本来地域住民が持っている「生活の権利」は、「林業で生計を立てる権利」のみではないはずである。しかしながら、森林管理計画の策定時に、住民意見を取り込む仕組みがないため、行政と保護団体の間で起こる保全と利活用の対立の際には、直接的利害関係者が関わるに留まっている。二項対立を克服するためには、地域住民が持っている「生活の権利」のなかの「持続的な活用」の理念を掘り起こす必要があるのではないだろうか。つまり、地域住民が森林管理について環境的、経済的、社会的な視点で持続可能性を議論し、確立した理念を対外的に発信し、管理計画を継続的に策定・実践していくことが必要である。

**注**

1　保屋野初子（2010）「恩恵と災害リスクを包括する住民主体の流域管理に向けて」，環境社会学研究，16，pp.154-168.

2　比嘉康文（2001）『鳥たちが村を救った』，同時代社.

3　1度目は前知事を被告とした広域基幹林道奥与那線事業（林道事件）と辺野喜地区団体営農地開発事業（農地事件）の住民訴訟（1996年提起、2002年第1審勝訴、2004年控訴審請求棄却、2006年最高裁上告棄却）。2度目は、現知事を被告とした林道開設工事（伊江原、チイバナ、楚洲仲尾）の住民訴訟（2007年提起、2015年那覇地裁却下）

4　沖縄タイムス（2015.3.19）やんばる林道差し止め控訴判決要旨・判決文（抜粋）

5　造林事業による伐採面積は、昭和59～平成8年度データは、篠原武夫（2003）の「国頭村内の立木払い下げ（伐採）実績」を、平成22～28年度データは、国頭村森林組合提供資料、それ以外の年度は「国頭村造林事業実績一覧表」（国頭村経済課）の人工造林面積を参照した。ダムによる伐採面積は、篠原（1999）の「沖縄本島のダム建設による所有形態別森林伐採面積」、農地・草地造成による伐採面積は、国頭村（2007）の「農業生産基盤の整備開発に係る各種事業の実施状況」を参考に、国頭村森林組合総会資料により伐採年度を確認した。

6　鬼頭秀一（1996）『自然保護を問いなおす―環境倫理とネットワーク―』，筑摩書房．東京.

7　やんばる国頭を守り活かす連絡協議会・内閣府沖縄総合事務局（2009）「平成20年度地方の元気再生事業　「命薬の里」親やんばる国頭の資源活用に係る方策検討調査報告書」，pp.188-192.

8　沖縄県が「沖縄県農林水産振興計画」（2002～12年度）に基づき戦略品目を定め、品目ごとの生産振興を図るために定時・定量・定品質の出荷ができる拠点産地を認定している。国頭村は、木材が2007年に、マンゴーが2010年に認定されたが、マンゴーは国頭村全域が指定されたのに対し、木材は北部地域に限定されて指定されたため（「木材拠点産地育成計画書」（国頭村，2007））、保護区でも伐採するのかという抗議を自然保護論者から受けたことを、検討委員会（第3回）で林業者が発言している。

9　「国頭村森林組合における製材加工部門の基礎調査業務報告書」（日本工営㈱，2016）では、製材加工部門における生産、販売の現状と課題を調査している。

10　国頭村森林組合総会資料（2006～2017年度）より作成

11　エコツーリズム推進法（2008）第3条　基本理念

12　保全利用協定とは、沖縄県内で環境保全型自然体験活動（エコツアー）を行う事業者が、活動場所の保全を目的として策定・締結するルールのことで、県知事が認定する。地域の資源の保全と利用に責任がもてる事業者の活動の支援により、エコツーリズムの促進を目的として、2002（平成 14）年に沖縄振興特別措置法に盛り込まれた制度。2016 年時点で 8 地区が認定されている。
（沖縄県 HP　エコツーリズムと保全利用協定より http://www.pref.okinawa.jp/site/kankyo/shizen/hogo/ecoturizumu_to_hozenriyoukyoutei.html）

**13**　国頭村役場（2013）国頭村　村政要覧.

**14**　琉球新報（2015.1.24）

**15**　沖縄県文化観光スポーツ部（2017）平成 28 年度　沖縄県入域観光客統計概要 http://www.pref.okinawa.jp/site/bunka-sports/kankoseisaku/kikaku/statistics/tourists/h28-f-tourists.html

**16**　前掲（やんばる国頭を守り活かす連絡協議会・内閣府沖縄総合事務局，2009）pp.248-249.

# 第4章　森林資源管理に関する合意形成

森林管理における保全と利活用の二項対立を克服するためには、森林資源を多様な機能を有する「コモンズ（共有財）」として捉えた上で、多様なステークホルダーによる「社会的合意形成」が不可欠である。本章では、森林資源管理に関する「合意形成」の概念について考察した上で、森林法やその他の関係法令等に基づき行われている森林資源管理で、どのような合意形成が行われているのか、現状と方向性について示す。

## 第1節　森林資源管理における「合意形成」の概念

### (1)「合意形成」の概念

価値観が多様化する現代社会では、公共事業等の社会基盤整備事業において、トップダウン式に「説得または同意を取りつける」ことや、複数の選択肢を準備し「多数決の原理で決める」のではなく、さまざまな人びとの多様な意見を合わせて形を成す「合意形成」のプロセスが重要である。

「合意」または「合意形成」の定義は、既存の合意形成研究の捉え方をもとに、猪原（2011）[1]が分析しており、本書では以下のように定義する。

> 「合意（consensus）」とは、各人が、すべての利害関係者の「関心・懸念（interests）」を満たすためのあらゆる努力の後になされた提案を受け入れることに「同意（agree）」するときに達成される「状態」であり、「合意形成（consensus building）」はその「過程」を指す。

つまり、ある事柄に関係する関係者ひとりひとりが「同意」した状態が「合意」であり、「合意のためのあらゆる努力によって同意が得られていくプロセス」そのものが「合意形成」である。

合意形成プロセスの構築により実践活動を続ける桑子（2011）[2]は、「合意形成」を以下のように捉えている。

①　多様な意見の存在を承認し、それぞれの意見の根底にある価値を掘り起こして、その情報を共有し、解決策を創造するプロセス
②　みんなで話し合い、熟慮された賢明な提案を採択し、笑いを含む工夫をこらしながら、決断へと至るプロセス

実践をとおして理解された「合意形成」には、「特定の組織だけでなく、多様な価値観をもつ関係者が集まり、日常の上下関係や権威によらない対等な立場から話し合った結果導き出された結論を、みんなが笑顔で認める」ことができるよう、話し合いの過程において、これまで見過ごされていたきめ細かな配慮が必要であることがうかがえる。以上のような「あらゆる努力」や「きめ細かな配慮」を、理論化、方法論化していくことが、合意形成学の役割である。

### (2) 社会的合意形成の構成要素

代表的なコモンズ（公共財）である森林資源に関しては、その管理計画の策定過程において、不特定多数の関係者による合意形成、つまり「社会的合意形成プロセス」を経ることが不可欠である。「社会的合意形成」とは、「社会基盤整備のように、ステークホルダー（事業に関心・懸念を抱く人びと）の範囲が限定されていない状況での合意形成」（桑子, 2011）[3]と定義される。公害問題などをきっかけに住民運動がさかんになった1970年代頃から、道路、河川、まちづくりなどの公共事業において、行政が不特定多数の住民または地域の主要な組織の代表に、計画策定プロセスへの参加をよびかける「住民

参加」による話し合いが始まった。

「住民参加」による社会的合意形成を実現するためには、特定の事柄について、話し合いの場を設定し、話し合いを進め、創造的な解決策を認め合うまでのプロセスを構築する必要がある。プロセスを構築するための構成要素として、①ステークホルダーの把握・分析、②話し合いの場の設定（参加者、参加の段階）、③話し合いのプロセスのデザイン（参加の段階、協議回数）、⑤話し合い、⑥結論（合意内容の程度）の選択が必要である。

最初のステップは、対象となる課題に対するステークホルダーの把握・分析である。対象の公共性が高いほど、ステークホルダーは多数かつ多様になるものの、関係性の深度は様々である。したがって、解決すべき課題の内容や、話し合いの場に応じて参加をよびかける対象をその都度検討する必要がある。また、紛争を避けるためのコンフリクト・アセスメントも初期段階から同時に行っておくことが不可欠である。

ステークホルダー分析がある程度できた段階で、話し合いの場の設定を進める。参加を呼びかける対象は、話し合いの場に応じて必要と思われるステークホルダーを設定するが、可能な限り参加者を特定しないオープンな場の設定が創造的な合意形成につながる。

原科（2005）[4]は、公共計画の具体的な策定事例を調査し、参加の段階をフォーラム、アリーナ、コートの３種類に分類している。フォーラム（forum）は、主に情報交流の場であり、決定事項がない場合が多い。説明会、公聴会、聴聞会、ワークショップなどがこれにあたる。アリーナ（arena）は、意思決定の場であり、関係機関の代表者が集まって行う会議や検討委員会などが該当する。コート（court）は異論を申し立てる場であり、決定事項が守られているかどうかを審査、監査する。計画策定を目的とする話し合いの多くは、検討委員会等の専門家により複数回協議されて出来上がった「最終（案）」について、「了解」をとりつけるための住民参加であり、従来の「説明会」がこれにあたる。

この他にも、時間と空間を設定しない参加の場として、文書等による意見募集（パブリックコメント）の方法もあるが、双方向のやりとりもなく、参考程度の扱いとなる場合が多いため、協議への参加とは言い難い。

参加プロセスのデザイン以降については次章で概説するが、ステークホルダーを把握・分析した上で、話し合いの場を設定する最初の段階の重要性は高い。

### (3) 森林資源管理における合意形成の特徴

森林は、人間だけでなくすべての生きものの生存に不可欠な「水」への影響を含む、多面的機能をもつ代表的なコモンズ（共有財産）である。森林が特徴的なのは、経済的な面だけでなく、自然的、社会的、文化的等の多面的機能をグローバルにもローカルにも有していることである。多くの生き物にとって欠かせない「水」は、森林を通して涵養され、ミネラルを含む生命の源として、海の生物までも育んでいる。森林を構成する樹木は、材木として経済的な価値を有するだけでなく、森林性の野生動植物の生育・生息場所としての重要な役割を担っている。加えて、植物は、二酸化炭素の吸収・固定により地球温暖化を抑制している。森林内に生育・生息する微生物を含む生物は、長い年月をかけて適応進化した形態や機能だけでなく、未知の可能性を有する貴重な遺伝子資源として、今後も科学の発展に貢献していく。森林のもう一つの特徴として、これらの多面的機能・価値を有する森林生態系は、伐採等により人為的に、急速に、簡単に衰退・消失し、再生には100年単位の長い時間と膨大なコストを必要とすることにある。そして、再生したとしても、生物多様性まで再生されるとは限らない。

以上の森林の特徴を考えると、その保全・利用・管理には慎重さと長期にわたって蓄積された智慧が必要とされる。森林資源管理は、国、都道府県、市町村等の所有者が、森林計画制度に基づく計画を策定することに加え、鳥獣保護法等の法令によって特定地域の利用を規制することも管理の一種である。それぞれの制度において、パブリックコメントは組み込まれているものの形骸化しており、行政を中心とした限られたステークホルダーによる意思決定に任せられてきた。国有林を主とした木材生産に主眼を置いた林政と大規模開発が続くなか、環境問題が認知され始めた1960年代頃から公益的機能を重視する森林整備へ転換された1990年代にかけて、開発か保護かの対立が各地で繰り返されており、「本当に大切なものはなにかということについて議論されないまま、まったく異なった価値が対立し、綱引きが行われ、一方が強行するか、あるいは低レベルの妥協が成立するという構図が支配的」(桑子, 1999)[5]であった。

1998（平成10）年には、国有林管理計画策定の過程に国民の意見を反映させるための公告・縦覧の手続きが導入されたものの、森林計画制度により策定される森林計画は、「一般の人がみても、何が書かれているのか、どのような森林をつくろうとしているのか理解することは、ほとんど不可能」(柿澤, 2003)[6]であり、「計画作成の事前に計画案を公開縦覧し、市民の意見を聞く仕組みが取り入れられるようになったが、市民の間にはまだ十分浸透していない」(西川, 2004)[7]など、地域住民の意向を積極的に取り入れることに対する行政側の消極的な姿勢が指摘されている。

その一方で、経済的に成り立たなくなっている林業により荒廃していく植林地を救済すべく、市民参加型の森林管理のしくみについての研究と実践が都市部を中心として行われている。2001年の森林法の改定によって森林の多様な機能が重視されて以来、林学や社会学などの分野で、住民参加による合意形成の必要性が議論されてきた（井上, 2004)[8]。森林計画を専門とする木平勇吉は、『森林管理と合意形成』(1997）のなかで、「行政官は中央集権的で権力的な社会機構に乗って、知識と情報を独占し、技術至上主義で画一的な価値観による行政を行ってきたが、それは限界に達した」[9]とし、林業技術者の意識改革によるわかりやすい森林計画の策定と住民参加手法を提案している。また、「①価値観の多様化、②森林の伐採問題、③技術者の意識改革、④関連する広域の利害の調整、⑤市民社会の実現、に応えるために、森林管理への住民参加と、その結果としての合意形成が求められている。」としている。「合意形成」の捉え方についても注意を促しており、「一つの結論に達する」という結果（ゴール）だけを大切だと思い込むのではなく、話し合い、理解しあうという経過（プロセス）を重視することを強調している。加えて、「全員の一致」を目指すのではなく、多様な価値観による多様な意見の交換を経て、「森林の多目的な利用を保証し、保全するための新しい社会、社会と森林の関係を作り上げること」(柿澤, 1993)[10] を目指すことが重要である。

森林管理計画における「合意形成」について考えるうえでまず検討すべきは、合意を形成する「対象者」は誰かということである。行政が森林管理計画を策定する際の合意形成の対象は、森林所有者、林業従事者にはじまり、林業・林政の研究者、地域住民、自然保護団体、県民、国民と、森林地域に求められる機能の多様化に伴い、ますます広がっている。ここでは、森林法の定める「森林の機能」の変遷を追いながら、森林法に基づく合意形成について論じる。

## 第２節　森林計画制度に基づく合意形成

### (1) 森林法の定める「森林の機能」の変遷

最初の森林法は、1897（明治 30）年に河川法（1896 年）、砂防法（1897 年）と同時期に制定され、「治山治水三法」と呼ばれた。これは日本の産業革命の進行により各地で森林が荒廃したことにより、明治 20 年代に相次いだ水害を受けての監督取締法規であった。その後、度重なる戦争を経て、1951（昭和 30）年に制定された森林法では、経済機能より公益的機能を優先し、森林計画制度、保安林制度、森林組合制度が整備された。しかしながら、1960 年代の高度経済成長による木材需要の増大により、国有林の木材増産計画、全国規模の拡大造林計画を中心とした経済機能優先の国策として、最初の林業基本法が 1960（昭和 39）年に制定された。

それから約 40 年を経た 2001（平成 13）年に初めて改正・名称変更された「森林・林業基本法」では、森林に求められる機能の多様化を反映し、林政の基本的理念の大転換が示された。その後も森林に求められる機能は拡大している。

2008（平成 20）年に改正された森林・林業基本法第一章では、「第一条（目的)」の後に、「第二条（多面的機能の発揮)」、「第三条（林業の持続的かつ健全な発展)」と続いており、多面的機能の発揮が林業よりも重視されているととらえることができる。

（森林の有する多面的機能の発揮）

第二条　森林については、その有する国土の保全、水源のかん養、自然環境の保全、公衆の保健、地球温暖化の防止、林産物の供給等の多面にわたる機能（以下「森林の有する多面的機能」という。）が持続的に発揮されることが国民生活及び国民経済の安定に欠くことのできないものであることにかんがみ、将来にわたつて、その適正な整備及び保全が図られなければならない。

2　森林の適正な整備及び保全を図るに当たつては、山村において林業生産活動が継続的に行われることが重要であることにかんがみ、定住の促進等による山村の振興が図られるよう配慮されなければならない。

（林業の持続的かつ健全な発展）

第三条　林業については、森林の有する多面的機能の発揮に重要な役割を果たしていることにかんがみ、林業の担い手が確保されるとともに、その生産性の向上が促進され、望ましい林業構造が確立されることにより、その持続的かつ健全な発展が図られなければならない。

2　林業の持続的かつ健全な発展に当たつては、林産物の適切な供給及び利用の確保が重要であることにかんがみ、高度化し、かつ、多様化する国民の需要に即して林産物が供給されるとともに、森林及び林業に関する国民の理解を深めつつ、林産物の利用の促進が図られなければならない。

国民の森に期待する働きも変化している（**図 4-1** 参照）。特に大きく変化しているのは「木材生産」である。1980 年の調査当初 2 番目に重要な働きであったが、徐々に順位を下げ、1999 年には最下位となっている。しかしな

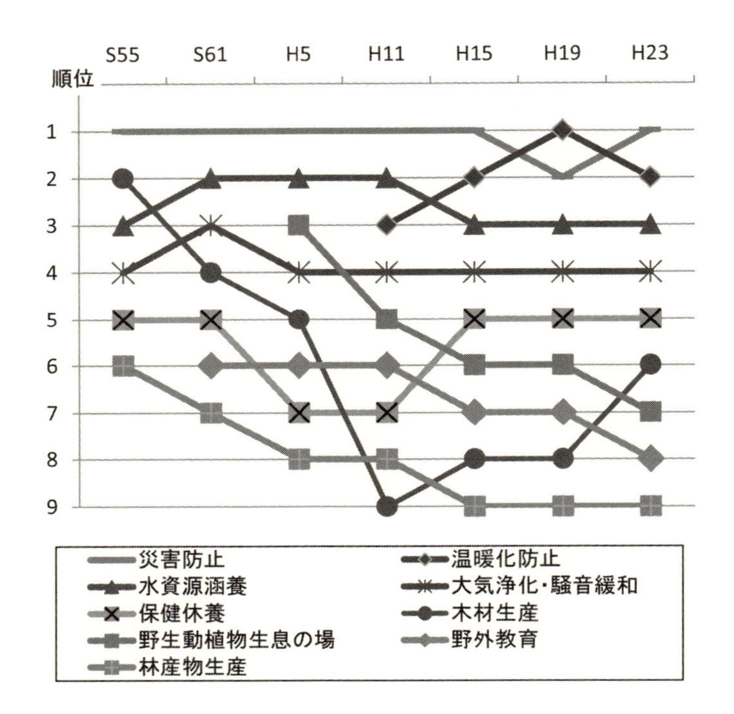


総理府「森林・林業に関する世論調査」(1980)、「みどりと木に関する世論調査」(1986)、「森林とみどりに関する世論調査」(1993)、「森林と生活に関する世論調査」(1999)、内閣府「森林と生活に関する世論調査」(2003、2007、2011)

注：回答は選択肢の中から3つまでを選ぶ複数回答。

**図 4-1　国民の森林に期待する働き**

**表 4-1　森林の機能と国有林森林区分の対比**

| 森林の 8 つの機能（森林科学編集委員会、2002） | 機能類型区分（林野庁，2011） |
|---|---|
| ①生物多様性保全（遺伝子・生物種・生態系保全） | 自然維持 |
| ②地球環境保全（地球温暖化の緩和、地球気候システムの安定化） | |
| ③土砂災害防止（表面侵食・表層崩壊・土砂流出他の防止）・土壌保全 | 山地災害防止 |
| ④水源涵養（洪水緩和、水資源貯留、水量調節、水質浄化） | 水源涵養 |
| ⑤快適環境形成（気候緩和、大気浄化、快適生活環境形成） | 快適環境形成 |
| ⑥保健・レクリエーション（療養、保養、レクリエーション） | 森林空間利用 |
| ⑦文化（景観・風致、学習・教育、芸術、宗教・祭礼、伝統文化、地域の多様性維持） | |
| ⑧物質生産（木材生産、副産物（森の恵み）採取） | |

がら、2011 年には野生動植物生息の場所との順位が逆転している。2011（平成 23）年には、「森林・林業基本計画」が閣議決定され、木材自給率 50％以上を目標とすることや、木質バイオマス資源の活用等、東日本大震災と福島原発事故による転換期を迎えている。

森林の重要性が認識され、その多面的機能の分類・整理が研究者の間で議論されるなか、森林科学編集委員会（2002）[11]の答申が示されたが、森林法の類型区分に反映されているとは言い難い。森林の機能については、森林計画の専門家によって多面的機能の定義と機能の数値化の研究が進められている。2001 年に成立した森林林業基本法では、多面的機能を 8 つの機能に定義した上で、「水土保全林、森林と人との共生林、資源の循環利用林」の 3 つの類型区分を定め、整備指針を示していたが、2011 年の改正に伴い、5 つの区分に変更された。国有林では、地球温暖化防止及び木材生産を主目的とした森林管理は示されていない（**表 4-1**、**4-2** 参照）。

**表 4-2　国有林における森林の区分・目指す森林の姿・森林施業の特徴**[12]

| 区分・施業 |
|---|
| **【山地災害防止】**災害に強い国土基盤を形成する観点から、山地災害防止機能／土壌保全機能の発揮を第一とすべき森林 |
| **施業の特徴：**<br>●　表土の保全や根系および下層植生の発達を促すため、天然林は必要に応じ育成複層林へ導くための施業を推進するとともに、人工林は、複層林化や、可能な箇所は自然に育った広葉樹等を活用し針広混交林に誘導する。<br>●　伐採は、山地災害の防止機能の維持・増進に必要なものに限り択伐等で行う。<br>●　植栽は、伐採跡地のほか、必要に応じて立木が生えていない荒廃地等に行う。<br>●　保育にあたっては、植栽木以外の植生も積極的に保残し、間伐は下層植生が衰退しないようやや疎仕立ての密度管理で行い、樹種の多様化に努める。<br>●　必要に応じて、土砂の流出、崩壊を防止する治山施設を整備する。 |
| **【自然維持】**生態系としての森林の重要性を踏まえた生物多様性の保全を図る観点から生物多様性保全機能の発揮を第一とすべき森林 |
| **施業：**学術研究のためなど特別な場合を除いて伐採を行わず、自然の推移にゆだねた天然生林へ導くための施業を行う。 |
| **【森林空間利用】**国民に憩いと学びの場を提供し、または豊かな自然景観や歴史的風致を構成する観点から、保健・レクリエーション機能又は文化機能の発揮を第一とすべき森林 |
| **施業：**利用形態、森林の現況等に応じた多様な森林を維持・造成するため、天然生林へ導くための施業を、人工林の持つ美的景観の確保に留意しつつ育成単層林、育成複層林へ導くための施業を行う。 |
| **【快適環境形成】**騒音、粉塵等から地域の快適な生活環境を保全する観点から、快適環境形成機能の発揮を第一とすべき森林 |
| **施業：**防音または大気浄化に有効な森林の幅を維持するため、原則として育成複層林へ導くための施業を行う。 |
| **【水源涵養】**良質な水の安定供給を確保する観点から、水源涵養機能はすべての国有林において発揮が期待される基礎的な機能であることに鑑み、山地災害防止タイプ、自然維持タイプ、森林空間利用タイプ及び快適環境形成タイプを除くすべての森林。なお、機能が維持できる範囲内で森林資源の有効利用に配慮する |
| ●　根系の発達や特定の水源の渇水緩和等のため、天然林は必要に応じ育成複層林へ導くための施業を、人工林は、複層林化、伐期の長期化、針広混交林化を推進する。<br>●　皆伐を行う場合には、施業群ごとに上限伐採面積を設定し、小面積伐区とし、モザイク的な配置に努める。特に渓流沿いを中心に、尾根筋、斜面中腹、道路沿いの必要な箇所に保護樹帯を設定。また、伐区内にある中・小径の天然木は保残に努める。<br>●　更新にあたっては、前生の植栽木や林内の天然木の成長状況、周辺の樹木の賦存状況、稚幼樹の発生状況等を考慮し、植栽のほか、天然下種更新等きめ細かく更新方法を選ぶ。<br>●　保育にあたっては植栽木以外の植生も積極的に保残し、間伐は下層植生が衰退しないようやや疎仕立ての密度管理で行い、樹種の多様化に努める。 |

### (2) 森林計画制度に基づく森林計画の内容と合意形成の課題

森林管理の中心は、森林・林業基本法（2001 年）及び森林法に基づく森林計画制度である。政府が策定する長期的・総合的方向・目標を定めた「森林・林業基本計画」に則り、農林水産省が森林法に基づき「全国森林計画（15 年計画）」を 5 年ごとに策定し、これに即し、国有林は「地域別森林計画」を、民有林は「地域森林計画」を都道府県及び市町村がそれぞれ 10 年計画で策定する。

国民の意見を反映させるために公告・縦覧の手続きが導入されたのは、1998（平成 10）年の国有林の管理計画の策定経営過程においてであった。地域森林計画は、住民への公告縦覧及び専門家で構成される審議会での諮問を経て決定する。しかしながら現在の森林管理計画は、「行政と林業者のみで林業を中心に策定される閉鎖的な分野」であり、「国・県・村の焼き増しの地域森林整備計画」となっていることを柿澤宏昭は指摘している。地域特性を踏まえた真の地域森林整備計画を策定するためには、「市町村レベルでの森林政策の立案をまちづくりなどの総合計画の中で取り扱うことで、多様な主体の協働を促すこと」が必要である（以上、柿澤, 2004）[13]。

また、2003 年の森林法改正に伴い、民有林に対しても市町村による森林整備計画の策定が義務付けられたことにより、3 区分でのゾーニングが必要になった。

本書における「森林計画」は、「森林地域をコモンズとして共同管理するための基本方針及び具体的な方法を示すもの」である。木平（2003）[14] は、「「森林計画」とは「森林を管理するための方策」というだけではなく、一定の形式と内容とを整え、社会的に認められたもの」であり、森林法により設けられる森林計画制度を「典型的な森林計画」としている。また、光田ら（2009）[15] は、森林計画手法をその計画レベルと空間スケールで分類しており [16]、本計画は、「地域レベル（Regional level）」における「戦略レベル（Strategic level）」のゾーニング事例に分類することができる。

森林計画の実効性を確保するための前提条件として、柿澤（2003）[17] は「計画が公開・参加の原則に則って協働でつくられており、社会的に受容さ

**表 4-3　地方自治体によるゾーニング計画における機能区分**

| 実施主体（策定年） | | ゾーニング区分 | | | | |
|---|---|---|---|---|---|---|
| | | ① | ② | ③ | ④ | ⑤ |
| 林野庁 | 2011 | 山地災害防止 | 自然維持 | 森林空間利用 | 快適環境形成 | 水源涵養 |
| | 2001 | 水土保全林 | 森林と人との共生林 | 資源の循環利用林 | | |
| 滋賀県 | | 奥山林 | 環境林 | 里山林 | 人工林 | |
| 広島県（2012）19 | | 資源循環林 | 環境貢献林 | 里山林 | | |
| 山口県（2004）20 | | 自然を守る森林 | 水と緑を育む森林 | 循環利用される森林 | 生活環境を支える森林 | |
| 愛知県豊田市（2007）21 | | 林業経営林・林業経営移行林 | 針広混交誘導林 | 利用天然林・植生遷移林・植生保護林 | | |
| 岐阜県（2012）22 | | 環境保全林 | 木材生産林 | | | |
| 北海道北広島市（2012）23 | | 水源涵養林（水資源保全ゾーン） | 山地災害防止林 | 生活環境保全林 | 保健・文化機能等維持林（生物多様性ゾーン） | 木材等生産林 |
| 岐阜県高山市（2012）24 | | 水源保全林 | 災害保全林 | 保健環境林 | 木材生産林 | |
| 神奈川県（2014）25 | | ブナ林など自然林を再生するゾーン | 多様な生物が共存するゾーン | 木材資源を循環利用するゾーン | 身近なみどりを継承し再生するゾーン | |
| 三重県（2012）26 | | 環境林 | 生産林 | | | |
| ※国頭村ゾーニング計画（2011） | | 残すところ | 守るところ | 利活用を図るところ | 再生するところ | |

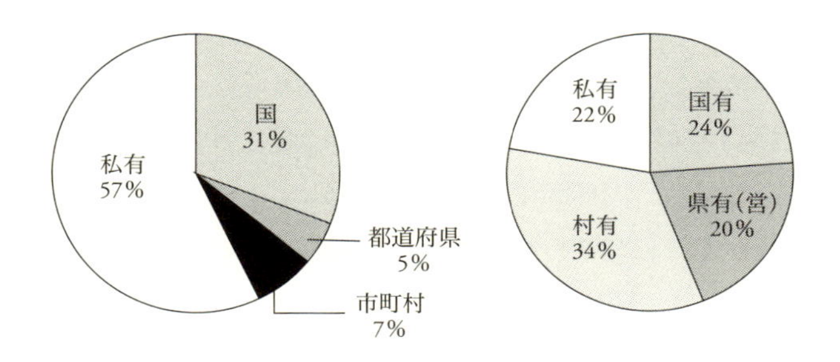


**図 4-2　全国及び国頭村の森林所有区分の割合**

れていることである。具体的な手法をいくら用意してもこの基盤がない限り有効には機能しないし、そもそも社会的な合意なくして強制力をもった手法の導入はできない」とし、森林計画の実効性に地域住民の合意が重要であることを指摘している。2011 年の森林法の改正では、「これまでの国が主導してきた森林を漏れなく 3 タイプにわけるゾーニングから、地域主導のゾーニングに転換することが重要」であり、「市町村森林整備計画を地域の森づくりのマスタープランとする位置づけが明確にされ」(小島, 2013)[18] るとともに、林業の面的まとまりを条件とした森林経営計画制度の創設により、市町村を主体とした合意形成・協働の取組みが社会的に要請されている。

国内では、地方自治体または基礎自治体レベルで独自のゾーニングによる森林管理計画を策定しているところは少ない。しかしながら、2000 年代頃からは、北海道や神奈川県などの地方自治体や、愛知県とよた市や三重県宮川村などの基礎自治体で、行政と大学機関の研究者が主導・連携し、独自の森林管理計画の策定が始まっている（**表 4-3** 参照)。いずれの計画も機能区分の名称を林野庁のものを踏襲するのではなく、独自に設定してゾーニングを行い、区分ごとの管理方針を設定している。

### (3) やんばるの森における森林計画制度に基づく合意形成の課題

国頭村の山林面積は 16,429 ha と総面積の 84 %を占め、沖縄本島の最高峰である与那覇岳（498 m）をはじめとした、南北に走る標高300 m程度の脊梁山脈を分水嶺として、東側には安波川流域を中心とした緩やかな山並みが、西側は、急傾斜地を大小様々な河川と渓流が網の目のように流れながら東シナ海に注いでいる。山林面積の約34 %にあたる5,603 haが村有林であり、全国の市町村と比較して私有林が少なく、村有林の占める割合が高い[27]（図4-2参照）。

森林法に基づく森林整備計画は、国有林・民有林どちらも基本的に森林整備の際の目標とする機能を定めた区分であり、「水土保全林、森林と人との共生林、資源の循環利用林」の3種類に区分される。手をつけずに保護する区分はないが、「森林と人との共生林」における「自然維持エリア」がその地域に該当する。

本地域で特異的な所有区分に、「勅令貸付国有林」がある。勅令貸付国有林は、琉球王国時代の「杣山」が起源となっている。沖縄北部の国有林は、約4,400 haを「沖縄の復帰に伴う農林水産省関係法令の適用の特例措置等に関する政令」に基づき沖縄県に無償貸付しており、明治42（1909）年から80年間植栽を目的に沖縄県に無償で貸し付け、平成元（1989）年の60年間の延長手続きを経て、現在も県営林として管理経営されている。これ以外のほとんどは那覇防衛施設局に使用承認し米海兵隊の訓練場として使用されている[28]。このため、林野庁が管轄して施業を行う地域は現在村内には存在しない。その他の国有林の資源循環利用林は県への貸付林として県営林管理となっている。「水土保全林」には、「国土保全タイプ」と「水源かん養タイプ」があり、村内の国有林には、ダムが設置されている普久川と安波川のダム集水域が水源かん養タイプに該当する。「森林と人との共生林」には、「自然維持タイプ」と「森林空間利用タイプ」があり、「自然維持タイプ」のほとんどを「やんばる森林生態系保護地域」とすることが、2010（平成21）年3月の沖縄北部国有林の取り扱いに関する検討委員会で提案された。国頭村は伊部岳周辺と安波ダム上流域の2カ所が該当する。当地域は、「保存地区（コアゾーン）」と「保全利用地区（バッファーゾーン）」の2種に区分されており、どちらも森林施業やツーリズムなどの利用は行わず、保存地区については、生物遺伝資源利用などの研究のみの立入とし、保全利用地区は、教育的な利用のみと定められている。この他にも、返還予定が定められていない米軍演習林が存在している。

民有林では、沖縄県と国頭村が森林計画によって類型区分を行っており、「国頭村森林整備事業計画（平成21～25）」（国頭村, 2009）の内訳は、「水土保全林」が4,257 ha（34 %）、「森林と人との共生林」が2,034 ha（16 %）、「資源循環利用林」が6,189 ha（50 %）となっている[29]。大項目は上の国有林と同じだが、小区分は名称・内容が若干違い、国頭村では「森林と人との共生林」において上位計画より厳しい環境配慮事項を定めている。なお、2014（平成26）年には、沖縄県と国頭村が森林整備計画（平成26～36）を新たに策定した[30]。計画では、沖縄県が策定した利用区分[31]をふまえた類型区分、ゾーニング、施業方法の見直しを行っている。

その他、保安林制度（森林法）による保安林（949 ha）が指定されており、その内訳は、水源かん養（581 ha）、土砂流出防備（202 ha）、土砂崩壊防備（89 ha）、防風（30 ha）、潮害防備（47 ha）となっている。行為制限としては立木の伐採規制、伐採跡地への植栽の義務がある。

## 第３節　その他法令に基づく合意形成

公共事業等の社会基盤整備事業における合意形成プロセスについては、近年様々な分野でその重要性が指摘されている。河川整備計画の分野でいち早く住民参加の取り組みを始めた国土交通省は、2006年には住民参加手続きに関するガイドラインを公表している。生物多様性の保全や生態系の管理などの生態系管理の分野においても、社会的合意形成の重要性が指摘されている（Millennium Ecosystem Assesement, 2005[32]）。国土交通省・環境省・農林水産省の３省が連携する「自然再生推進法」（2003年施行）の「自然再生事業指針」では、「合意形成と連携の指針」のなかで、地域の多様な主体の参画及び信頼関係の構築による合意形成を重視している（日本生態学会生態系管理専門委員会, 2005[33]）。

森林地域の規制に関係するその他の法令としては、自然公園法・鳥獣保護管理法、文化財保護法、自然環境保全法、環境基本法、景観法などがある。これらは専門官によるトップダウン型（説得型）の森林利用規制として、これまで行政主導で規制区域が設定されてきた。しかしながら、民有林への指定や地域住民への配慮が進むなか、地元との調整が重視されるようになってきている。

以下に、各法令の概要、国頭村の指定状況、規制内容、合意形成等について概説する（図4-3参照）。

### （1）自然公園法

自然公園法（環境省所管）は、1931（昭和6）年に国立公園法として制定された（1957年に全面改訂）。指定状況は、国立公園が31か所、約210万ha、国定公園は56か所、約136万haであり、国土面積の約9％を占めている（平成24年6月時点）[34]。

自然公園は、「優れた自然の風景地を保護するとともに、その利用の増進を図ることにより、国民の保健、休養及び教化に資するとともに、生物の多様性の確保に寄与すること」[35]を目的としている。つまり、守るべきは「景観」であり、山岳などの大風景地や名所・旧跡などの景勝地の指定から始まった。1968（昭和43）年には、自然保護を重視して指定する公園と、都市住民のレクリエーションエリアとしての公園に区分して候補地を選定する方針が決まり、1971（昭和46）年環境庁発足後は、厚生省から環境庁所管に移り、観光地から自然保護としての位置づけが強まった。

2007（平成19）年には、「国立・国定公園の指定及び管理運営に関する提言―時代に応える自然公園を求めて―」（国立・国定公園の指定及び管理運営に関する検討会）が作成された。提言では、「すぐれた自然の風景地」の評価の多様化に伴う景観の再評価による指定の見直し、生物多様性の観点からの管理運営の明確化や、環境保全に関わる民間団体や企業の増加、活動内容の多様化に対応するための合意形成の仕組みづくりの必要性が示された。2009（平成21）年の自然公園法改正では、目的に「生物の多様性の確保に寄与す

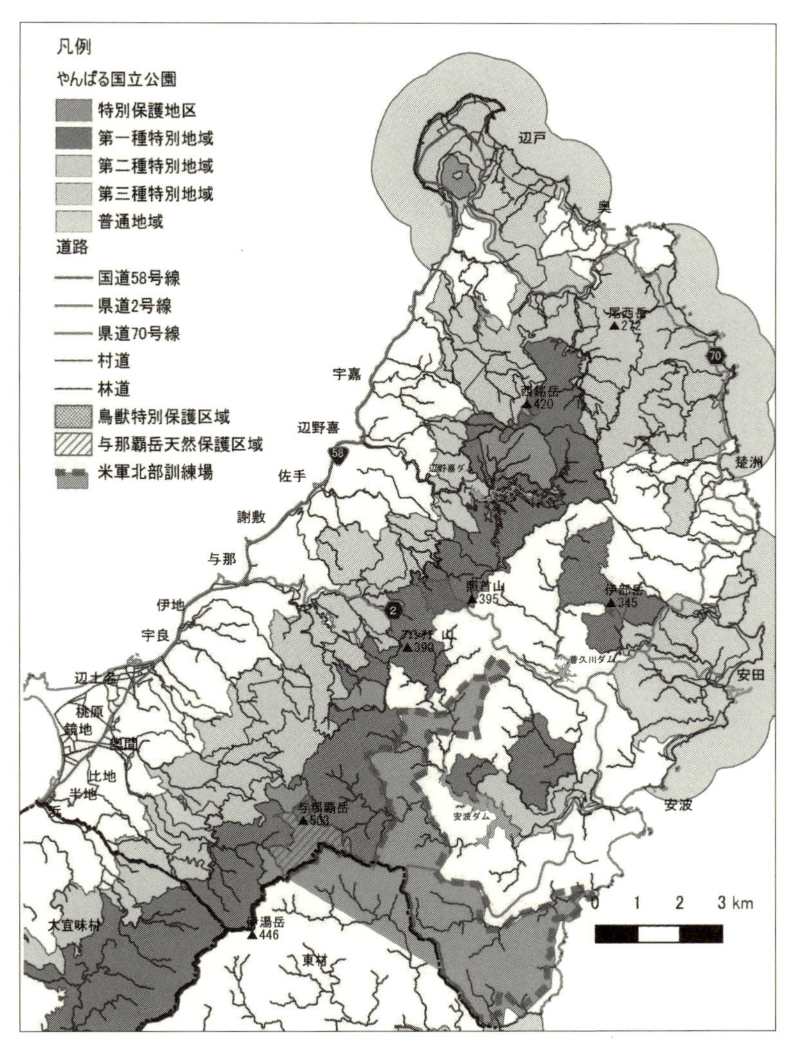


図 4-3　国頭村の森林地域の規制に関係する指定状況（2018 年 1 月現在）
（口絵 p.7 参照）

ること」が追加され、「利用」を促進する一方で「生物多様性保全」も行う、多様で複雑な運営が求められるようになった。

規制や施設計画を定める公園計画は5年に1度見直され、関係市町村へのヒアリングやパブリックコメントも行われている。管理計画では、許認可基準内容が記載されており、森林施業についても地種区分に応じて制限が定められている（**表4-4**）[36]。

国頭村では、西海岸地域を中心とする県管理の沖縄海岸国定公園が昭和47年に指定された。森林地域において施業規制に関係する特別保護地区と1種特別地域は、辺戸御嶽と与那覇岳に計521 ha（特別保護地区467 ha、第1種特別地域54 ha）が指定されている。両地域とも、「やんばる国立公園」に編入され、西海岸の一部の国定公園指定が残されている。

2016（平成28）年9月には、国頭村、大宜味村、東村に広がる亜熱帯照葉樹林やカルスト地形等が「やんばる国立公園」に指定された。「亜熱帯の森やんばる—多様な生命（いのち）育む山と人々の営み」をテーマとし、「多くの固有種が集中して分布する国内最大規模の亜熱帯照葉樹林の生態系、雲霧林、渓流植物群落などの河川生態系、石灰岩地特有の動植物、マングローブ生態系といった多様な生態系が複合的に一体となった景観」が評価された。陸域公園面積13,622 haの75 %が国頭村であり、国頭村の指定区域面積のうち、県営林を除く国有林はわずか5 %であることが、合意形成の難しさを示している（**表4-5**）。

### （2）鳥獣保護管理法

鳥獣保護管理法（鳥獣の保護及び管理並びに狩猟の適正化に関する法律、環境省）は、1895（明治28）年に「業」としての狩猟を規定し、鳥獣を確保するために、「狩猟法」として制定された。1963（昭和38）年には、「鳥獣保護法」（鳥獣の保護及び狩猟の適正化に関する法律）へと名称及び目的が改正され、現在では生活環境の保全や生物多様性の確保までが目的に含まれている。その一方で、過疎化・超高齢化による地方の農林業被害の深刻化を受けて、1999（平成11）年の改定では、都道府県知事が任意で「特定鳥獣保護管理

**表 4-4　自然公園法による地種区分及び森林施業制限の概要**

| 地区名 | 目的・制限行為等 |
|---|---|
| 特別保護地区 | 原生的な自然景観を有する地域や動植物の重要な生息地、特異な地形地質を有する地域等であり、現状維持を原則とする地域。禁伐 |
| 第 1 種特別地域 | 特別保護地区に準ずる地域で、現在の景観を極力維持する必要のある地域。風致維持に支障のない単木択伐法（標準伐期令＋ 10 年以上、択伐率は現在蓄積の 10%以内）。 |
| 第 2 種特別地域 | 良好な自然状態を保持している地域で、農林漁業との調和を図りながら自然景観の保護に努めることが必要な地域。択伐法（標準伐期以上。択伐率は用材林 30%以下、薪炭林 60%以下）または皆伐法（標準伐期以上、1 伐区 2 ha 以内、皆伐 5 年以内に隣接しない等） |
| 第 3 種特別地域 | 特別地域の中では風致を維持する必要が比較的低い地域であり通常の農林漁業活動については風致の維持に影響を及ぼすおそれが少ない地域 |
| 普通地域 | 特別地域と一体的に風景の保護を図ることが必要な地域 |

**表 4-5　やんばる国立公園面積（陸域）[37]**

| 地区名 | 全体 | 国頭村（うち国有林）[38] |
|---|---|---|
| 特別保護地区 | 789 ha | 786 ha（236 ha） |
| 第 1 種特別地域 | 4,428 ha | 2,759 ha （33 ha） |
| 第 2 種特別地域 | 4,054 ha | 2,642 ha（120 ha） |
| 第 3 種特別地域 | 3,345 ha | 3,194 ha （72 ha） |
| 普通地域 | 1,006 ha | 887 ha （23 ha） |
| 陸域合計 | 13,622 ha | 10,268 ha（484 ha） |

※ 1. 国有林面積は県営林を除いた。　2. 海域は普通地域 3,670 ha

計画」を策定できることとなった。2014（平成25）年には名称に「管理」が加えられ（鳥獣保護管理法）、鳥獣の保護から農林業被害防止のための個体数管理と狩猟体制整備へと重点が移行した。加えて、特に管理すべき鳥獣を、第一種特定鳥獣（生息数の著しい減少又は生息範囲の縮小）と第二種特定鳥獣（生息数の著しい増加又は生息範囲の拡大）の2種類に分け、その保護管理事業計画を策定することとなったが、意見聴取・協議等の手続きの不備や、管理計画の考え方に順応的管理手法が導入されていない等の問題点が指摘されている（神山, 2014）[39]。

鳥獣保護区域のうち、森林管理に関する木竹の伐採、土地の改変等の開発が規制されるのは「特別保護地区」であり、鳥獣保護区は鳥獣の捕獲規制のみである。国頭村には、安田・西銘岳・佐手・与那覇岳の4か所が鳥獣保護区特別保護地区に指定されている（図4-3参照）。このうち安田区は、2009（平成20）年に新たに指定された[40]。指定区域の設定の際、環境省は、地域住民との協議を複数回重ね、集落単位での合意形成を重視した[41]。

〈国頭村の鳥獣保護区・特別保護地区（796 ha）〉

〈国指定〉

やんばる安田（特別鳥獣保護地区 220 ha、鳥獣保護区 1,279 ha）

やんばる安波（鳥獣保護区 465 ha）

〈県指定〉

与那覇岳（特別鳥獣保護地区 23 ha、鳥獣保護区 666 ha）

佐手（特別鳥獣保護地区 58 ha、鳥獣保護区 158 ha）

西銘岳（特別鳥獣保護地区 30 ha、鳥獣保護区 84 ha）

### (3) 文化財保護法

文化財保護法は、1919（大正8）年に「史跡名勝天然記念物保存法」として制定された（1957年名称改正）。文化財保護法では、文化財を「有形文化財」、「無形文化財」、「民俗文化財」、「記念物」、「文化的景観」及び「伝統的建造物群」に分類し、国、都道府県、市町村等で重要なものを指定・保護している。2005（平成16）年の改正では、人と自然の関わりで創り出された「文化的景観」が新たに追加され、2017年2月現在、棚田や水辺景観等の51件の重要文化的景観が選定されている。

「記念物」には、「史跡」、「名勝」、「天然記念物」があり、国は、史跡1,724件、名勝378件、天然記念物1,011件を指定している（H26.4.1時点）[42]。国指定天然記念物の内訳は、動物194件、植物548件、地質鉱物246件、天然保護区域23件であり、特定の地域を指定する天然記念物は「天然保護区域」のみであり、指定件数は少ない。国頭村では、安波地区の安波のタナガーグムイ植物群落、与那覇岳天然保護区域（71.9 ha）が該当する（図4-3参照）。どちらも1972年に指定されて以来、見直しは行われていない。

〈国指定〉与那覇岳天然保護区域（71.9 ha）、安波のタナガーグムイ植物群落

〈県指定〉安波のサキシマスオウノキ、比地の小玉森の植物群落

〈村指定〉安田のアカテツ保安林

この他にも、森林法（林野庁）による保安林制度（1897（明治30）年制定）や国有林野の管理経営に関する法律（林野庁）に基づく保護林制度（1989年制定、2015年改正）が代表的な森林利用の規制に関わる法令である。法による規制区域の設定は、私有地の場合は特に資産価値の消失につながるため、人命にかかわる防災的な意味での規制以外の新設は行われていないのが現状である。

森林地域には様々な法令、上位計画等に基づく区域指定が行われている。国頭村の森林整備事業計画では，保護区域に該当する区域が明確ではない。加えて、沖縄県が2007年に認定した「木材拠点産地」では、伐採が禁止されている鳥獣保護区特別保護地区を含む、国頭村北部地域が木材拠点産地区域として指定された。地域の森林地域の利用の基本方針は、総合計画（国頭村, 2002）[43]や国土利用計画（国頭村, 2010）[44]に自然環境の保全、林業の振興、森林レクリエーション整備の推進が示されているが、様々な施策を統合した

保全と利活用に関するビジョンが示されているとは言い難い。混乱・矛盾した区域指定が自然保護団体の行政及び林業者に対する不信・反発につながっている。様々な行政機関による境界の混乱が、保護団体、行政、林業者の信頼関係の悪化を招いている。

**注**

1　猪原健弘（2011）「合意と合意形成の数理―合意の効率，安定，存在」，猪原健弘編著『合意形成学』，勁草書房，東京，pp.103-122.

2　桑子敏雄（2011）「社会基盤整備での社会的合意形成のプロジェクト・マネジメント」，猪原健弘編『合意形成学』，勁草書房，東京，pp.179-202.

3　前掲（桑子，2011）p.179.

4　原科幸彦（2005）「公共計画における参加の課題」原科幸彦編著『市民参加と合意形成―都市と環境の計画づくり―』，学芸出版社，東京，p.11-40.

5　桑子敏雄（1999）環境の哲学，講談社，東京.

6　柿澤宏昭（2003）「森林計画と社会」，木平勇吉編著『森林計画学』，pp.40-63.

7　西川匡英（2004）『21 世紀に向けた森林管理　現代森林計画学入門』，森林計画学出版局，東京.

8　井上真（2004）『コモンズの思想を求めて』，岩波書店，東京.

9　木平勇吉（1997）『森林管理と合意形成』，p.14.

10　柿澤宏昭（1993）森林管理をめぐる市民参加と合意形成―日本とアメリカの現状から―．森林計画誌 20，pp.77-95.

11　森林科学編集委員会（2002）森林の多面的機能の評価に関する学術会議答申．森林科学 34，pp.62-76.

12　林野庁ホームページ「国有林　機能類型ごとの森林の取扱」
http://www.rinya.maff.go.jp/j/kokuyu_rinya/welcome/what.html

13　柿澤宏昭（2004）「地域における森林政策の主体をどう考えるか―市町村レベルを中心にして―」，林業経済研究，50，pp.3-14.

14　木平勇吉（2003）『森林計画学』，朝倉書店，東京.

15　光田靖・家原敏郎・松本光朗・岡裕泰（2009）基準・指標の理念に基づく森林計画手法に関する検討．森林計画誌 42(1)，pp.1-14.

16　光田ら（2009）は、森林計画手法を、計画レベルの段階で 3 分類（戦略・戦術・実行）、空間スケールにおいて 3 分類（地域・団地・林分）に分類している。「戦略レベル（Strategic level）森林計画」では主に広域にわたって資源の配置計画、長期計画における管理目標の設定などを、「戦術レベル（Tactical level）森林計画」では主に 5 年や 10 年といった計画期単位での施業実施のスケジューリング、長期計画の管理目的に応じた中・長期計画での管理目標の設定などを、「実行レベル（Operational level）森林計画」では詳細にわたる施業指針の設定、単年度の施業実施計画などを取り扱うものと定義している。
17　柿澤宏昭（2003）「森林計画と社会」，木平勇吉編著『森林計画学』，pp.40-63.
18　小島孝文（2013）「森林・林業再生プランの目指すもの―森林計画制度を中心として―」，林業経済研究 59-1，pp.36-44.
19　広島県（2012）ひろしまの森づくり事業に関する推進方針（平成 24 ～ 28 年度）.
20　山口県（2004）やまぐち森林づくりビジョン―未来へ引き継ぐ、みんなで育む豊かな森林.
21　豊田市（2007）豊田市 100 年の森づくり構想.
22　岐阜県（2012）第 2 期　岐阜県森林づくり基本計画　平成 24 ～ 28 年度〈概要〉
23　北広島市（2012）北広島市森林整備計画（2008―2018）.
24　高山市（2012）高山市森林整備計画変更計画書（2010―2020）.
25　神奈川県（2014）神奈川県地域森林計画（神奈川森林計画区：2013-2023）
26　三重県（2012）三重の森林づくり基本計画 2012
27　林野庁（2017）森林・林業統計要覧 2016
http://www.rinya.maff.go.jp/j/kikaku/toukei/youran_mokuzi.html
28　九州森林管理局ホームページ（沖縄森林管理署　国有林について）
http://www.rinya.maff.go.jp/kyusyu/okinawa/youkoso/kokuyurin.html
なお、2016 年 12 月に北部訓練場 7,824 ha の約半分が返還され、その 9 割が国有林である（国頭村役場資料）。
29　国頭村（2009）「国頭村森林整備事業計画（2009-13）」
30　沖縄県・国頭村（2014）「国頭村森林整備事業計画（H26-36）」
31　沖縄県農林水産部森林緑地課（2013）「やんばる型森林業の推進～環境に配慮した森林利用の構築を目指して～（施策方針）」
32　Millennium Ecosystem Assessment,2005,Ecosystem and Human Well-being: Synthesis, Washington D.C.,: Island Press.
33　日本生態学会生態系管理専門委員会（2005），自然再生事業指針，保全生態学研究 10，pp.63-75
34　（一社）自然公園財団ホームページ　国立・国定公園の指定の歩み（2017.7.17）
http://www.bes.or.jp/invitation/history.html
35　自然公園法第 1 条.
36　自然公園法施行規則第 11 条 15.
37　環境省：環境省ホームページ　やんばる国立公園　指定書及び公園計画書
http://www.env.go.jp/nature/np/yambaru.html（平成 28 年 9 月 15 日）
38　国頭村世界自然遺産対策室資料
39　神山智美（2014）「鳥獣保護法改正の論点整理―法律名に「管理」が加わることに関する法学的な一考察」，富山大学紀要．富大経済論集第 60 巻第 2 号，pp.149-192.
40　環境省（2009）国指定やんばる（安田）鳥獣保護区、特別保護地区指定計画書
41　環境省やんばる野生生物保護センター聞き取り

**42**　文化庁ホームページ　文化財の紹介
http://www.bunka.go.jp/seisaku/bunkazai/shokai/

**43**　国頭村（2002）第３次国頭村総合計画・基本構想（H14 ～ 23 年度）:「第３章　土地利用の方針」に森林地域の基本的な方向が示されている。

**44**　国頭村（2010）国頭村第三次国土利用計画〈素案〉（H22 ～ 31 年度）:「第１章　村土の利用に関する基本構想」に自然維持エリア（法規制区域）及び自然エリア（自然維持エリア以外の森林、海岸）の基本的な方針が示されている。

# 第Ⅱ部

# 「国頭村森林地域ゾーニング計画」策定事業における合意形成マネジメント

# 第5章　策定事業及びプロジェクト・マネジメントの概要

第Ⅰ部では、やんばるの森の保全と利用の対立を解決するための森林管理計画を策定するための課題として、①保全と利活用をめぐる二項対立へ新たな価値観の導入、②森林地域に張り巡らされている様々な規制区域（境界）による混乱の解消、③地域住民の意見を取り込みむための仕組みづくりが必要であることを示した。これらの３つの課題を解決するためには、地域を主体とした森林管理計画を「社会的合意形成プロセス」を経て策定することが不可欠との認識を持つに至った。

本章では、「社会的合意形成のプロジェクト・マネジメント手法」（桑子2011）[1]のうち、「国頭村森林地域ゾーニング計画」策定事業で実践した合意形成プロジェクト・マネジメント手法について論じた上で、本事業で重視した合意形成プロセス・デザインの基本的な考え方、及び本計画策定に関わるステークホルダーのインタレストについて分析する。

## 第１節　社会的合意形成プロジェクトのマネジメント

地域を主体とした計画を策定するためには、多様なステークホルダーが納得する合意の形成が重要である。そのためには、従来の事業全体のプロジェクト・マネジメント（管理）に加え、関係者が①課題を共有し、②意見をよりよい方向に転換し、③将来ビジョンを定めるための議論が展開されるための、合意形成プロセスのデザイン（設計）とマネジメント（運営・協議進行）を行う技術が必要である（**表5-1**、**図5-1** 参照）。つまり、合意形成プロセスをデザインし、それをプロジェクトとして実行することが「合意形成プロジェクト・マネジメント」である。合意形成プロセスはスタートとゴールのあるプロセスであるため、プロジェクトとしてマネジメントしなければ、ゴール、すなわち合意に到達することができない。

ここではまず、森林管理計画をはじめとする公共性の高い事業を実施する際の「社会的合意形成プロジェクト・マネジメント手法」について論じる。

### （1）社会的合意形成プロジェクト・マネジメントとは

価値観が多様化する現代社会では、森林管理の分野においても林学や森林生態学の研究だけでなく、森林管理計画の策定を一種の社会的合意形成プロジェクトと捉え、その合意形成プロセスを構築するための研究が必要である。

プロジェクトとは、「唯一的な成果物、サービス、結果を創り出すために企図された時限的な作業」（桑子, 2011）[2] であり、時間的制約の中で創造的な結論を導く必要がある。このことは、一見当たり前と思われがちであるが、多くのプロジェクトで、ひとつひとつの作業が形骸化し、無意識に実行されているために、事業の効力が十分に発揮されていない。

「社会的合意形成」とは、「社会基盤整備のように、ステークホルダー（事業に関心・懸念を抱く人びと）の範囲が限定されていない状況での合意形成」（桑子, 2011）[3] と定義される。道路、河川、まちづくりなどの公共事業の計画を行政が策定する際に、ますます重要視されている。地域を主体とした森林管理計画の策定には、業務担当者が、多様なステークホルダーのだれもが納得する森林管理計画の策定業務を、プロジェクトとしてマネジメントするという自覚を常に持ちながら実行してくことが求められる。

### （2）プロジェクト・マネジメントの概要

合意形成プロジェクト・マネジメントを構成する要素は、①事業目的・目標の設定・明確化（目標管理）、②プロジェクトの責任体制の明確化、③スケジュールの立案・管理（時間管理）、④必要な情報の集積・統合（情報管理）、⑤合意形成プロセス（設計・運営・協議進行の管理）の５点であり、基本的な考え方を以下に概説する。

### 1）事業目的・目標の設定・明確化（目標管理）

なぜこのプロジェクトを行わなければならないのかという、社会的ニーズを明確にした上で、事業目的を設定し、関係者と共有する。プロジェクトにおける合意を形成する際に最も重要なのは、何のために話し合いを行っているのか、話し合いの結果どのような成果が得られるのかという目的と目標を設定し、関係者間で共有することである。特に、プロジェクト・マネジメントの中心となる主管部局の担当者、事務局、プロジェクトチームは、常に事業目的・目標を基軸としながら作業を進める必要がある。

### 2）プロジェクトの責任体制の明確化

設定した事業目的をもとに、プロジェクトの担当分野、主管部局の設定、合意事項の最終決定権と合意事項に対して責任をもつトップ（行政においては首長、検討委員会においては委員長）を明確にする。また、プロジェクト全体の推進役としてチームを組んで運営することが必要であり、事務局、またはプロジェクト・チームを明確に設定する。プロジェクトチームは、プロジェクトのトップである責任者とつねにプロジェクト推進上の情報を共有する。

また、実務者間での詳細な協議・検討のための作業部会の編成は、プロジェクトの迅速な運営に有効であり、プロセスの過程で表出する課題に応じて設定する。課題に対する解決策を作業部会案として策定し、検討委員会等の協議の場でのたたき台として議論を行うことで、議論が深まる。

### 3）スケジュールの立案・管理（時間管理）

特定のプロジェクトと日常的業務を区別する。「プロジェクト」は「唯一的な成果物、サービス、結果を創り出すために企図された時限的な業務」であることを常に意識し、スケジュールの立案・管理を行う。

検討委員会及び住民意見交換会などの協議では、協議の目的及び目標の共

**表 5-1　合意形成プロセスの設計・運営・進行**

| 設　計（デザイン） | 運　営 | 協議進行 |
|---|---|---|
| ①合意形成のプロジェクト・チームとリーダーの決定 | ①関係者の作業分担 | ①目標達成への意識共有 |
| ②合意形成プロセス構築の目標の明確化 | ②ファシリテータ・サブファシリテータ・記録係の選定と役割分担 | ②意見の理由の把握 |
| ③ステークホルダーの同定・分析 | ③時間の管理者の選定 | ③建設的な語り返し |
| ④対立・紛争の査定（コンフリクト・アセスメント） | ④空間的協働行為・間接コミュニケーションの設計 | ④批判・陳情の抑制と提案型発言の促進 |
| ⑤プロセスのスケジュールの決定 | ⑤会場に対応した話し合いの空間設計 | ⑤熟慮された賢明な提案の評価 |
| ⑥会議形式の選択（委員会形式か、公開討論か）、討論形式の選択（説明会、公聴会、懇談会、討論会、意見交換会、ワークショップ）、あるいは形式の組み合わせ | ⑥会場の選択・設営 | ⑥立場に偏らず公正な議論を導き、平等な発言時間を実現するための正義の感覚 |
| ⑦招集の方法 | ⑦広報・プレス対応 | ⑦時間意識 |
| ⑧プログラム作成および管理文書作成管理（ﾄﾞｷｭﾒﾝﾃｰｼｮﾝ） | ⑧用具の用意（模造紙、サインペン、ポストイットの三種の神器、パソコン、プロジェクター等） | ⑧その他 |
| ⑨情報開示・説明責任の方法の選択 | ⑨服装・名札 | |
| ⑩広報管理・プレス対応 | ⑩茶菓の用意 | |
| ⑪自己評価方法の選択 | ⑪その他 | |
| ⑫その他、合意形成を実現するための工夫の確認 | | |

合意形成プロセスの設計・運営・進行（桑子, 2011）[4] をもとに作成

社会的合意形成プロジェクト・マネジメント
（Project Management）

事業目的・目標の設定・明確化（目標管理）

主管部局（事務局）・作業部会の設定（責任体制の明確化）

スケジュール立案・管理（時間管理）

必要な情報の集積統合（情報管理）

合意形成プロセス（Process）

**設計（design）**
プロジェクト・チームの設定、ステークホルダー同定・分析、対立・紛争の査定（コンフリクト・アセスメント）、会議形式（委員会、公開討論）・討論形式（説明会、公聴会、懇談会、ワークショップ等）の選択、招集対象者の設定（特定・不特定）

**運営（management）**
役割分担（ファシリテーター、記録係）、プロセス管理、会場の選択・空間設計・設営、招集方法（広報、行政放送、インターネット、ちらし・ポスター等）、説明・掲示方法（プロジェクター、地図、模型等）、協議記録の作成・共有

**協議進行（ファシリテーション　facilitation）**
目標達成への意識共有、意見の理由の把握、対等・平等で創造的な協議のためのルール設定・実践、時間管理

図 5-1　社会的合意形成プロジェクト・マネジメントと合意形成プロセス

有とともに、今回の協議が業務のどの段階に位置づけられ、今後のどのような手順を経て業務として完結するのかを常に示し、理解を求める。プロセスに対する意見・提案についても協議の各段階で積極的に求める。また、前回話し合われた概要を協議の最初に確認することで、どこまで議論が進み、何が決まったのかを明確に示すことが、協議毎の目標の設定と共有につながる。

### 4）必要な情報の集積・統合（情報管理）

特定のプロジェクトにおいて合意を形成する上で必要不可欠なことは、プロジェクトに関係する基礎情報を多様なステークホルダーにわかりやすい形で提供・共有することである。そのためには、専門用語を極力避け、わかりやすい図表を作成するなどの工夫が必要である。宮本博司は情報共有を積み重ねながら、協議関係者間の信頼を構築していく様子を「土俵づくり」と表現している（宮本, 2010）[5]。信頼関係の構築は時間を要する大変な作業だが、不信、失望、侮蔑などにより信頼関係は一度で喪失する。前例の少ない多様なステークホルダーによる協議では、信頼関係の構築のための時間と創意工夫を惜しみなく尽くす必要がある。加えて、協議の中で求められた新たな情報を迅速に収集整理し、協議に反映させることも重要である。

必要な情報は、プロジェクトによって異なる。計画策定事業においては、前提となる上位計画や関連計画、関係法令等の基礎情報の収集・整理から始まる。ゾーニングが必要な場合は、対象地域の平面図に関係する情報を重ね合わせていく作業が必要になるため、GIS（Geographic Information System：地理情報システム）を活用したデータの集積統合が有効である。GIS とは、地図とその属性を一元的に管理するデータベースのことであり、オーバーレイ（overlay：複数の地図の重ね合わせ）機能やバッファリング（buffering：ある対象物から一定距離内を抽出する）機能等による空間解析機能を使うことができる。地図情報は、それらの情報に初めて接するステークホルダーには、文章よりも感覚的に把握しやすい利点がある。また、地域住民から得た情報や要望についても基礎情報と同等に扱い、可能なものは地図情報等に視覚化する。協議の過程で得られたそれらの情報を迅速に協議資料に反映させることで、①

科学的な根拠に基づく客観的なデータによる協議、②地域住民の意見を事業に迅速に反映することで、事業者に対するステークホルダーからの信頼につなげることが重要である。

### 5）合意形成プロセス（設計・運営・協議進行の管理）

社会的合意形成プロジェクトでは、事業を工期までに終了する時間の管理と成果の質の管理を主とした、従来の事業全体のプロジェクト・マネジメントと同様に、合意形成プロセスをプロジェクトとしてマネジメントすることを重視する。合意形成プロセスは、デザイン（design：設計）、運営（mannagement）、協議進行（facilitation：ファシリテーション）の３段階におけるきめ細やかな配慮が必要である。

特に、すべての段階で常に求められるのは、多様な関係者（ステークホルダー）の関心・懸念（インタレスト）の分析である。合意形成の場を持つ以前から、事業に関係する多様な関係者（ステークホルダー）の関心・懸念（インタレスト）を把握するための情報収集に心がける。プロジェクト進行中も発言内容等を常に分析し、意見の対立構造を明らかにして、紛争を回避するとともに、創造的な解決の方向を見いだす。

また、社会的合意形成プロセスでは、ファシリテーター（facilitator）の存在とファシリテーションを重視する。ファシリテーターは、協議における司会進行役であり、協議や合意の方向性が特定のステークホルダーに偏らないために、公正・公平さを保つ技術を持つ、中立的な立場の第三者が望ましい。

ファシリテーション（協議進行）では、①出された意見を否定・批判しない、②意見の理由（なぜそう考えるのか）についても必ず確認する、③参加者全員の発言を目指すこと等の暗黙のルールを設定することで、対等・平等で、創造的な議論を心がける。

合意形成プロセス・デザインについては、次章に詳述する。

## 第２節　国頭村森林地域ゾーニング計画策定事業の概要

### (1) 事業の背景及び目的

国頭村を含む沖縄本島北部の森は、「やんばる（山原）の森」とよばれ、その多くは林業等により古くから人為的影響を受けながら、大陸由来の「生きた化石」といわれる多くの固有な動物が今も生息している。やんばるの森の保護の担保措置としては、国定公園や鳥獣保護区の指定があるものの、恒久的措置とはいえない。環境問題が認知され始めた1960年代頃から開発か保全かの対立が全国各地で繰り返されているが、やんばるの森では森林伐採に対する自然保護団体の反発は続いており、林道建設に関しては1996年以降現職知事等を被告とした２度の住民訴訟にまで発展している。1996年のSACO合意（沖縄に関する特別行動委員会）による2002年度末の北部訓練場の過半の返還報告を受け、環境省はやんばるの森を国立公園に指定することを公表し、林野庁は2009年に「やんばる森林生態系保護地域（案）」により返還後の国有林の森林管理計画を定めた。やんばるの森を含む「奄美・琉球」が世界自然遺産の候補地に選ばれて10年となる2013年１月には、暫定リスト記載が決まり、以降、登録に向けての行政機関の具体的な取組が始まっている。

国頭村は、森林の利活用方針について、国頭村民の間で合意を形成することは容易でないと考えており、協議を避ける傾向にあった。しかしながら、世界自然遺産登録に必要な国立公園指定等の協議や、森林地域を観光資源として活用するためのハード整備を進めていくためには、国頭村独自の森林の利活用方針の策定が必要であった。

「国頭村森林地域ゾーニング計画」は、基礎自治体である沖縄県国頭村が策定する地域計画である。この策定事業は、森林法等で５年ごとに見直しが行われている「地域森林計画」とは直接関連のない、村独自の事業である。つまり、森林法による地域森林整備計画とは独立し、村の森林地域の将来ビジョンを定め、村の考え方として発信することを目的として策定された。

本計画は、法や条例に定められて策定されるものではなく、村の考えをまとめ、外部に発信することを目的とした積極的・戦略的な姿勢で策定されるものであり、策定の必要性そのものが、保全と利活用を区分する厳しい議論が始まった中盤まで問い直された。それでなくても自然保護団体や県議会からの林業に対する圧力が強まる中、なぜ村自らが厳しい利用規制を表明する必要があるのかという林業関係者の問いに対し、森林管理の理念や現在実施している環境配慮の姿勢を積極的に示し、理解を得ることが、今後の持続可能な森林資源の利活用につながること、法令に基づく現在の地域森林整備計画ではそれらの理念や姿勢がうまく表現できていないことが、検討委員会で繰り返し語られたことで、最終的に策定の意義について以下の共通認識を持つことができた。

「国頭村森林地域ゾーニング計画」は、国頭村内の森林地域の利活用の歴史をふまえ、多くの固有種を育むやんばるの森特有の生物多様性や水源かん養機能、二酸化炭素吸収源等の公益的な機能をつねに考慮し、観光を含めた新たな森林業の創造による保全・利活用を行うために策定しました。

本計画の対象範囲は、「山から海へつなぐ」ための流域単位での検討を重視し、国有林及び民有林を含む森林地域を中心とした、国頭村全域としました。

計画の策定は、「国頭村森林地域ゾーニング計画検討委員会」を設置し、２カ年にわたって行いました。平成 21（2009）年度は、計画の基本的な考え方となる「基本方針（原案）」を策定し、平成 22（2010）年度は、基本方針に基づいて「国頭村森林地域ゾーニング計画」を策定しました。

本計画は、今後の国頭村森林整備事業計画、観光推進事業、自然再生事業等に反映されるとともに、関係機関によるやんばるの森の森林政策等に対し、国頭村の考え方として発信します。

なお、本計画は、関連計画の見直しに応じて、適宜見直すこととします。　　（「1.「国頭村森林地域ゾーニング計画」策定の目的（p 1)」より）

本計画では、「まとまり」と「つながり」を重視するため、所有区分に関わらず国頭村全域の森林地域を検討の対象とした。本計画の策定時点において、国有林については将来ビジョンが策定されていたため、そのまま保全区域等の考え方を踏襲するとこで問題はなかった。県営林については平成24～25年度に森林法とは異にする区分による森林管理計画の策定が予定されており、本計画により村の意見を先行して図化されることに対し、沖縄県は難色を示した。県との調整の結果、県営林エリアは「白抜き」で図化し、「調整を要するところ」として表現することとなったが、検討委員会の終盤まで、県営林エリアの保全と利活用に対する議論ができたことは、国頭村の今後の林政にとって大きな収穫であったと考える。

**(2)「検討委員会」の設計**

森林計画制度に基づく国頭村の森林整備計画は、地域森林計画書の機能類型区分をもとに、県の担当者及び森林組合職員と協議しながら村経済課林務担当者が作成するものであり、森林管理に関わる協議でその他の関係者が関わることはこれまでにほとんどなかった。本計画の検討委員会の特徴は、以下の3点である（**表5-2**参照）。

第1に、村役場組織に関しては、村全体の総合計画などを担当する企画商工観光課を主体とし、経済課及び林道担当課である建設課が検討委員に加わるとともに、作業部会メンバーとなり、役場組織を横断する事業体制を整備することで、円滑かつ迅速な情報収集・交換につながった。

第2に、行政、利害関係組織に加え、有識者、漁協、商工会、区長会、NPOによる検討委員会を組織することで、多様な価値観を取り込んだ議論が展開された。

第3に、国立公園指定及び世界自然遺産登録を目前に控え、国頭村の森林についてまずは国頭村民で議論する機会をつくることが重要と考え、検討委員は、座長を除く全員を国頭村民とした。中立的立場の第三者を話し合いの座長（ファシリテーター）とした上で、村民だけで議論したことが、長年

**表 5-2 「国頭村森林地域ゾーニング計画」検討委員一覧（順不同）**

| 区　分 | 所　属 | 備　考 |
|---|---|---|
| 村 | 副村長 | 委員長 |
| | 経済課長 | |
| | 企画商工観光課長 | |
| | 企画商工観光課（総合計画担当） | 作業部会 |
| | 建設課長 | 作業部会 |
| 一般 | 区長会長 | |
| | 国頭村森林組合長 | |
| | 国頭村森林組合課長 | 作業部会 |
| | 林業従事者 | |
| | 区長会東部代表 | ※第4回検討委員会から参加 |
| | 区長会西部代表 | |
| | 国頭漁業協同組合参事 | |
| | 国頭村商工会相談室長 | |
| | NPO 国頭ツーリズム協会代表 | |
| | NPO やんばる地域活性化サポートセンター代表 | |
| 有識者 | 合意形成学研究者 | 座長 |
| | 林業研究者 | |
| （事務局） | 国頭村役場企画商工観光課 | 作業部会 |
| | NPO 国頭ツーリズム協会 | 作業部会 |

の信頼関係を基盤とした積極的な議論展開につながった。

### （3）協議プロセスのデザイン（スケジュールの立案・管理）

本計画の策定は、2009年12月からゾーニング基礎情報の収集整理を開始し、翌月から2011年3月までの1年3か月間に、8回の検討委員会と3回の住民意見交換会を行った（**図 5-2**、**表 5-3** 参照）。

前半の5回で、計画の骨子となる基本方針を作成し、それに並行して第3回の検討委員会から具体的なゾーニング計画の内容に入った。中間にあたる

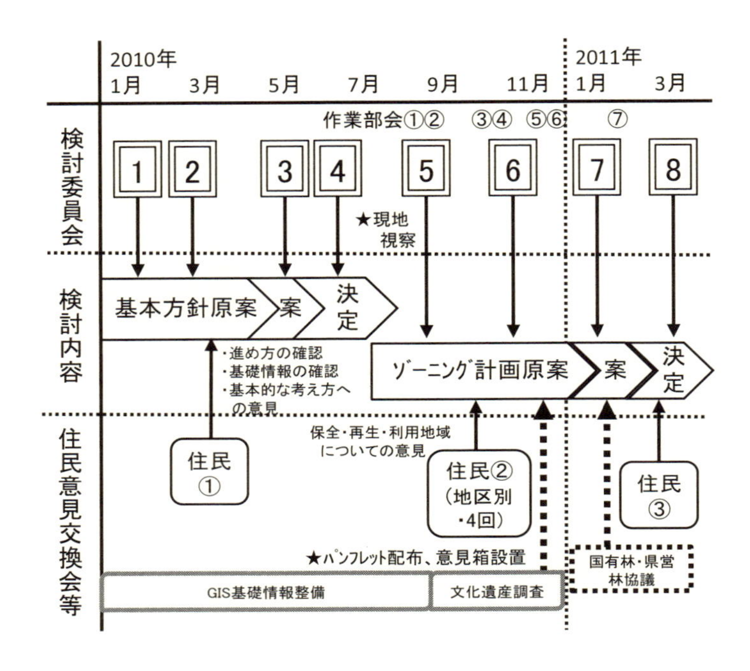


図 5-2　「国頭村森林地域ゾーニング計画」のプロセス・デザイン

第 5 回の検討委員会の後には、「ゾーニング計画（原案）」に対する説明と意見収集のために、村内を 4 地区にわけて各集落の代表者数名を招聘した。その後の第 6 回検討委員会では、集落の意見を反映させた「ゾーニング計画（案）」について議論が紛糾し、当初予定より 1 回検討委員会を増やし合意が形成された。

第 1 回の検討委員会（平成 22 年 1 月 19 日）では、本計画で対象とする地域、上位計画、林業の変遷、これまで森林関係の検討委員会の経緯についての情報を共有した上で、森林利活用に向けて課題を抽出することを目的としたワークショップを実施した。初めての検討委員会でもあり、この計画を策定する目的について議論が集中した。特に本計画の策定を沖縄県発注の「持続可能な観光地づくり支援事業」で行ったため、検討内容を森林地域の観光

意見を報告した。意見では砂防ダムの撤去・改善による河川再生の希望が多かったことを報告し、撤去の条件として必要な条件や森林整備について議論が行われた。また、地区の意見をふまえて設定したゾーニング計画（案）の検討では、現在林道が問題となっている県営林の区分をめぐって議論が紛糾し、結果的には県の担当部局との調整を行ったうえで、再度委員会を開催することとなった。

沖縄県森林緑地課との複数回の協議を経て、第7回検討委員会（平成23年2月24日）を開催した。検討会では県との調整結果を踏まえて「ゾーニング計画（案）」2案を作成し、図面の表現方法について協議の上合意を得ることができた。

第3回住民意見交換会（平成23年2月26日）の住民意見をふまえ、第8回検討委員会（平成23年3月25日）で最終的な「国頭村森林地域ゾーニング計画」を決定した。

プロセス・デザイン（策定スケジュール）に示すとおり、各委員会の議論の結果を「原案」または「案」の形で明文化し、これを住民意見交換会で公開・説明・協議を繰り返すことで、最終案に対してだけでなく、計画策定の様々な段階で、より多くの住民意見を反映させることができた。国頭村において、計画策定事業でこのような手順をとることは初めてであり、プロジェクト・チームは、こうした手続きを踏むこと自体に対する行政関係者の理解を得ることに細心の注意を払った。

### (4) 合意形成プロセス・デザイン（設計）

プロジェクトのマネジメントは、合意形成プロセスをデザイン（設計）することから始まる。本事業における合意形成プロセス・デザイン（設計）の特徴は、①プロジェクト・チーム及び作業部会の組織と運営、②多様な関係者による検討委員会の組織、③地域住民を対象とした意見交換会の開催、④共有すべき情報の集積統合と提供・共有の4点であり、以下に概説する。

### 1）プロジェクト・チーム及び作業部会の組織と運営

プロジェクトにおいては、プロジェクト全体の推進役としてチームを組んで運営することが必要である。本事業では、役場職員、専門家、NPOメンバーの3名によるプロジェクト・チームの組織と運営を行った。役場職員は、行政トップとつねにプロジェクト推進上の情報を共有した。

また、協議中盤から始まった具体的な境界の設定作業では、実務者間での詳細な協議・検討作業が必要であった。事務局2名を中心として行政3名（企画担当、林務担当、林道担当）、林業者1名の作業部会を編成し、ゾーニング区分や計画の運用方針等の検討を事前に行い、作業部会案として検討委員会に提出した。

### 2）多様な関係者による検討委員会の組織

これまで森林管理に関わる検討委員会は、林務担当課である経済課が主体となり、役場責任者（副村長）、林業従事者で組織されていた。前述したとおり、本計画では、村全体の総合計画などを担当する企画商工観光課を主体とし、経済課及び林道担当課である建設課が検討委員に加わるとともに、作業部会メンバーとなることで、役場組織を横断する事業体制を整備することで、円滑かつ迅速な情報収集・交換につながった。また、行政、利害関係組織に加え、有識者、漁協、商工会、区長会、NPOによる検討委員会を組織することで、多様な価値観を取り込んだ議論が展開した。多様な分野から構成された検討委員であったため、検討委員会の中盤には施業現場の現地視察を行った（**図5-3**参照）。現場で同じものをみながら意見を交換するという体験を共有することは、机上ではなく五感を通じて互いの率直な考え方を知ることとなり、更なる意識共有につながった。

なお、検討委員会の委員長には、行政実務レベルでのトップにあたる副村長に依頼した。本計画は国や県との調整が難航することが予想された。検討内容や経緯を十分に把握し、重大な判断を下した上で、対等に交渉できることが委員長の要素として不可欠であった。

**図 5-3　検討委員による施業現場視察**（2010.7）

### 3）地域住民を対象とした意見交換会の開催

プロジェクト・チームは、森林計画策定プロセスで欠落していた住民の声を反映させるために、住民意見交換会を設定した（**表 5-4**、**図 5-4, 5** 参照）。住民意見交換会は、村民全体から広く意見を聴くと同時に、検討委員会等での協議に関する情報を提供し、その取り組みについて理解を深めてもらうことも重要な目的とした。地域住民を対象とした意見交換会は、検討委員会で基本方針（案）、ゾーニング原案、ゾーニング（全体）計画（案）が策定された3回のタイミングで実施した。住民意見交換会の回数、時期及び開催方法については、留意して設定した。初回（第1回）は、計画の内容だけでなく、議論の進め方（基本方針）についても意見が反映できる時点で開催した。初回（第1回）と最終回（第3回）の意見交換会では、興味・関心のあるすべての住民が参加できる形式とした。中間（2回）の住民意見交換会では、具体的かつ活発な意見交換となるように、地区別に小規模に開催した。

地域住民の森林管理に対する関心を高め、住民意見交換会での参加率を高

**表 5-4　住民意見交換会の概要**

| 回 | 開催<br>年月日 | 地区 | 参加者数 | 協議内容<br>※配布・掲示資料（提供した情報） |
|---|---|---|---|---|
| 1 | 2010/3/9 | ― | 45 名 | 「基本方針（原案）」について<br>※配布：「基本方針（原案）」<br>※掲示：林班図、所有区分図、森林計画図、規制区域図、国定公園区分図 |
| 2 | 2010/9/27 | 奥間 | 5 集落 15 名 | 1. 計画の目的・経緯の説明<br>2. 各地域の保全・利活用地域の聞きとり<br>※配布：地区別意見交換会説明資料、図面（①総括図、②森林整備計画図、③現存植生図、④流域情報・傾斜区分図） |
|  | 2010/9/28 | 東部 | 4 集落 14 名 |  |
|  |  | 西部 | 6 集落 16 名 |  |
|  | 2010/9/29 | 辺土名 | 5 集落 13 名 |  |
| 3 | 2011/2/26 | ― | 23 名 | 「国頭村森林地域ゾーニング計画（最終案）」について<br>※配布：計画概要 |

めるために、本計画の策定期間前半部の「基本方針（案）」策定後（2010 年 6 月）に、本計画を説明したパンフレットを作成し、全世帯に配布した（**図 5-6** 参照）。また、策定期間中は、役場内に意見箱を設置するとともに、協議記録や配布資料が閲覧できるよう、情報共有に努めた。

図 5-4　第 1 回住民意見交換会の概要（2010.3）

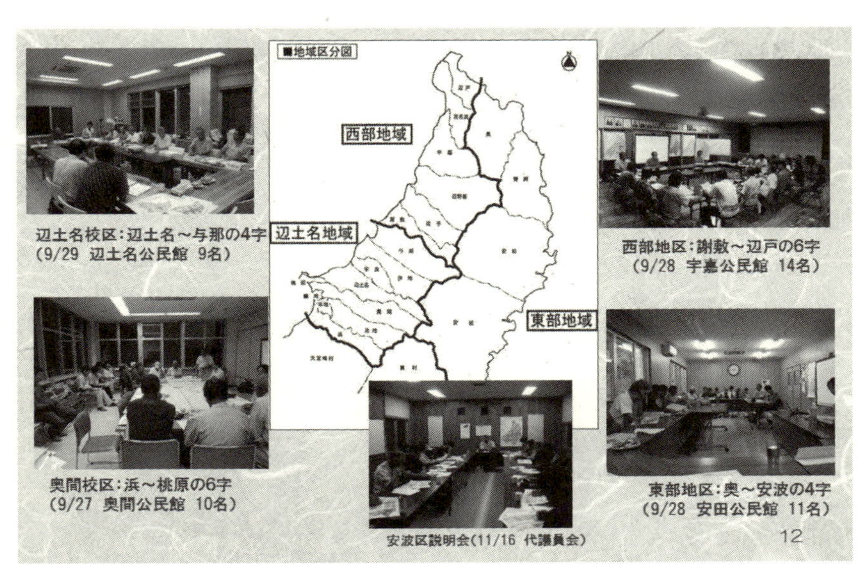


図 5-5　第 2 回住民意見交換会の概要（9/27-29：第 3 回住民意見交換会説明資料）

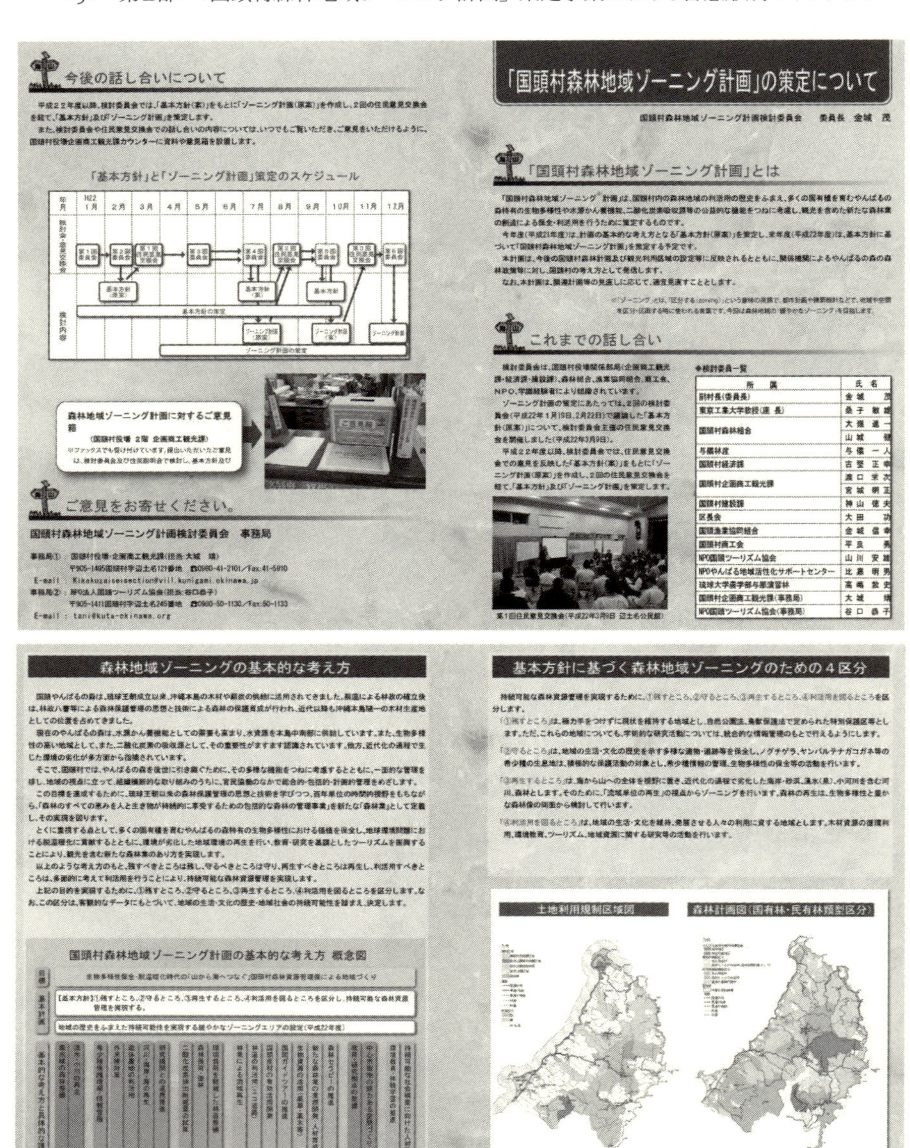

## 今後の話し合いについて

平成22年度以降、検討委員会では、「基本方針(案)」をもとに「ゾーニング計画(原案)」を作成し、2回の住民意見交換会を経て、「基本方針」及び「ゾーニング計画」を策定します。

また、検討委員会や住民意見交換会での話し合いの内容については、いつでもご覧いただき、ご意見をいただけるように、国頭村役場企画商工観光課カウンターに資料や意見箱を設置します。



森林地域ゾーニング計画に対するご意見箱
(国頭村役場 2階 企画商工観光課)
※ファックスでも受け付けています。提出いただいたご意見は、検討委員会及び住民説明会で検討し、基本方針及び

## ご意見をお寄せください。

国頭村森林地域ゾーニング計画検討委員会　事務局

事務局①：国頭村役場・企画商工観光課(担当:大城 靖)
〒905-1495国頭村字辺土名121番地　☎0980-41-2101／Fax:41-5910
E-mail : Kikakuzaisei-section@vill.kunigami.okinawa.jp
事務局②：NPO法人国頭ツーリズム協会(担当:谷口恭子)
〒905-1411国頭村字辺土名245番地　☎0980-50-1130／Fax:50-1133
E-mail : tani@kuta-okinawa.org

# 「国頭村森林地域ゾーニング計画」の策定について

国頭村森林地域ゾーニング計画検討委員会　委員長　金城　茂

## 「国頭村森林地域ゾーニング計画」とは

「国頭村森林地域ゾーニング※計画」は、国頭村内の森林地域の利活用の歴史をふまえ、多くの固有種を育むやんばるの森特有の生物多様性や水源かん養機能、二酸化炭素吸収源等の公益的な機能をつねに考慮し、観光を含めた新たな森林業の創造による保全・利活用を行うために策定するものです。

今年度(平成21年度)は、計画の基本的な考え方となる「基本方針(原案)」を策定し、来年度(平成22年度)は、基本方針に基づいて「国頭村森林地域ゾーニング計画」を策定する予定です。

本計画は、今後の国頭村森林計画及び観光利用区域の設定等に反映されるとともに、関係機関によるやんばるの森の森林政策等に対し、国頭村の考え方として発信します。

なお、本計画は、関連計画等の見直しに応じて、適宜見直すこととします。

※「ゾーニング」とは、「区分する(zoning)」という意味の英語で、都市計画や建築設計などで、地域や空間を区分・区画する時に使われる言葉です。今回は森林地域の「緩やかなゾーニング」を目指します。

## これまでの話し合い

検討委員会は、国頭村役場関係部局(企画商工観光課・経済課・建設課)、森林組合、漁業協同組合、商工会、NPO、学識経験者により組織されています。

ゾーニング計画の策定にあたっては、2回の検討委員会(平成22年1月19日、2月22日)で議論した「基本方針(原案)」について、検討委員会主催の住民意見交換会を開催しました(平成22年3月9日)。

平成22年度以降、検討委員会では、住民意見交換会での意見を反映した「基本方針(案)」をもとに「ゾーニング計画(原案)」を作成し、2回の住民意見交換会を経て、「基本方針」及び「ゾーニング計画」を策定します。

第1回住民意見交換会(平成22年3月9日 辺土名公民館)

◆検討委員一覧

| 所属 | 氏名 |
|---|---|
| 副村長(委員長) | 金城　茂 |
| 東京工業大学教授(座長) | 桑子 敏雄 |
| 国頭村森林組合 | 大推 進一 |
| | 山城　毅 |
| 与儀林産 | 与儀 一人 |
| 国頭村経済課 | 古堅 正幸 |
| 国頭村企画商工観光課 | 渡口 栄次 |
| | 宮城 明正 |
| 国頭村建設課 | 神山 徳夫 |
| 区長会 | 大田　功 |
| 国頭漁業協同組合 | 金城 信幸 |
| 国頭村商工会 | 平良　勇 |
| NPO国頭ツーリズム協会 | 山川 安雄 |
| NPOやんばる地域活性化サポートセンター | 比嘉 明男 |
| 琉球大学農学部与那演習林 | 高嶋 敦史 |
| 国頭村企画商工観光課(事務局) | 大城　靖 |
| NPO国頭ツーリズム協会(事務局) | 谷口 恭子 |

## 森林地域ゾーニングの基本的な考え方

国頭やんばるの森は、琉球王朝成立以来、沖縄本島の木材や薪炭の供給に活用されてきました。蔡温による林政の確立後は、林政八書等による森林保護管理の思想と技術による森林の保護育成が行われ、近代以降も沖縄本島随一の木材生産地としての位置を占めてきました。

現在のやんばるの森は、水源かん養機能としての需要も高まり、水資源を本島中南部に供給しています。また、生物多様性の高い地域として、また、二酸化炭素の吸収源として、その重要性がますます認識されています。他方、近代化の過程で生じた環境の劣化が多方面から指摘されています。

そこで、国頭村では、やんばるの森を後世に引き継ぐために、その多様な機能をつねに考慮するとともに、一面的な管理を排し、地域の視点に立って、組織横断的な取り組みのうちに、官民協働のなかで総合的・包括的・計画的管理をめざします。

この目標を達成するために、琉球王朝以来の森林保護管理の思想と技術を学びつつ、百年単位の時間的視野をもちながら、「森林のすべての恵みを人と生き物が持続的に享受するための包括的な森林の管理事業」を新たな「森林業」として定義し、その実現を図ります。

とくに重視する点として、多くの固有種を育むやんばるの森特有の生物多様性における価値を保全し、地球環境問題における脱温暖化に貢献するとともに、環境が劣化した地域環境の再生を行い、教育・研究を基調としたツーリズムを展開することにより、観光を含む新たな森林業のあり方を実現します。

以上のような考え方のもと、残すべきところは残し、守るべきところは守り、再生すべきところは再生し、利活用すべきところは、多面的に考えて利活用を行うことにより、持続可能な森林資源管理を実現します。

上記の目的を実現するために、①残すところ、②守るところ、③再生するところ、④利活用を図るところを区分します。なお、この区分は、客観的なデータにもとづいて、地域の生活・文化の歴史・地域社会の持続可能性を踏まえ、決定します。



## 基本方針に基づく森林地域ゾーニングのための4区分

持続可能な森林資源管理を実現するために、①残すところ、②守るところ、③再生するところ、④利活用を図るところを区分します。

「①残すところ」は、極力手をつけずに現状を維持する地域とし、自然公園法、鳥獣保護法で定められた特別保護区等とします。ただ、これらの地域についても、学術的な研究活動については、統合的な情報管理のもとで行えるようにします。

「②守るところ」は、地域の生活・文化の歴史を示す多様な遺物・遺跡等を保全し、ノグチゲラ、ヤンバルテナガコガネ等の希少種の生息地は、積極的な保護活動の対象とし、希少種情報の管理、生物多様性の保全等の活動を行います。

「③再生するところ」は、海から山への全体を視野に置き、近代化の過程で劣化した海岸・砂浜、湧水(泉)、小河川を含む河川、森林とします。そのために、「流域単位の再生」の視点からゾーニングを行います。森林の再生は、生物多様性と豊かな森林像の両面から検討して行います。

「④利活用を図るところ」は、地域の生活・文化を維持、発展させる人々の利用に資する地域とします。木材資源の循環利用、環境教育、ツーリズム、地域資源に関する研究等の活動を行います。



検討委員会事務局では、関係機関と連携して、土地利用規制、森林計画、所有形態、流域界、植生図等の様々な情報を収集し、GIS(Geographic Information System:地理情報システム)ソフトを使って整理・活用することで、客観的データにもとづく森林地域ゾーニング計画の策定を目指しています。

**図 5-6　基本方針決定前（2010.6）に全世帯に配布したパンフレット**

#### 4）共有すべき情報の集積統合と提供・共有

本事業では、様々な境界情報について GIS を活用したデータの集積統合を行った。GIS は、オーバーレイ（overlay：重ね合わせ）機能やバッファリング（buffering：緩衝領域）機能等による空間解析機能が森林ゾーニングに有用なため、森林管理のツールとして導入が進んでいる（田中, 2005）[6]。検討委員会や住民意見交換会では、課題に応じて重ね合わせたわかりやすい地図情報を、協議のたびに作成・更新することで、情報の共有に努めた。検討委員にとっても初めて知る情報が多かったため、希望する委員に対しては、事務局が個別に説明した。

検討委員会や住民意見交換会で要望のあったデータのうち、山林内の集落で残していきたい文化遺産として、猪垣、炭焼窯、藍壺、棚田水路や住居跡などの生活遺産について、保全を求める声が多く出された。また、現在その多くが使用されてないが、将来世代に引き継ぎたいものとして、山中で使われていた集落の水源地については、その流域全体を保全したいという意見がいくつかの集落から挙がった。これらの意見に対しては、後日聞き取り及び現地調査を実施し、その結果を迅速に検討委員会資料に反映させることで、①客観的なデータによる検討委員会での審議、②科学的な根拠に基づくゾーニング計画図の策定、③意見を迅速に反映する事務局に対する委員からの信頼につながった。

### （5）「国頭村森林地域ゾーニング計画」策定プロジェクトの運営・進行

合意形成プロセスのデザイン（設計）と同様に、運営と進行についても、創造的な協議に導くための様々な配慮・工夫が必要である。本事業で実施した運営・協議進行の特徴は、①目的・目標の共有、②基本方針による合意形成基盤の醸成、③スケジュールの管理・共有、④ファシリテーションの重視、⑤発言者の意見の反映、⑥ドキュメントの作成、⑦わかりやすい成果物の作成の７点であり、以下に概説する。

### 1）目的・目標の共有

プロジェクトにおける合意を形成する際に最も重要なのは、何のために話し合いを行っているのか、話し合いの結果どのような成果が得られるのかという目的と目標を常に共有することである。本計画の策定では、検討委員会の最初の3回及び最後の2回に本計画策定の目的について確認する発言があり、その都度委員長または座長（ファシリテーター）から語り返しが行われた。繰り返される質問や意見はその事業にとって重要な視点でり、繰り返し説明することで関係者の意識共有を図ることが重要である。

### 2）基本方針による合意形成基盤の醸成

事業計画の策定には、方針のみを策定するレベルから具体的な施工計画まで作成するレベルまで複数の階層をもつことが一般的である。特に法令に基づく計画策定の場合は、国や都道府県が定める上位計画がある場合が多く、市町村では上位計画を踏襲する形で具体的な施策を協議することとなり、それぞれの立場の利害を守るための厳しい合意形成をいきなり迫られる。どのような計画レベルにあっても、厳しい合意形成が予測される場合は、現実的な問題の前に、合意形成が容易なタテマエ論（大きな目標）から話し合うことが重要である。本事業では、上位計画をふまえつつも、森林に関する村独自の基本的な考えを「基本方針」という形で意識共有を図った。加えて、森林と人とのかかわりについて時間軸を大きくとる、すなはち、壮大な歴史意識のもとで議論することで、計画策定の意味や使命感が深まり、その後のゾーニングに関する協議に入る前の関係者間の合意形成基盤を醸成することができた。

### 3）スケジュールの管理・共有

本計画の策定事業は、日常的業務ではなく、「プロジェクト」であることを常に意識し、平成21年度から2年という期間を定め、合意形成プロセスを円滑に進めるための厳格なスケジュール管理を行い、委員会と住民意見交換会および関係機関との協議の緊密な情報共有を実現した。

検討委員会及び住民意見交換会では、前回の協議概要を会議の最初に確認することで、どこまで議論が進み、何が決まったのかを明確に示すことで、協議毎の目標の設定と共有にも努めた。また、協議が計画策定のどの段階に位置づけられ、今後のどのような手順を経て計画が決定するのかを協議の最初に示し、理解を求めるとともに、協議の最後では、今後のプロセスの説明と進行に対する意見も求めた。

### 4）ファシリテーションの重視

ファシリテーションの基礎となる「ステークホルダーのインタレスト分析」については後述するが、協議の場では、「なぜそう思うのですか」という意見をもう一段掘り下げた「意見の理由」を尋ねることが重要である。プロジェクト進行中も発言内容等を常に分析し、意見の対立構造を明らかにすることで、紛争の回避と創造的な合意形成を目指した。

本計画の検討委員会では、①出された意見を否定・批判しない、②意見の理由（なぜそう考えるのか）についても必ず確認する、③参加者全員の発言を目指すこと等を暗黙のルールとしてファシリテーションを行うことで、中立公正な議論が確保され、創造的な議論につながった。

### 5）発言者の意見の反映

検討委員会や住民説明会に参加する人びとの多くは、仕事をもっており、わざわざ自分の時間を割いて課題に取り組む。せっかく意見や提案をしてもきちんと受け止められたのか、反映されたのかどうかもわからない状況が続けば、組織の代表として任命された場合であっても、その協議へ足が遠のくのが心理である。少しでも多くの意見を計画に反映させるためには、きめ細やかな配慮が求められる。協議で使用する計画の事務局案は、その分野の専門技術者である行政やコンサルタントが間違いや指摘を最小限にするよう全力を挙げて作成される場合が多いが、あえて完璧に作らず、欠けている視点をだしてもらう気持ちで参加者の意見が反映される機会を多くすることも手法のひとつである。また、後述するドキュメントの作成では、協議の際の発言内容に加えて、発言をふまえて検討した結果を次回の協議で報告することにより、意見がきちんと反映されていることを丁寧に説明する時間を持つことも大事な手法の一つである。

### 6）ドキュメントの作成

検討委員会及び住民意見交換会のすべての発言について、協議記録を作成した。検討委員会では、前回の記録を検討委員に確認してもらい、自分の発言に間違いや変更がある場合は修正した。

この作業には、①発言がきちんと記録されることで、発言への責任感が増す、②すべてを書き起こすことで協議記憶が鮮明に蘇り、同じ議論の蒸し返しを軽減させる、③「言った、言わない」の議論を避けることができる、④議論に参加できなかった協議の内容を共有できるという効果がある。すべての発言が書き起こされていることで、その場の雰囲気も読み取ることができる。国や都道府県の事業の多くで実施されていることではあるが、可能な限り実行することが、スムーズな運営につながる。

### 7）わかりやすい成果物の作成

国頭村でもこれまで多くの検討委員会やワークショップが様々な組織により行われてきた。今回のように法に基づく協議でもなく、かつ１年以上を費やすプロジェクトでは、話し合いの成果を目に見えるものとすることが、今後の様々な取り組みへの参加意欲の向上につながると考える。わかりやすい成果物としては、まちづくりや自然再生事業などは、話し合って決まった結果が構造物等のハード整備がある。本計画では、話し合いの成果として、簡単な計画の冊子を作成した。簡単な冊子の作成は、①検討委員メンバーの達成感につながる、②村の考え方を外部に発信することを重要な目的のひとつとした本計画の有効な媒体となるとともに、③基本的な考え方について合意を得るためにも有効であった。

その他にも、空間設定（参加者全員の顔が見えるような検討委員会の座席配置：

図 5-7(1)　空間設定例
どんな場所でも参加者全員の顔が見えるような配置を目指す
（第 7 回検討委員会：2011 年 2 月 24 日）

図 5-7(2)　蓄積情報の演出例
60 林齢以上の林分及びリュウキュウマツを抽出した
作業図面をみながら参加者同士で意見交換
（第 1 回住民意見交換会）

**図5-7(1)**)、蓄積された情報の演出（大きな図面やたくさんの情報図：**図5-7(2)**)、全員発言しているか等のきめ細やかな配慮が不可欠である。これらの合意形成プロセスにおける方法論は、プロジェクトの当事者としての経験・実践からのみ蓄積されるものであり、地域特性、プロジェクトの内容によって実に多様であることを忘れてはならない。

## 第３節　ステークホルダーのインタレスト分析

### (1)　合意形成プロセス・デザインの基本的な考え方

合意形成プロセスの初期段階に把握すべき最も重要な要素は、①ステークホルダー、②インタレスト、③ファシリテーターである。ステークホルダー（Stakeholder）は、直訳すると「関係者」を指し、合意形成の対象となる事象に関係するすべての人を意味する。本計画の策定には、多様なステークホルダーが関係している。インタレスト（Interest）は、直訳すると「関心・懸念」であるが、もう一段深い意見の背後にある理由を意味する。インタレストを知るためには、相手の表情の変化までをも観察しながら本心を探ることが大切である。ファシリテーター（Facilitator）は、現在住民参加型のワークショップ等で使われる用語であり、直訳すると「進行係、司会者」である。

社会的合意形成プロセスのなかでも重視すべきことは、「ステークホルダーのインタレスト（関心・懸念）を分析し、意見の対立構造を明らかにして、創造的な解決の方向を見いだす」ことであり、そのためのマネジメント技術やファシリテーション技術の研究も進められている。

多様な関係者の意見を創造的な解決策に導くためには、以下の３段階を経ることが重要である（**図5-8**参照）。

#### 1)　空間の履歴の掘り起しと課題共有

地域空間の価値を考える概念として「空間の履歴」を提唱する桑子は、空間の履歴を理解するためには「その空間に生きたひとびとがその空間をどのようなものとして理解してきたかという考察が不可欠である」としている

(桑子, 1999)[7]。自然保護団体の唱える貴重な動植物の生息域としての学術的・普遍的価値と、林業者の経済的価値のみが語られてきた森林空間に、同じ空間と時間を共有してきた多くの人びとの視点を取り込むことで、多様な価値観を含む豊かな空間を復元する。多様な関係者が各々の地域空間の多様な履歴を掘り起し、課題を共有することが、現在の空間を多角的かつ長期的に捉えた創造的な議論につながる。

### 2）意見の理由と理由の来歴の把握

ある課題に対する現状認識は、関係者の数だけ存在する。参加者の発言のひとつひとつを丁寧に聞き取り、「意見の理由」と「理由の来歴」を把握することが、多様な関係者の意見を合意に導くための不可欠な作業である。「意見の理由」は、意見の背後にあるインタレスト（関心・懸念）を、「なぜそう考えるのですか」といった問いにより常に把握することで、合意の糸口の発見につながる。「理由の来歴」とは、「意見の理由がどのような経緯を経て形成されてきたのか」を意味し、「現在に至る過去からの蓄積であり、また将来への可能性を示す」ものである（吉武, 2011）[8]。合意の鍵となる意見の理由を、その人の空間との関わり・歴史性などのより深い部分を探ることが、創造的な解決策による合意につながる。また、これらの問いは、参加者の発言の尊重につながり、少数意見の価値を見いだし、新たな価値観を醸成する。

### 3）将来ビジョンの構築（合意形成）

計画全体の合意に至るまでには、様々な課題に対する合意を積み重ねる作業が続く。様々な課題に対して、空間の履歴を掘り起しながら共有し、多様な意見に対する「意見の理由と理由の来歴の把握」を繰り返し確認することで、関係者間の信頼関係を深め、創造的な解決策による合意を形成する。創造的な解決策を含む合意には、地域の将来ビジョンが描き出されている。多様な関係者が地域の将来ビジョンを共有することは、計画を実践につなげるために欠かせない手続きである。

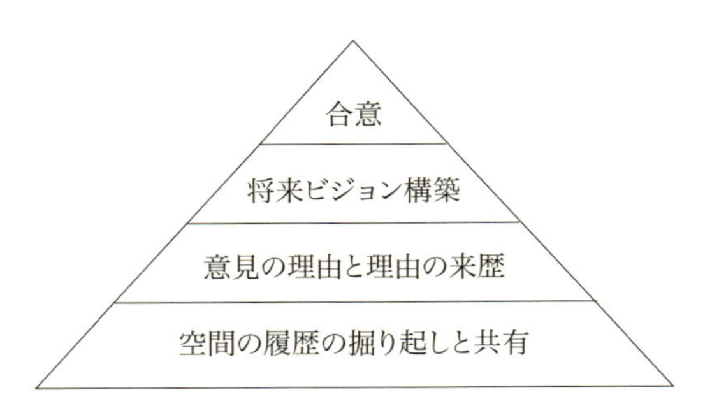


**図 5-8　「社会的合意形成」の構築プロセス概念**

### (2) インタレスト（関心・懸念）の分析

やんばるの森の保全と利活用の対立構造を把握し、解決に導くためには、多様なステークホルダー（関係者）とインタレスト（関心・懸念）の把握と分析が重要である。インタレストは、合意形成の過程で提供される情報や、ステークホルダー間で交わされる意見によって変化するものと、本質的に変わらないものがあるため、事前の各団体へのヒアリングから、プロジェクトのゴールを迎えるまで、常に分析を繰り返すことが重要である。

国頭村の森林地域の保全と利活用の対立構造は、複雑かつ潜在的な二項対立であった。直接的に利害関係のない多くの村民は、水源地として流域全体の保全を望み、現在の補助事業ありきの林業のあり方を批判的に考えながらも、都市部の自然保護論者には反発を感じている。また、これまでの歴史から、森林に人の手を加え続けることは、森林の豊かさや、地域の雇用の確保のためにも重要であることは認識している。検討委員及び地域住民は、国頭村の林業について、「地域住民の意見を尊重しながら、乱伐された森を少しずつ作り直している」という林業者の主張に一方では共感を示していた。しかし他方で、自然保護団体やマスコミ等の世論の反発を意識しつつ、話し合いに参加した。国頭村内外の多様で複雑な思惑を踏まえながら、検討委員会では、保全と利活用区域の設定、林道整備の方針、施業内容等の様々な課題に対する議論が展開された。本計画の策定では、ステークホルダーを以下の

6とおりに分類し、国頭村内のステークホルダー間での合意形成を目指した。本計画の策定過程で把握した、事業に関わる主なステークホルダーとインタレストを**図5-9**、**表5-5**及び以下に示す。

### 1）行政機関

本計画策定の主管である国頭村企画商工観光課は、これまでの国や県との協議をとおして、森林資源を活用したツーリズムの展開のためには、森林地域の利活用区分を国頭村が主体となって策定する必要があると考え、本計画策定事業を実施した。本来森林管理計画の主管である経済課は、国頭村の森林整備計画は森林法に基づいて既に策定しているとの考えで、協議に参加していた。一方、林道を担当する建設課は、林道整備への批判が続くなかで、村として施業方針や林道の見直しを行う必要性を感じており、本計画の策定事業を、多様な関係者での議論の場として期待していた。

本計画の上位機関としては、国有林については林野庁九州森林管理局が、県営林に関しては沖縄県森林緑地課が該当する。その他には、国立公園化を検討している環境省那覇自然環境事務所（出先機関としてやんばる自然環境保護センターが国頭村内に1999年に設置された）や国定公園や天然記念物の管理行政である沖縄県自然保護課等が関係する。沖縄県森林緑地課及び環境省の本計画に対する関心は高く、環境省は検討委員会にオブザーバーとして参加し、県森林緑地課とは県営林の取扱いについて複数回協議を行った。

### 2）森林組合・林業関係者

国頭村森林組合とその作業班からなる林業関係者は現在約50名であり、村内でも就業者の多い職種である。現在行っている林業に対して、検討委員会では、①水源涵養機能の向上や木材生産のために「戦中戦後に乱伐された森を作り直している」、②高度経済成長期のダムや農地改良による大規模伐採に比べると、10年間で年5 haの伐採は「大して切っていない」、③皆伐を行う際には「所有区分に関わらず伐採は必ず集落の許可を得」ており、「環境配慮は行っている」ことが繰り返された。その一方で、沖縄県の地元紙では、毎年のように皆伐現場の写真とともに自然保護団体の抗議の声が掲載されており[9]、自分の仕事への後ろめたさを感じている林業者もいる[10]。保護団体の抗議の矛先はあくまでも沖縄県行政ということもあり、国頭村や林業団体に直接乗り込んでくることは少ないため、保護団体の抗議に対して、国頭村としての考えを発信する機会は少ない。本計画の策定は、国頭村行政として森林の保全と利活用の方針を明確に外部に発信できる好機として、国頭村の一部の林業者は好意的にとらえていた。

#### 3）漁業協同組合、観光・まちづくり団体

本計画の検討委員会では、国頭村の森林管理に関わる機会がほとんどなかった漁業協同組合、商工会、観光・まちづくりNPOの代表が検討委員会に参加した。漁業関係者は、海の幸から森林の劣化を感じており、豊かな漁場であった浜に流入する河川とその流域の保全と再生のための取り組みを、行政や森林組合に対して訴えた。商工会や森林地域でのツーリズムに携わるNPOは、立ち入り制限や森林業等の保全と利活用について協議することを要望した。

#### 4）区長会・地域住民

国頭村20集落の区長の代表である区長会長が検討委員となって本計画の審議が始まったが、地域住民を代表することの重みを訴え、第4回の検討委員会より東部・西部の各地区の代表として区長2名が加わった。区長会長及び東部・西部の代表の計3名が検討委員会に参加したほか、計6回行われた住民意見交換会や、事前の聞き取り調査[11]により地域住民の意見を収集した。林業者と地域住民との長年の信頼関係を反映して、現在行われている伐採への抗議に対し、村民の多くは林業関係者に同情的な発言をしている。住民意見交換会では、人の手が入ってきたことにより現在の生物多様性が保たれてきたのであり、決して手つかずのまま保護してきたためではない、といった意見が複数の区長から発せられ、都市部の保護団体との認識の乖離が感じられた。また、なぜもっと林業の必要性について理解してもらえるよ

う発信しないのかという意見もあった。

事業の中盤に実施した地区別意見交換会では、河川の現状と再生に意見が集中した。また、猪垣、藍壺、炭焼窯、住居跡、古道、棚田への水路等の生活に関わる遺産（文化遺産）を保全・復元し、散策路を整備してツアーなどに活用したいという意見が複数の集落から出された。森林地域の文化遺産については、これまで様々な団体が独自の調査を個別に行ってきたが（国頭村, 1983 [12]、宮城, 2010 [13]、奥間川に親しむ会, 2000 [14]）、森林整備計画に反映されることはなかった。本計画では、森林資源基礎資料として文化遺産を調査し、保全・利活用等の要望をゾーニング計画に反映させた。この他にも、水源地の保全、農産品の付加価値をつけるための流域全体の保全等、様々な住民の生活に関わる重要な視点を本計画に反映した。

### 5）自然保護団体

本計画の検討委員会及び住民説明会での発言はなかったものの、計画策定の重要なステークホルダーである。全国組織の自然保護団体等は、林道建設や森林伐採の中止を訴える「要望書」を沖縄県や国頭村に提出してきた（2007～2012年）。また、弁護士と県内の自然保護論者は、林道建設等の中止を訴える2度の住民訴訟を起こしている（1996年～）。自然保護論者は、国頭村内の森林地域の学術的価値を高く評価し、林業の必要性に対して疑問を持っている。

### 6）研究者

やんばる地域には多くの研究者が関わっている。地元大学の林学、生物学、観光、社会学研究者に加え、森林総合研究所、地球環境研究所等の研究機関の研究者によるプロジェクト等で対象となる機会も多い。本計画の検討委員としては、国頭村に位置する琉球大学演習林の林学研究者をメンバーとし、亜熱帯林における林業の可能性や研究の現状と課題などについての意見が出された。

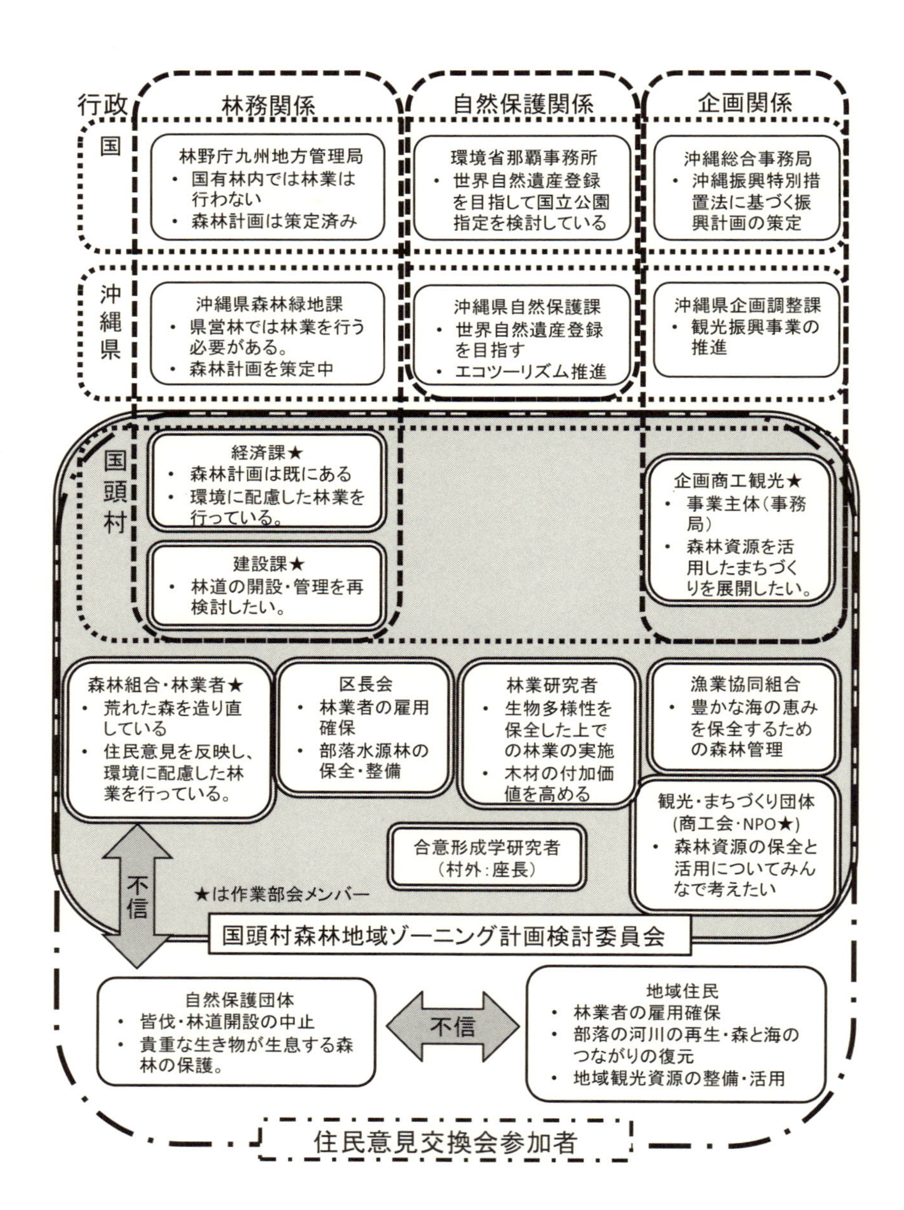


図 5-9　事業にかかわるステークホルダーとインタレスト（本計画策定時点）

## 表 5-5　事業にかかわるステークホルダーとインタレスト分析

**【①行政】**

| 年月日協議 | 所　属 | 発　言 | 意見の理由（インタレスト） | 背　景（理由の来歴） |
|---|---|---|---|---|
| 2010/1/19 委1 | 経済課 | 森林法で村の森林計画は大幅なゾーニングはされている。「森林と人との共生林」だけを対象とした観光に特化したゾーニングでいいのではないか。 | 森林法に基づく森林整備計画がある。行政担当部局（経済課林務班）と林業関係者に任せておけばいい。 | 縦割り・ナワバリが続いてきた。 |
| 2010/5/21 委3 | 委員長 | 水土保全林は流域森林総合整備事業というメニューで、除間伐、保育、植林などを行っている。4区分は慎重におこなうべき。 | ダム事務所が水源涵養林の除間伐を研究・事業化。水源涵養林の捉え方を慎重に捉えておく。 | 保護団体からの林業（伐採）批判へ反発。 |
| | | 今までの起点終点じゃなくて、施業区域までの突っ込み林道でいいのではないかと林野と調整中。 | 林道開設への批判で林業ができなくなっている。 | 林道建設は地域振興につながらない。 |
| | 建設課 | 新規林道事業でもゾーニング計画のようなしっかりしたスタンスがあるといろんな形で事業展開が可能になる。 | 森林保全と利用に関する村の全体計画がなかったために事業展開が難しかった。 | 村の地域戦略の不在。 |
| 2010/7/20 委4 | 建設課 | これは村の将来の地域戦略という気持ちで臨むのと臨まないのとでは違ってくる。 | 計画の位置づけを役場行政内で統一すべき。 | 計画に対する経済課の軽視。 |
| 2010/9/2 委5 | 企画商工観光課 | ツーリズムやセラピー等具体的に人をひきつけるものにできないか。村内の若者の雇用につなげたい。 | 検討会の中で観光資源としての具体的な活用に関する議論が少ない。 | 森林資源を木材生産に限定してきた。 |
| 2011/2/26 住3 | 委員長 | これまで各々で協議していたが、この計画で山だけでなく、河川を整備して海岸の有機物が増え、魚も増えるという一貫性を持たせた事業展開の場合の関係機関との調整時に活かされる。 | 計画の策定を地域振興に役立てる。 | 森林の保全と利活用の計画の必要性。 |

**【②森林組合・林業関係者】**

| 年月日<br>協　議 | 所　属 | 発　言 | 意見の理由<br>（インタレスト） | 背　景<br>（理由の来歴） |
|---|---|---|---|---|
| 2010/1/19 | 森林組合 | 水と照葉樹林の関係を研究してほしい。有益な生物は増殖したい。 | 森林業の創出と研究への期待。 | 森林業への展開。 |
| | | 国立公園化が進まないのはSACO合意・辺野古返還問題が原因。 | 林業者の反対だけではない。 | 国立公園化に絶対反対ではない。 |
| | | 国頭村森林組合独立前の経緯について追加してほしい。 | 地域発展のために独立した。 | 森林組合の地域貢献。 |
| | 林業者 | 緩やかだろうが網をかぶせるというのは抵抗がある。 | 林業ができなくなる。 | 林業の衰退が加速する |
| 2010/2/22<br>委2 | 森林組合 | 照葉樹林は学術的にも貴重な教育的な場所。ただ守るだけでなく研究対象として積極的に使うべき。 | 森林業の創出と研究への期待。 | 森林業への展開。 |
| | | 単純に高齢林全てが生物に重要な山ではない。生物にいい場所を残しながら上手に活用する。 | 闇雲に伐っていない。残すべきところは残している。 | 基礎調査不足。科学的根拠の欠如。 |
| | | 砂防ダムは必要だから作られたが、維持管理がないため川が死ぬ。撤去して自然な川に戻す。 | 人が川を汚してきたのだから、再生するべき。 | 公共事業への疑問。 |
| | 林業者 | 戦後の抜伐りで森が荒れている。若返りにより水源涵養機能向上と二酸化炭素吸収増加を図るべき。 | 理念をもって林業を行っている。 | 林業への誇り。 |
| 2010/3/9<br>住1 | 林業者 | 歴史文化の方面から我々国頭の林業の歴史がある。 | 理念をもって林業を行っている。 | 林業への誇り。 |
| | | 国内では外材で紙を生産し、外国は砂漠化している。日本さえ良ければいいのか。 | | |
| 2010/5/21<br>委3 | 林業者 | 第3者からも配慮していると言えるものを作らないと協議に参加している意味がない。 | 環境配慮を示すことで林業への理解を得たい。 | 保護団体からの批判。 |
| | | 木材拠点産地区域に規制区域があり保護団体につっこまれている。見直すべき。 | 矛盾した計画によって林業者が非難されている。 | 保護団体からの批判。 |

| | | | | |
|---|---|---|---|---|
| | | 辺野喜－佐手造成区間の林道は封鎖しても問題ないと思う。 | 林道の管理を林業者が行う。 | 森林業への展開。 |
| 2010/7/20 委4 | 林業者 | 村の計画に対する意見は？中長期的に考えられていなかった。計画が我々にもわかっていない。 | 林業計画が限られた人で作られている。 | 制度不信？ |
| | | ゾーニング計画は林道だけでも難しい。県と村が違うと都合よく扱われる。なぜ県がいないのか。 | 施業に不利になる計画にするべきではない。 | 林業の公共事業への依存。 |
| 2010/9/2 委5 | 森林組合 | 国頭の山が荒れ果て環境が悪くなったのか、何かいなくなったのか。いつどれだけ減ったか、どれだけの山が必要なのか。 | 伐採で貴重種が減る要素がどこにあるのか。 | 伐採による貴重種への影響は軽微。 |
| | | 県の計画は県が、国頭は国頭の計画を作ればいい。政策がどう変わろうが、国頭はこうしていくと。 | 座長の「県との調整が必要」の発言に対して。 | 県に依存してきた林業からの脱却。 |
| | | 環境省はきちんとパトロールも取り締まりもできるようになったら（新種を）発表してください。 | 環境省は発表するだけ。犯罪者だけつくる。 | 環境省への不信。 |
| 2010/12/17 委6 | 森林組合 | 伐採する場合に部落の同意を得る。昔から水源地は部落のどんな人でも草木1本倒させるなという慣わしがある。 | 集落の考えや歴史を尊重しているし、これからも配慮する。 | 地域との合意による林業。 |
| | | 今経済課と森林パトロールの看板つけて林道は知っているが、それだけでも効果はある。 | 森林パトロールなどの管理も始まっている | 新たな森林管理事業の模索。 |
| | | なぜ県をさしおいて先に県営林まで全部特別保護地区にしたいという話になるのか。 | 自らが林業を規制することは避けたい。 | 林業の衰退。 |
| | | 県営林も国有林も皆保護地区でいいのか。村内だからと勝手にいいのか、協議したのか。 | 集落意見により伊江川流域を守るところにしたことへの反論。 | 村長名で林道建設の署名を提出。 |
| | 林業者 | 山で仕事をしているとレンタカーが不思議なくらい通る。伐採の影響以前に、密猟も何とかすべきでは。林道の監視だけでも十分。 | 貴重種保護のための取組みが行われていない。 | 環境省への批判。 |

| | | | | |
|---|---|---|---|---|
| 2010/12/17<br>委 6 | 林業者 | なぜこんなに砂防ダムが必要だったのか。砂防ダム撤去で考えるべきは農振地域、造成地域、林道の建設。 | 河川の劣化は伐採が原因ではない。 | 公共事業への疑問・批判。 |
| 2011/2/24<br>委 7 | 森林組合 | （白抜きにしても）連続性を持たせたい地域だなというのは読める。 | 村の意見を県に示したい。 | トップダウンの施策。 |
| | | 戦後の復興材としてものすごい抜き取りされたことは入れてほしい。 | 必要とされて伐採されてきた。 | やんばる材貢献の歴史。 |
| | 林業者 | これを出した場合県はそのとなりの隣接する林班はやりにくくなる。 | 村の意見を県に示したい。 | トップダウンの施策。 |
| | | 補助金による造林地は村民の財産。伐るために造林している。 | 理念をもって林業を行っている。 | 林業への誇り。 |

**【③漁業協同組合、観光・まちづくり団体】**

| 年月日<br>協議 | 所　属 | 発　言 | 意見の理由<br>（インタレスト） | 背　景<br>（理由の来歴） |
|---|---|---|---|---|
| 2010/1/19<br>委 1 | 漁業協同組合 | 山から川に栄養分が流れ込むので山も川も大事。砂防ダムが無い場所は保全。河口閉塞で山の栄養が海へ流れない。磯焼け。砂防ダム撤去したい。 | 河川構造物による分断、公共事業による赤土流入による漁業資源の減少。 | 漁獲量・産卵場の減少・劣化。 |
| 2010/2/22<br>委 2 | 漁業協同組合 | 川の貴重な生物の研究とそれを指標とした川の保護。 | 川の調査が不十分。 | 林業ばかり公的に優遇。 |
| | | 生活文化遺産（炭焼き、住居跡）を発掘調査して残すべき。 | 人と自然との関わりの見直し。 | どんどん失われている |
| 2010/5/21<br>委 3 | NPO ② | 切った木をどうするかまで議論しないと持続可能にはつながらない。 | 補助金に頼らない林業経営をすべき。 | 林業として経営が成り立つのか。 |
| 2010/7/20<br>委 4 | NPO ② | 作業道で、アスファルトまではいいのではという話が出るのはいいこと。こういう場があるから出てくる。これをゾーニングにどう結び付けていくかが大事。 | 林道協議が必要。 | 環境負荷を軽減した林業の実践。 |

| 2010/9/2<br>委5 | 商工会 | 立ち入り利用者数の制限。将来的には入山許可証のようなものを使うシステムもとれるのではないか。 | ランの盗掘がかなりある。 | 保全と利用のバランスの難しさ。 |
|---|---|---|---|---|
| 2010/9/24<br>他ﾋｱﾘﾝｸﾞ | 漁業協同組合 | 魚の産卵場が、浜から赤丸崎の湾内にある。比地川を再生してほしい。与那川、佐手川の水量が減っている気がする。 | 自然再生事業が効果があるのではないか。 | 森林・河川の劣化による海の恵みの劣化。 |

**【④区長会・地域住民】**

| 年月日<br>協議 | 所　属 | 発　言 | 意見の理由<br>（インタレスト） | 背　景<br>（理由の来歴） |
|---|---|---|---|---|
| 2010/3/9<br>住1 | 住民 | 国頭村の林業とはどういうものかという事と、森の現状で確認することが大事だと感じる。 | 林業の現状がよくわからない。 | 閉鎖性。 |
| 2010/9/2<br>委5 | 区長 | 記念碑からｶｼﾉｷまでの道を整備して、自然学習や平和学習に利用したい。 | 地域を活性化したい。 | 集落の衰退への危機感。 |
| 2010/9/27<br>住2 | 区長 | 楚洲旧道（楚洲辺野喜線）の再生によるツーリズム。 | 地域を活性化したい。 | 集落の衰退への危機感。 |
| | | 昔の棚田は最高だった。見晴らしもよくて海も見えるから。 | 棚田を再生したい | |
| | 住民 | 比地橋～河口カヌーなどに利用、浜から鏡地までの海岸利用、奥間ターブクの散策路 | 水域の活用で地域を活性化したい | |
| | 区長 | 一番利害関係がでるのは水源。しっかり把握してゾーニングしないと利害が生じる。 | 水源涵養機能向上のための森林整備が必要。 | 保護団体の林業批判へ反発。 |
| | | 山は百年に一度切って若返りしないと保水力が落ちてくる。 | | |
| | | 木が大きくなりすぎて実のなる木が幻。貴重な小木が森林で絶滅する。動物だけじゃない。 | ある程度の伐採は必要。 | |
| | | 前は伐採してもイチゴとかヤンバルクイナもいた。保護団体が伐採やっちゃいかん、枝落としもするなと。 | | |

| 2010/9/27<br>住2 | 住民 | 25年前砂防ダム工事がはいった。河道のコンクリート撤去を要請したが進展はない。これを機会に河川を自然に戻したい。砂防ダムを改善したい。魚道もないから生態系が全部止まっている。 | 豊かな川に再生したい。 | 公共事業による河川の劣化。 |
|---|---|---|---|---|
| | | 宇良川の黒い水の水質を調べてもらったら、那覇のガーブ川と変わらないくらい汚れている | | |
| | | ダムができると、海の貝の背中にトゲがでてきた。アユはたくさんいたのに、今はもう一匹もいない。 | | |
| | | 辺土名の川にエビがいなくなっている。又伊名川なんか（ひどい）。戦前山地名川は沖縄で一番な水といわれていた。今の若いのは寂しいはず。昔はうなぎも釣っていた。 | 水質改善による川の再生。 | 河川の劣化。 |
| | | 農業そのものを流域・奥川の再生によって付加価値をつける。海の再生のためにも水田の再生が重要。 | 水田の再生、流域全体の再生。 | 森林伐採、稲作の衰退。 |
| | | インチキヤードイ（犬付屋取）とイシブルチ（一里塚）は本当に文化遺産。 | 価値が認められていない。 | 文化遺産の消失懸念。 |
| | | 猪垣はやんばるの土地利用のキーワード。 | 価値が認められていない。 | 猪垣の破壊。 |
| 2010/12/9<br>他ﾋｱﾘﾝｸﾞ | 区長 | 砂防ダムが生物を遮断している。ナナメに生きもの用の道を作ってほしい。橋のところで砂も溜まっている。 | 川の生き物がいなくなった。 | ダムによる河川の劣化。 |
| 2010/12/9 | 区長 | ホンダワラ等が、足の踏み場もないほどたくさんあった。長さ50㎝。生活排水のせいか今はほとんどない。 | 復活させたい。 | 水質の悪化等による生き物の減少。 |

| | | | | |
|---|---|---|---|---|
| 2010/12/17<br>委 6 | 区長 | 今開発できるところをもう少し大きくしてもう一度検討してもらわなければ業者も大変だと思う。森林関係が仕事できるように詰めていったら。 | 地域の経済発展を重視している。 | 地域経済の衰退。 |
| | 住民 | 地域の伝統行事で身体を清める川が淀んでいて、毎年再生したいという話になる。 | 河川再生は地域住民の要望。 | 伝統文化の保存。 |
| 2011/2/26<br>住 3 | 住民 | 新聞記事をみると伐採した方が悪いとしか載っていない。こういう計画があるという情報をもっと発信すべき。 | 村の考えがよくわからない。 | 村の発信不足。 |

**【⑥研究者】**

| 年月日 | 発　言 | 意見の理由<br>（インタレスト） | 背　景<br>（理由の来歴） |
|---|---|---|---|
| 2010/1/19<br>委 1 | 「ゾーニング」に対する危惧。 | 保全区域を決めることができるのか。 | これまでできなかった。 |
| | 造林地の現況調査が必要。投資効果があったかどうかの検証。 | 数箇所の調査では生長がよくない。 | 造林地調査を行いたい。 |
| 2010/9/2<br>委 5 | 5ha 皆伐したら下流全般に 20 ～ 30ha に影響をおよぼす可能性もあるという視点で考えていかなくちゃいけない。面積を減らしただけじゃなく、その配置にも気をつかうことが今求められてきている。 | これからは環境配慮をアピールしないと林業は続けられない。 | 環境配慮型林業を求める厳しい世論。 |
| 2010/12/17<br>委 6 | 国頭村全域として面として線を引かくべき。村で地元の意見を集約した形としてこれを提示する。ゆるやかなゾーニングで、実際の利用ではこれをベースに県とまた協議することになると思う。 | 繋げることで生態学的なそれは非常に大きなメリット。 | 計画策定への期待。 |
| | 砂防ダム撤去は伐採とセットになって考えるべき。 | 伐採して 20 ～ 30 年が一番土砂が不安定な時。 | 新たな森林管理事業への期待。 |

## 注

1　桑子敏雄（2011）「社会基盤整備での社会的合意形成のプロジェクト・マネジメント」，猪原健弘編『合意形成学』，勁草書房，東京，pp.179-202.

2　前掲（桑子, 2011）p.183.

3　前掲（桑子, 2011）p.179.

4　前掲（桑子, 2011）p.193-194.

5　宮本博司（2010）「淀川における河川行政の転換と独善」，宇沢弘文『社会的共通資本としての川』，東京大学出版会，東京，pp.395-410.

6　田中和博（2005）「森林ゾーニングにおけるGISの応用と今後の課題」，森林科学43，pp.18-26.

7　桑子敏雄（1999）『環境の哲学』，講談社，東京.

8　吉武久美子（2011）『産科医療と生命倫理―よりよい意思決定と紛争予防のために』，昭和堂，京都．

9　皆伐の中止を求める記事として、琉球新報で7件（2011/1/9、11/7、11/17、11/22、12/5、2012/3/3、9/24）、沖縄タイムスで4件（2010/10/4、12/8、2011/2/24、2012/9/25）を確認している。

10　国頭村森林組合職員及び林業者への聞き取り（2010/9/29）他による。

11　住民意見交換会（2010年3月9日、9月27～29日、2011年2月26日）の事前説明及び意見収集のために、2010年9月17、21～24日、2011年2月15～17日に国頭村20集落の区長を中心に聞き取りを行った。

12　国頭村役場（1983）『国頭村史（二刷）』，第一法規出版.

13　宮城邦昌（2010）「沖縄島奥集落の猪垣保存活動」，p.196-211，高橋春成編『日本のシシ垣―イノシシ・シカの被害から田畑を守ってきた文化遺産』，古今書院，東京.

14　奥間川に親しむ会（2000）清流に育まれて―奥間川流域生活文化遺跡調査報告書―

# 第６章 「国頭村森林地域ゾーニング計画」の内容

「国頭村森林地域ゾーニング計画」は、国頭村が森林法による地域森林整備計画とは独立に国頭村独自の森林地域の将来ビジョンを定め、村独自の考え方として発信するために策定した。具体的な計画策定にあたって、プロジェクト・チームは、現在の様々な関係機関により設定されている複雑な境界を読み解き、これを地図上に示した。さらに、この資料を関係者で共有・認識できるようにし、この共通認識にもとづいて、これまで十分に組み込まれてこなかった地域住民の声を反映させた。このようにして、多様な関係者による合意形成の成果を、「基本方針」及び「ゾーニング計画」という形で表現した。

本章では、合意形成の成果である「国頭村森林地域ゾーニング計画」(2011, 国頭村）の内容について詳しく論じる。

## 第１節 基本方針の策定

### (1) ゾーニングによる地域活性化の目標

保護と利活用が厳しく対立しているなかで、「ゾーニング」という「明確な境界」を設定する場合、最も重要なのは「基本方針」という大きな目標を設定し、まずは合意を得られやすい将来ビジョンから話し合うことである。現実的な問題を議論し、対立する前に、いわゆる「タテマエ論」を展開し、話し合いの場に連帯感をもたせるのである。

基本方針では、やんばるの森のこれまでの役割を示した上で、つぎのような将来像を目標とすることで合意を得た。

国頭やんばるの森は、琉球王朝成立以来、沖縄本島の木材や薪炭の供給に活用されてきました。蔡温による林政の確立後は、林政八書等による森林保護管理の思想と技術による森林の保護育成が行われ、近代以降も戦後の復興材を供給するなど、沖縄本島随一の木材生産地としての位置を占めてきました。

現在のやんばるの森は、4つのダムを要し、水資源を本島中南部に供給することで、水源かん養機能としての需要も高まっています。さらに、生物多様性の高い地域として、また、二酸化炭素の吸収源として、その重要性がますます認識されています。他方、近代化の過程で生じた環境の劣化が多方面から指摘されています。

そこで、国頭村では、やんばるの森を後世に引き継ぐために、その多様な機能をつねに考慮するとともに、一面的な管理を排し、地域の視点に立って、組織横断的な取り組みのうちに、官民協働のなかで総合的・包括的・計画的管理をめざします。

この目標を達成するために、琉球王朝以来の森林保護管理の思想と技術を学びつつ、百年単位の時間的視野をもちながら、「森林のすべての恵みを人と生き物が持続的に享受するための包括的な森林の管理事業」を新たな「森林業」として定義し、その実現を図ります。

とくに重視する点として、多くの固有種を育むやんばるの森特有の生物多様性における価値を保全し、地球環境問題における脱温暖化に貢献するとともに森林を含む河川流域の再生を行い、教育・研究を基調としたツーリズムを振興することにより、観光を含む新たな森林業のあり方を実現します。

上記の目的を実現するために、①残すところ、②守るところ、③再生するところ、④利活用を図るところを区分します。なお、この区分は、客観的なデータにもとづいて、地域の生活・文化の歴史・地域社会の持続可能性を踏まえ、決定します。

（「4. 国頭村森林地域ゾーニング計画」（1）森林地域ゾーニングの基本的な考え方（基本方針）（p 4）」より）

「基本方針」では、時間軸の設定が重要な要素である。森林管理計画では、樹木の生長スピードを考えると、長期的な視野が不可欠である。森林法に基づく森林整備計画では、具体的な林分の造林・整備計画やそれに伴う林道計画の策定に多くの労力と時間を割かれる。基本的な考え方は、上位法にあたる森林・林業基本法で議論された内容を踏まえ、整備計画が策定されるため、地域特性をふまえた将来ビジョンの構築等の基本方針について、改めて議論や検討を行う時間もエネルギーも残されていない。

基本方針の内容についての協議では、①持続可能な資源管理（杣山の境界測量と経営）、②リスク管理（資源枯渇、渇水・洪水の管理）、③風水思想による山林管理（魚鱗型造林法）を特徴とする林政を確立した蔡温（1682-1761）の林政（『林政八書』）、戦時中は激戦地となった中南部の住民にとって最後の砦として、戦後は、復興材の供給、そして現在は水がめとしての過去から現在に至るやんばるの森の役割について、基本方針の検討作業を経る過程で共有することとなった。

また、平成13（2001）年に国頭村が策定した「北部訓練場・安波訓練場跡地利用計画」の審議会で生まれた造語「森林業」は、その後の村の土地利用計画等でも「森林のすべての恵みを人と生き物が持続的に享受するための包括的な森林の管理事業」として定義づけられ、国頭村の森林資源管理の将来ビジョンを象徴する言葉として、本計画の基本方針に盛り込まれた。

ゾーニング計画は、自然の保護・保全だけでなく、地域が持続的に森林に関わっていくことができるための基盤づくりを目的とするものであり、検討委員会は、基盤づくりのための具体的な課題を**図6-1**のように表現した。

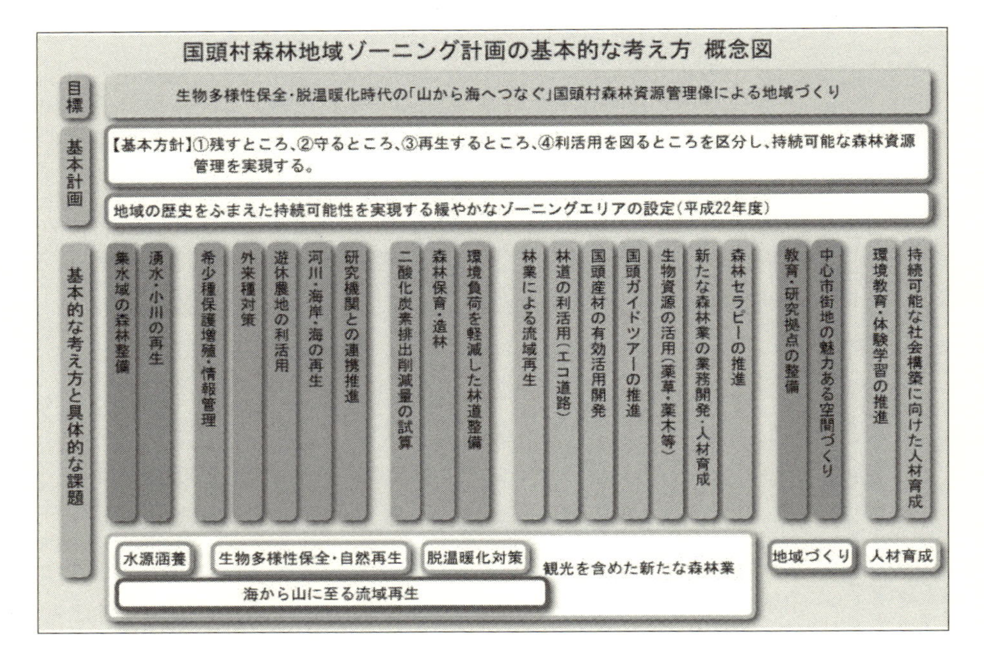


**図 6-1 ゾーニング計画にもとづく持続可能な森林資源管理実現のための各種事業**

（「出典:4．国頭村森林地域ゾーニング計画」(1) 森林地域ゾーニングの基本的な考え方（基本方針）（p 4）」より）

### (2) 「残すところ」「守るところ」「利活用を図るところ」「再生するところ」
### —ゾーニング区分の基本方針—

計画では、基本方針の協議の段階で、森林法で定められている機能３区分にとらわれず、村独自の４区分を設定することとなった。４区分の基本方針は以下のとおりである。

持続可能な森林資源管理を実現するために、**①残すところ、②守るところ、③再生するところ、④利活用を図るところ**を区分します。

「**①残すところ**」は、極力手をつけずに現状を維持する地域とし、自然公園法、鳥獣保護法で定められた特別保護区等とします。ただし、これらの地域についても、学術的な研究活動については、統合的な情報管理のもとで行えるようにします。

「**②守るところ**」は、地域の生活・文化の歴史を示す多様な遺物・遺跡等を保全し、ノグチゲラ、ヤンバルテナガコガネ等の希少種の生息地は、積極的な保護活動の対象とし、希少種情報の管理、生物多様性の保全等の活動を行います。

「**③再生するところ**」は、海から山への全体を視野に置き、近代化の過程で劣化した海岸・砂浜、湧水（泉）、小河川を含む河川、森林とします。そのために、「流域単位の再生」の視点からゾーニングを行います。森林の再生は、生物多様性と豊かな森林像の両面から検討して行います。

「**④利活用を図るところ**」は、地域の生活・文化を維持、発展させる人々の利用に資する地域とします。木材資源の循環利用、環境教育、ツーリズム、地域資源に関する研究等の活動を行います。

（「4．国頭村森林地域ゾーニング計画」(2) 基本方針に基づく森林地域ゾーニングのための４区分（p 5）」より）

図 6-2 基本方針に基づく森林ゾーニング計画 4区分のイメージ

計画当初、「境界線を明確にしない」という意味で「ゆるやかなゾーニング」を基本方針としていたが、それ以上の「ゆるやかさ」を与えたのが、「再生するところ」による「重層的ゾーニング」である。「ゾーニング」とは「区分する」ことを意味するが、特定地域にひとつの価値機能を定める、意味づけすることに固執することによって深刻化した保全と利活用の対立に「創出」を加えることで、「ゆるやかなゾーニング」の意味がより豊かな内容となった。「再生するところ」は、国頭村の独自性を示す概念として、また社会的合意形成プロセスを得た成果として、重要な役割を果たすこととなった。

## 第２節　GISデータによる基礎情報の集積統合

プロジェクト・マネジメントのうち、プロジェクトに関する大量で複雑な情報を把握・分析することが最も時間を要する重要な作業である。ステークホルダー（関係者）が多様であれば、それぞれの知識の質や量は多様となる。プロジェクトについて発言する上で必要な条件として、合意形成の基礎となる情報を多様な関係者にわかりやすい形で示し、共有することである。そのためには、特殊な専門用語を極力避け、わかりやすい図表を作成するなどの工夫が必要である。加えて、協議の中で求められた新たな情報を迅速に収集整理し、協議に反映させることも必要である。本事業においては、GIS（地理情報システム）を活用したデータの集積統合を行い、わかりやすい情報の提供に努めた。検討委員会や住民意見交換会で要望のあったデータのうち、文化遺産や貴重種の情報については現地調査を実施し、その結果を迅速に検討委員会資料に反映させることで、客観的なデータによる検討委員会での審議、及び科学的な根拠に基づくゾーニング計画図の策定につながった。

国頭村の森林地域のゾーニングを検討するために、国、県、村の各行政機関の法規制区域及び上位計画の境界・ゾーニングに関係する資料、地域の自然特性を示す流域情報、植生、野生生物の生息状況等の自然環境情報、森林と人との関わりを示す、施業内容、観光・レクリエーション施設、文化遺産の分布等について、可能な限りの既存資料の収集に努めた。本計画策定事業の予算は限られているため、基礎情報や上位・関連計画に関する GIS データは、森林総合研究所の既往整備データの提供を依頼し、作業の効率化・省力化に努めた。既存資料が十分に整っていない分野や、協議の過程で重要性が高いと判断した分野については、現地補足調査や聞き取り調査等で補い、可能な限り GIS によって精度（縮尺）を統一して図化することで、わかりやすく表現することを心がけた（**表 6-1**、**図 6-3** 参照）。

収集した主な地図情報について、以下に概説する。

**表 6-1　森林地域ゾーニングの検討項目**

| 分類 | 法令・項目等 | 内　容 |
|---|---|---|
| Ⅰ法規制 | 鳥獣保護法 | 鳥獣保護区（国・県）：特別保護地区 |
| | 自然公園法 | 沖縄海岸国定公園（県）：特別保護地区、特別地域 |
| | 文化財保護法 | 天然記念物：天然保護区域（国指定） |
| | 森林法 | 保安林 |
| Ⅱ上位・関連計画 | 国土利用計画法 | 国頭村第三次国土利用計画：自然維持エリア、自然エリア、農業エリア、商業エリア（国頭村，2010）1 |
| | 地方自治法 | 第3次国頭村総合計画・基本計画：農用地、森林、原野等（国頭村，2002）2 |
| | 森林法 | 第3次地域管理経営計画（沖縄北部森林計画区）機能類型区分：水土保全林、森林と人との共生林、資源循環利用林）（九州森林管理局，2008）3 |
| | | 沖縄北部地域森林計画書（2009.4-19.3）機能類型区分：水土保全林、森林と人との共生林、資源循環利用林（沖縄県，2008）4 |
| | | 国頭村森林整備事業計画（2009-13）機能類型区分：水土保全林、森林と人との共生林、資源循環利用林（国頭村，2009）5 |
| | やんばる森林生態系保護地域計画（案） | 保存地区（コアエリア）、保全利用地区（バッファゾーン）（国有林取扱検討委員会，2009）6 |
| | 拠点産地育成計画 | 国頭村木材拠点産地区域（沖縄県，2007）7 |
| Ⅲその他 | 流域情報 | ○　既設治水ダム流域・砂防ダム 8<br>○　取水位置・主要水源地 9<br>×　治山ダム（林野庁） |
| | 現存植生 | 環境省公表資料：自然植生、リュウキュウマツ群落 10 |
| | 施業履歴 | ○　高齢林（60林齢以上の林分※森林簿の林齢を参照）11<br>×　小林班単位の施業履歴（面的整理の不備）と造林地の経過（調査が行われていない）<br>○　林道（県・村）12 |
| | 観光関連施設 | ○　環境教育的施設、レクリエーション施設、散策路 |
| | 傾斜区分 | ○　25度以上（GIS） |
| | 希少種生育・生息地 | ○　貴重種分布（渓流植物、動物）13<br>○　繁殖地（カエル類、ウミガメ類、トゲネズミ等）14<br>○　特定植物群落 15<br>×　環境省データ（調査不足・貴重種保護のため） |
| | 文化遺産 | ○　生活跡（藍壺、炭焼、住居跡）、昔道、猪垣等 16 |
| | 地域の要望 | ○　再生・保全等を希望するエリア<br>○　散策路等で今後利用したいエリア等 |

※「Ⅲ その他」の内容の×は、情報不足等により検討が十分でない項目を示す。

型区分（森林法）、やんばる森林生態系保全地域計画（案）（林野庁）がある。このうち国頭村内の森林地域は、その所有区分によって国・県・村それぞれが森林法に基づく森林整備計画を策定しており、詳細は第4章で述べたが、それぞれの計画によって、第一に目標とする機能を設定している。（**図6-5**参照）。

### （4）現存植生

やんばるの森の履歴は複雑である。現存植生図（環境省生物多様性センター、GISデータ（**図6-6**参照）で「自然植生」と表現されている森林でも、薪炭林として利用された期間の長い林分が回復した場所や、里からのアプローチが比較的容易だったために抜き切りがひどく、実はそれほど回復していない林分などが、モザイク状に分布している。加えて、冬の北西に吹く季節風への配慮なく開設された林道周辺には、風害により衰弱している林分もみられる。

国頭村の潜在自然植生は、山地部の大半がスダジイ－ヤブツバキ群落である。現在のスダジイ自然植生がそれに該当するが、実際は手つかずの原生植生ではなく、抜き切りなどが行われていた植生が大半を占めることが、聞き取り調査や、森林総合研究所の調査で分かっている（齋藤, 2011）[19]。そのため、施業履歴が残っていない「原生的な森林」（参照：佐藤ら, 2011）[20]、現存植生図のカテゴリー区分の「自然植生」を、ゾーニング検討の重要なファクターとして抽出した。

この他、ゾーニング検討の上で重要な要素として、「60林齢以上の林分」及び「リュウキュウマツ林」を抽出した。抽出は、1972（昭和47）年以降の森林簿（沖縄県）及び縮尺5千分の1の林班図（国頭村）を使って、それぞれの分布を林班図で着色した。「60林齢以上の林分」については、森林簿に施業履歴が記録されていない林分を抽出し、GISデータを作成した。リュウキュウマツ群落は、尾根部や急傾斜地に自然分布する群落であるが、大面積でまとまっている地域のほとんどは、皆伐後に播種されて成立した人工林である。リュウキュウマツ群落は、森林簿に播種・植栽履歴のある林分を林班図上に着色したうえで、現存植生図（環境省）のカテゴリー区分「リュウキュウマツ群落」の分布とオーバーレイして比較した。その結果、ほぼ同様の分布であることを確認したため、環境省提供の現存植生図 GIS データのうち、該当する群落のみを抽出し、図化した。

### (5) 施業履歴

国頭村内の施業履歴は、1963 年から森林簿及び林班図（縮尺 5 千分の 1）で記録されており、環境省や沖縄県等の事業として、森林総合研究所が整理・解析を行っているが、平面図での記録に不明瞭な部分が多く、その整合は難航している。本計画では、近年の施業区域として、1998 年から 2009 年の収穫区域及び 2010、11 年の収穫計画区域を GIS 化するとともに、前述した「60 林齢以上の林分」以外の区域を施業履歴のある区域として、ゾーニング区分の検討要素とした（図 6-5 参照）。

### (6) 林道

保全と利活用の対立で、常に問題視されているのは、林道の建設についてである。大宜味村から国頭村の中央、県道 2 号にかけて脊梁山地に添うように 1995 年に建設された大国林道に始まり、国頭村内には網の目のように林道が整備されてきた（**表 6-2**）。

GIS ソフトのバッファリング機能を使って、現況林道の両側 400 m[21] と、施業対象であるイタジイ林（自然植生・代償植）及びリュウキュウマツ群落の分布を重ね合わせた図を作成した（**図 6-7** 参照）。第 3 回検討委員会では、この図により林道の必要性、今後の林道整備のあり方についての議論が展開し、これまでの恒久的な林道建設ありきの議論から、作業道（起点終点のない突っ込み林道）による既設林道を利用した施業の可能性について、新たな提案が生まれた。

### (7) 希少種生育・生息地

残すべき・守るべき森林を設定するためには、極相林・自然林に近い林分、生物多様性の高い林分の抽出が必要である。極相林・自然林に近い林分に

**表6-2 国頭村内の林道**

| 区分 | 名称 |
| --- | --- |
| 広域基幹 | 奥与那、大国 |
| 県営 | 伊地、与那、佐手与那、我地佐手、佐手辺野喜、辺野喜、チイバナ、我地、宇嘉、伊江、奥II号、伊楚支線、楚洲 |
| 村営 | 浜I号、辺土名、安波、辺野喜I号、奥間<br>辺野喜II号、尾西、チヌフク、与那、浜II号、謝敷、宜名真 |

ついては、前出した現存植生図（環境省）及び林齢図（森林総合研究所）による面的な分布と、自然度・多様性の高さを示す指標種（その多くは天然記念物、絶滅危惧種などに指定されている）の点的な分布の両方を重ね合わせて評価する。指標種の多くは、その個体数も少なく、市場価値が高い種もあるため、分布情報を集積している環境省はデータの提供に慎重である。本計画では、国土交通省（沖縄総合事務局北部ダム事務所）が1993（平成5）年から2002（平成14）年にかけて実施した、本島北部地域のダム候補地調査資料（渓流植物・動物分布図面等）の提供により、国頭村の主要河川の渓流植物の生育分布のGISデータを作成した（**図6-8**）。渓流植物は、植生自然度の高い渓流であることを示すものであり、その流域の自然度を把握する目安として活用した。

環境省からの森林地域の貴重種の分布情報は、貴重種保護の観点から、その多くがメッシュ図であったため、林班や流域単位で検討する本計画の区分に反映させることは難しかった。プロットデータとしては、国頭村が有する海岸域のウミガメ類の繁殖地の分布図で、GISデータを作成した。ウミガメの繁殖地は、周辺の河川の健全性・自然度の高さを示すものとして参照した。

希少種情報は圧倒的に不足していたため、補足調査を行った。調査のための費用はなかったため、最も効率的に、かつ環境を指標する種を把握するための調査方法を検討した。その結果、林道を使った夜間調査により、カエル類の分布を把握し（2010年6月26日、12月11日）、GISデータを作成した（図6-8参照）。カエル類は、水陸両方を生息環境にもつため、環境変化を受けやすい生き物である。また、繁殖期の鳴き声は、種類によって全く異なるため、種ごとの生息状況を把握しやすい。

### （8）流域情報

国頭村には、県管理の二級河川が10、村管理の普通河川が24、合計34河川が流れている。河川には、大規模ダムが3箇所、砂防ダムや流路工が33箇所あり、ほとんどの河川が横断構造物による何らかの問題を抱えている（**表6-3**、**図6-8, 9**参照）。また、国直轄のダムが国頭村に3基（辺野喜ダム、普久川ダム、安波ダム）、東村に2基（新川ダム、福地ダム）、大宜味村に1基（大保ダム）あり、すべてが導水管でつながり、その水を中南部に送っている。加えて国頭村西海岸に注ぐ主要な9河川（武見、座津武、宇嘉、辺野喜、佐手、佐手前、与那、宇良、比地）の河口部には取水ポンプ場が設置されており、それらもすべて中南部に送られている。

国頭村の各集落は、ダム建設によりその多くが各集落の水源を利用しなくなった。国頭村民の1割が集まる辺土名集落は独自に辺土名川上流域に水源をもち、奥間集落、米軍保養施設、大型リゾートホテルは、比地川に水源をもつ。それ以外の浜集落から辺戸集落にかけての西海岸の集落は辺野喜ダムの水を簡易水道として利用している。奥集落は奥川を、安田集落は安田川を水源とし、楚洲集落及び安波集落は、安波ダムの水を利用している。第2回住民意見交換会では、ダムを水源とする集落から、現在は使用していない集落の水源地の保全を要望する意見が多く出された。

## 表 6-3　国頭村の河川・横断構造物・取水堰一覧[22]

| No. | 地区 | 河川名 | 水系名 | 所管 | 砂防ダム | 流路工 | 取水堰 | 保全 | 再生 | 備　考 |
|---|---|---|---|---|---|---|---|---|---|---|
| 1 | 浜 | 田嘉里川 | 田嘉里川 | 県 | 1 | | 1 | ○ | ○ | (大宜味村) |
| 2 | 比地 | 比地川 | 比地川 | 県 | 1 | | 3 | ○ | ○ | |
| 3 | 奥間 | 奥間川 | 奥間川 | 県 | 2 | | 5 | ○ | ○ | 奥間区他簡易水道 |
| 4 | 辺土名 | 辺土名川 | 辺土名川 | 普 | | | | | ○ | |
| 5 | | 又伊名川 | 又伊名川 | 普 | 2 | 1 | 1 | ○ | ○ | 辺土名区簡易水道 |
| 6 | | 山地名川 | 山地名川 | 普 | | | | | ○ | |
| 7 | 宇良 | 宇良川 | 宇良川 | 普 | 1 | 1 | 1 | | ○ | 辺土名区簡易水道 |
| 8 | 伊地 | 伊地川 | 伊地川 | 普 | 2 | 1 | | | | |
| 9 | | | ウン川 | 普 | 1 | | 1 | | | 取水堰 |
| 10 | 与那 | 与那川 | 与那川 | 県 | 2 | | 1 | ○ | ○ | 取水堰 |
| 11 | | | スンバ川 | 普 | | | | | ○ | |
| 12 | 佐手 | 佐手前川 | 佐手前川 | 普 | 1 | 1 | 1 | | | 取水堰 |
| 13 | | 佐手川 | 佐手川 | 普 | 1 | | 1 | ○ | ○ | 取水堰 |
| 14 | | | 佐手大川 | 普 | 1 | | | | ○ | |
| 15 | 辺野喜 | 辺野喜川 | 辺野喜川 | 県 | 国 | | 2 | ○ | | 辺野喜ダム(国)<br>※辺戸～浜簡易水道 |
| 16 | 宇嘉 | 宇嘉川 | 宇嘉川 | 普 | 1 | 1 | 1 | | ○ | 取水堰 |
| 17 | 宜名真 | 大兼久川 | 大兼久川 | 普 | | | 1 | | ○ | 取水堰 |
| 18 | | 武見川 | 武見川 | 普 | 県 | 1 | 1 | | ○ | 宜名真ダム(農水) |
| 19 | | 宜名真川 | 宜名真川 | 普 | 1 | | | | | |
| 20 | | 座津武川 | 座津武川 | 県 | | | | | | |
| 21 | 奥 | 奥川 | チヌフク川 | 普 | 1 | | | | ○ | |
| 22 | | | 奥川 | 県 | 1 | 1 | 1 | | ○ | 奥簡易水道<br>※自然再生事業実施中 |
| 23 | 楚洲 | 伊江川 | 伊江川 | 普 | | | | | ○ | |
| 24 | | 楚洲川 | 楚洲川 | 普 | 1 | 1 | 1 | | ○ | |
| 25 | | 我地川 | 我地川 | 普 | | | | ○ | | |
| 26 | | 伊部川 | 伊部川 | 普 | 1 | | 1 | ○ | | 東海岸(安田・楚洲)簡易水道 |
| 27 | 安田 | 安田川 | 安田川 | 普 | 1 | | | | ○ | |
| 28 | | | ウイヌ川 | 普 | 1 | 1 | 1 | | ○ | 取水堰 |
| 29 | | | ハルミチ川 | 普 | 1 | | | | ○ | |
| 30 | | | ヤマナス川 | 普 | | | | | ○ | |
| 31 | | | 安田幸地川 | 普 | 1 | | | | ○ | |
| 32 | 安波 | 安波川 | 安波川 | 県 | 国 | | 3 | ○ | 下流 | 安波ダム(国)、安波簡易水道 |
| 33 | | | 床川 | 県 | | | | ○ | | |
| 34 | | 普久川 | 普久川 | 県 | 国 | | 1 | 残 | | 普久川ダム(国) |
| 二級(県)10、普通24 | | | 34 | | 28 | 9 | 26 | | | |

凡例
所管：県（県管理）、普（普通河川、村管理）
※砂防ダム、流路工、取水堰の数字は、構造物の数を示す。
※保全、再生の○は、地域住民等からの要望があった河川を示す。

### (9) 地形・地質

国頭村の地質は、粘板岩、砂岩などの古生層を基盤とし、黄色土や赤色土の国頭マーヂと呼ばれる土壌で覆われている。北端の西銘岳（420m）から最高峰の与那覇岳を中心とした脊梁山地を境に、東側と西側で異なっている。地質の違いを反映して、地形も異なっており、米軍北部訓練場のある東海岸安波区周辺は広大な緩斜面が広がっており、容易にアプローチできることから、大径木の抜き切りが盛んに行われていた。一方西斜面は、小河川を中心とした急斜面地が多く、下流域の集落によって薪や薪炭林利用が行われていた。

林業適地の選定には、斜面の向きと傾斜角度の情報が重要である。GIS機能のラスタベース地形解析を利用して、傾斜区分図を作成した（**図6-9**参照）。

### (10) 観光関連施設

第3章で示したとおり、国頭村の森林地域の主な観光資源は6箇所であり、現場で管理を行っているのは、比地大滝（比地、国頭村観光物産㈱）、国頭村森林公園（辺土名、国頭村森林組合）、やんばる学びの森（安波、NPO法人国頭ツーリズム協会）、大石林山（辺戸、㈱南都ワールド所有・管理）の4か所である。この他にも、与那覇岳、伊部岳登山道（旧林道を利用した散策。国有林）、大国林道等の林道が、民間のドライブマップで紹介されているため、本来観光地として整備されてない地域に様々な問題が起こっている。

### (11) 文化遺産（生活遺産）

森林地域の保全と利活用を考える中で、森林地域で営まれてきた生活や文化の名残の保全・利活用について、強い関心があることが、地域住民への聞き取り調査から明確になった。詳細は第2章に示したとおりであり、猪垣、藍壺、炭焼跡、住居跡、古道、水路橋等の比較的最近まで生活の中で利用されていた文化遺産（生活遺産）について、既存資料のほかに、現地調査を実施して、位置や保存状態等を把握した（**図6-10**参照）。特に、奥区の猪垣、安田区の藍壺跡、宇嘉区の棚田水路、楚洲区の住居跡は、今後保全しながら散策ツアーなどで利活用したい地域として、ゾーニング区分に反映させた。

　森林地域に関わる法規制区域等をオーバーレイしていくうちにわかったことは、国・県・村レベル、部局毎に実にさまざまな目的に応じたゾーニングが行われており、関連計画間で整合性がとれていないことである。GIS ソフトにより情報を重ね合わせたことで、特定の空間に多様な価値観が重複していることを、多様なステークホルダーに対して視覚的に表現したことが、「ゆるやかなゾーニング」につながったと考える。

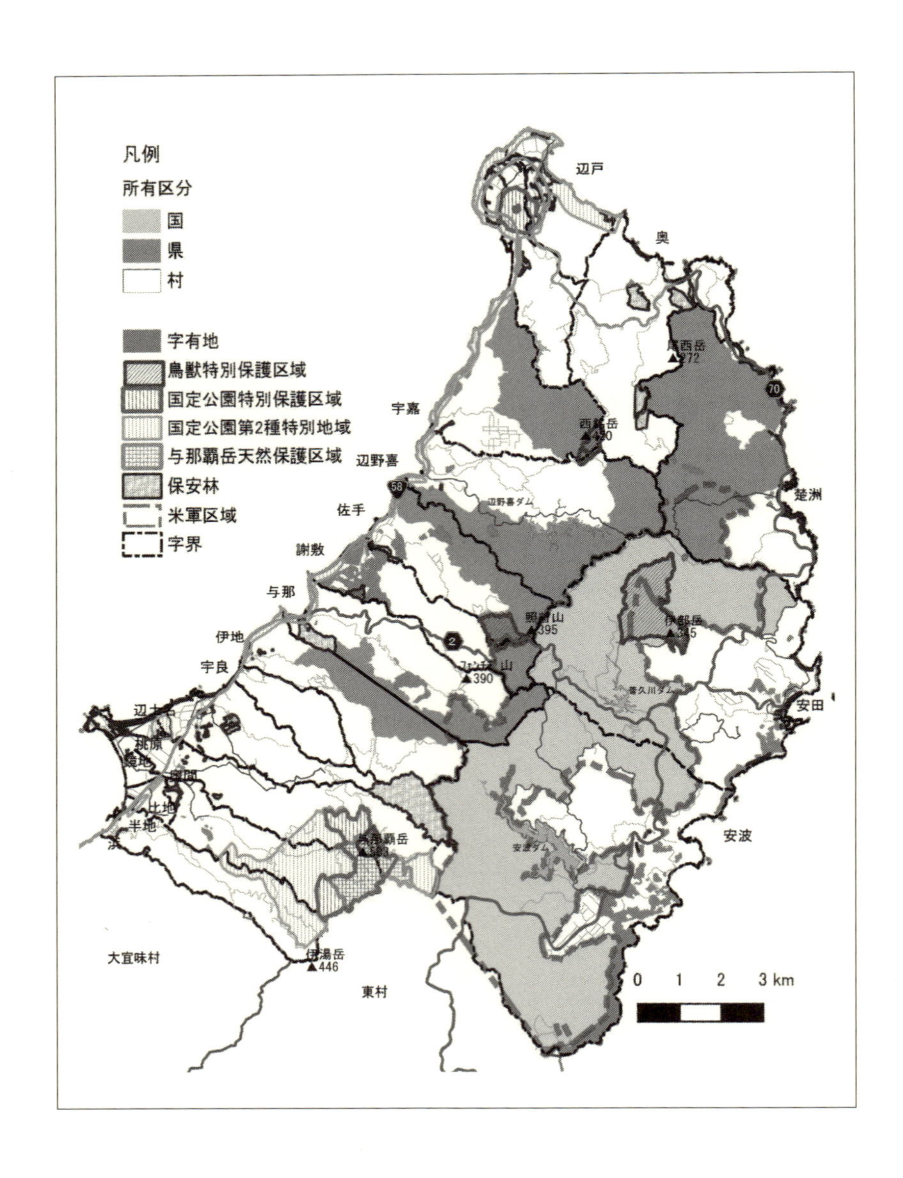


図 6-4　所有区分及び法規制区域（口絵 p9 参照）

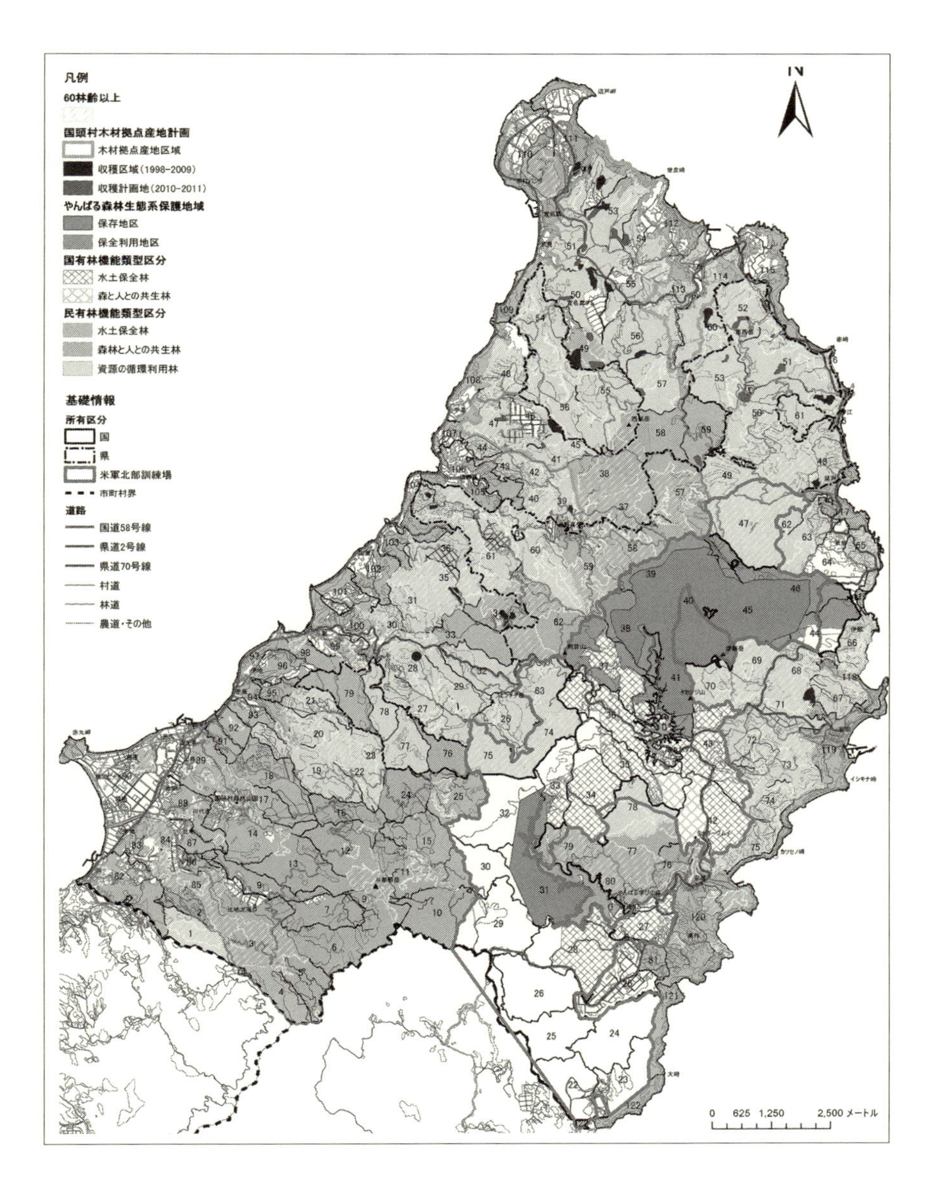


**図 6-5 森林計画図及び施業履歴・計画**（第 5 回検討委員会資料：口絵 p10 参照）

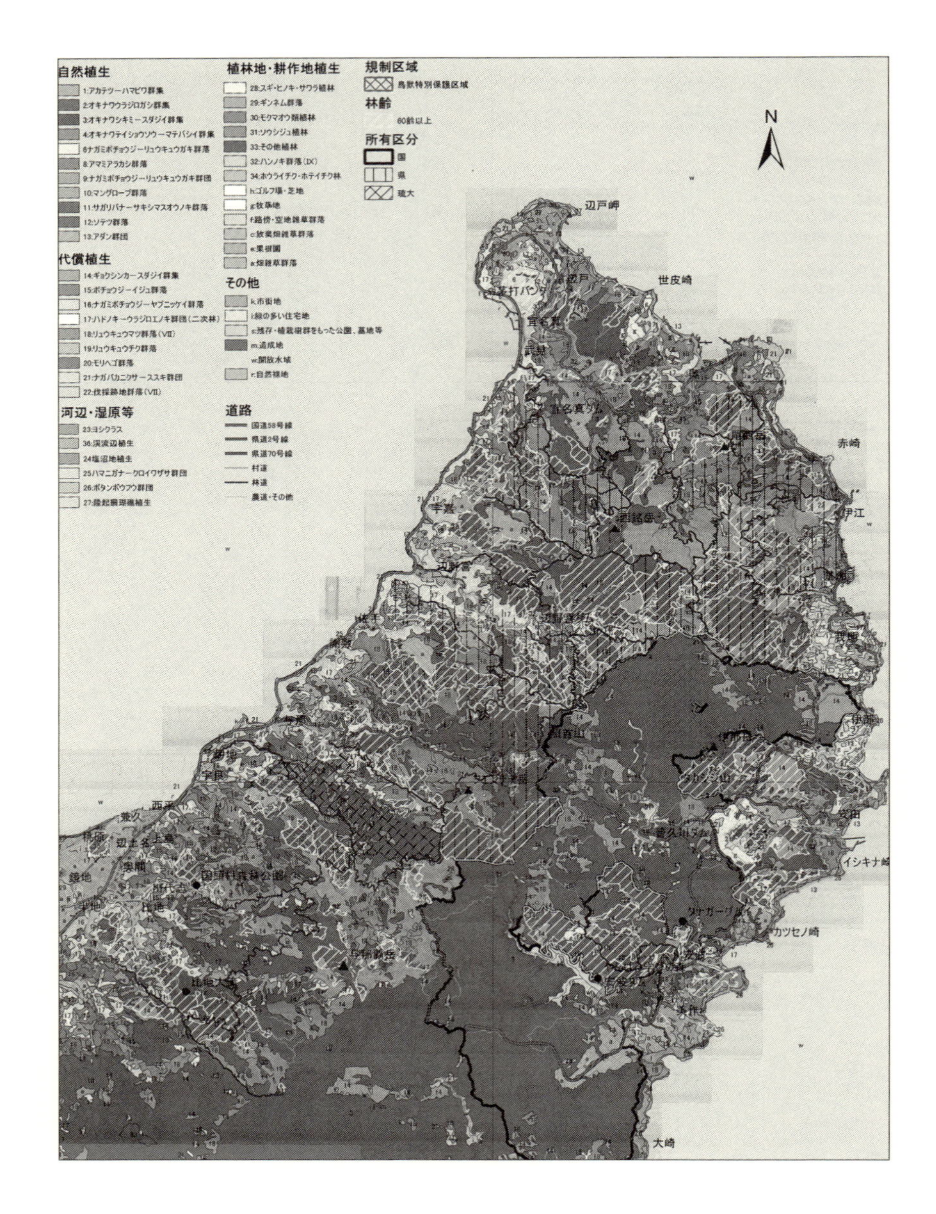


**図 6-6　現存植生図**（第 5 回検討委員会資料：口絵 p11 参照）

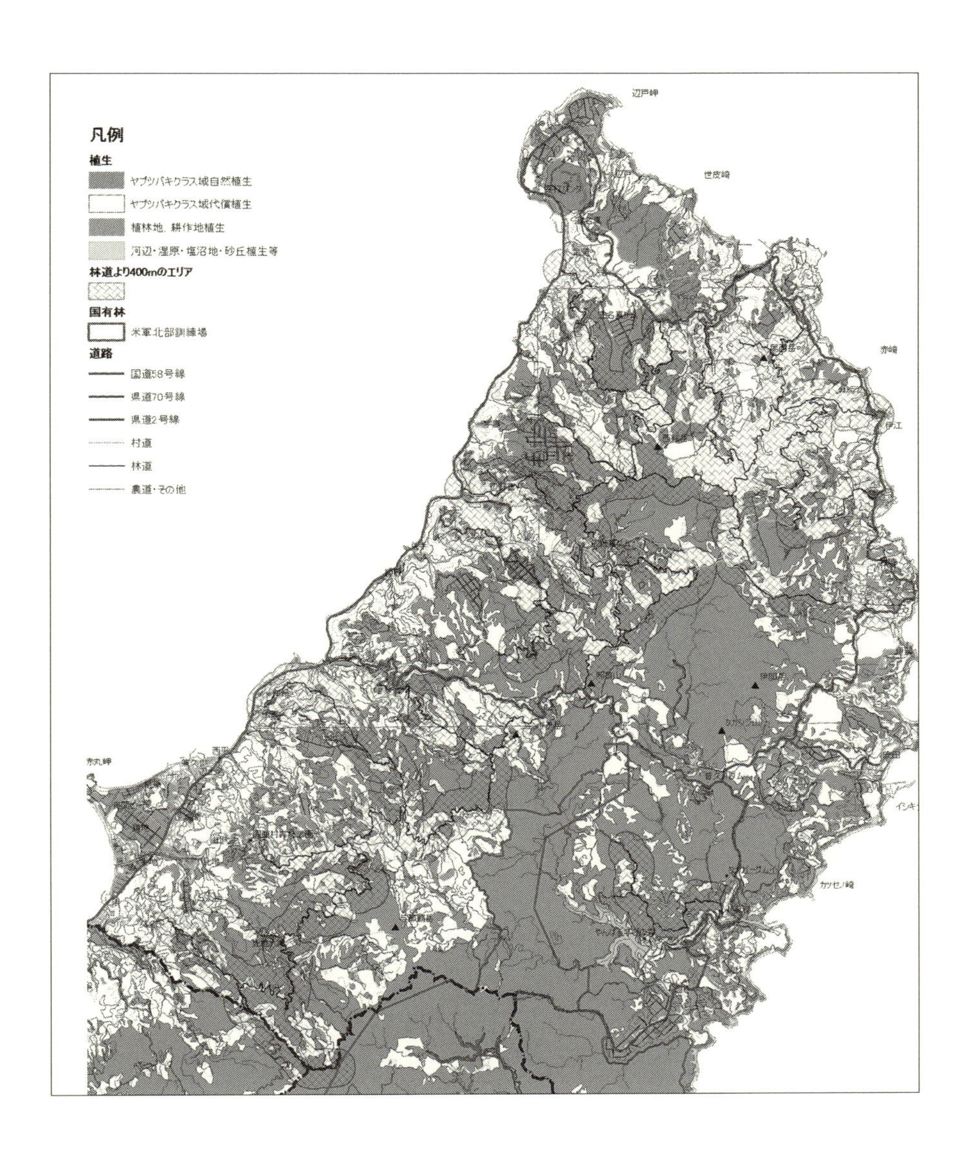


**図 6-7　イタジイ林・植林地と林道から 400 mの範囲**
（第 3 回検討委員会資料：口絵 p12 参照）

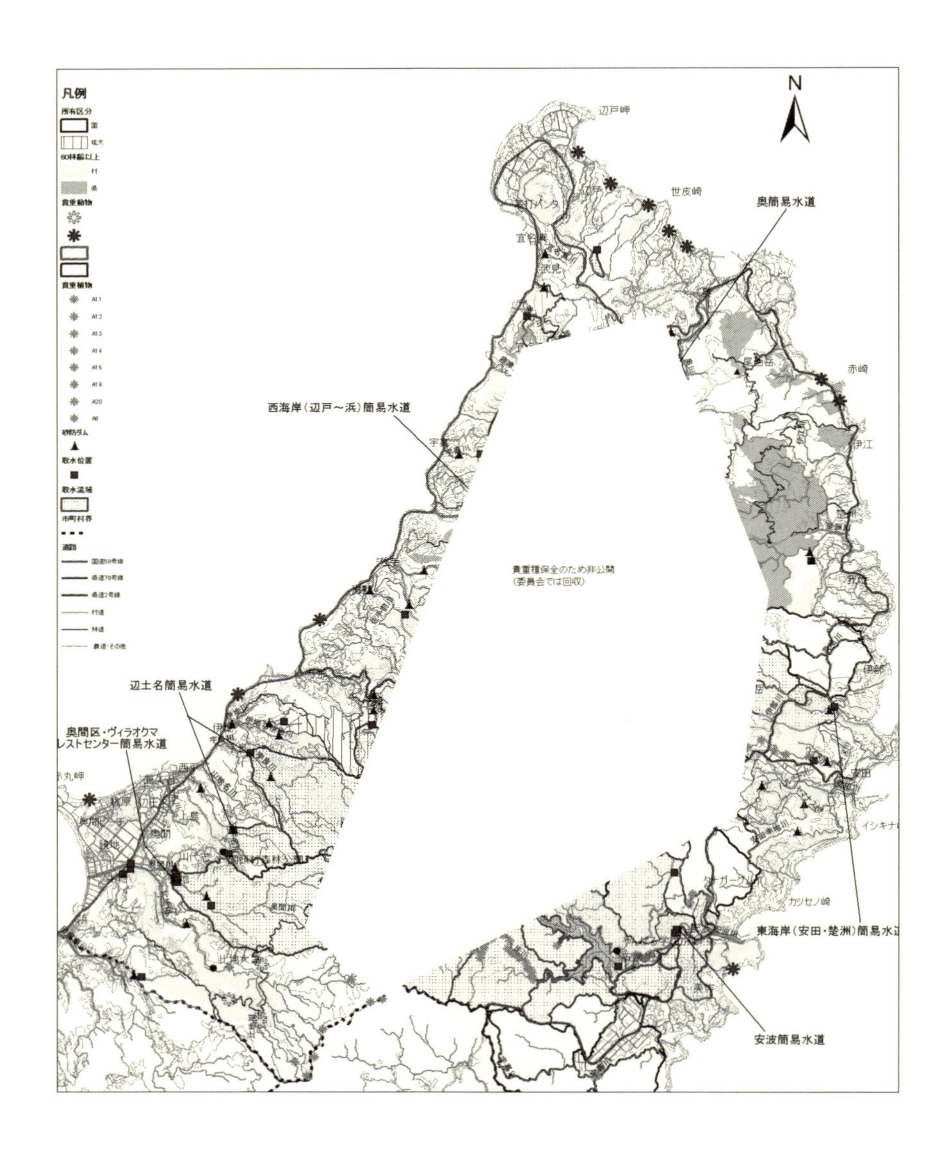


図 6-8　流域情報・希少種分布・60 林齢以上の林分（第 4 回検討委員会資料）

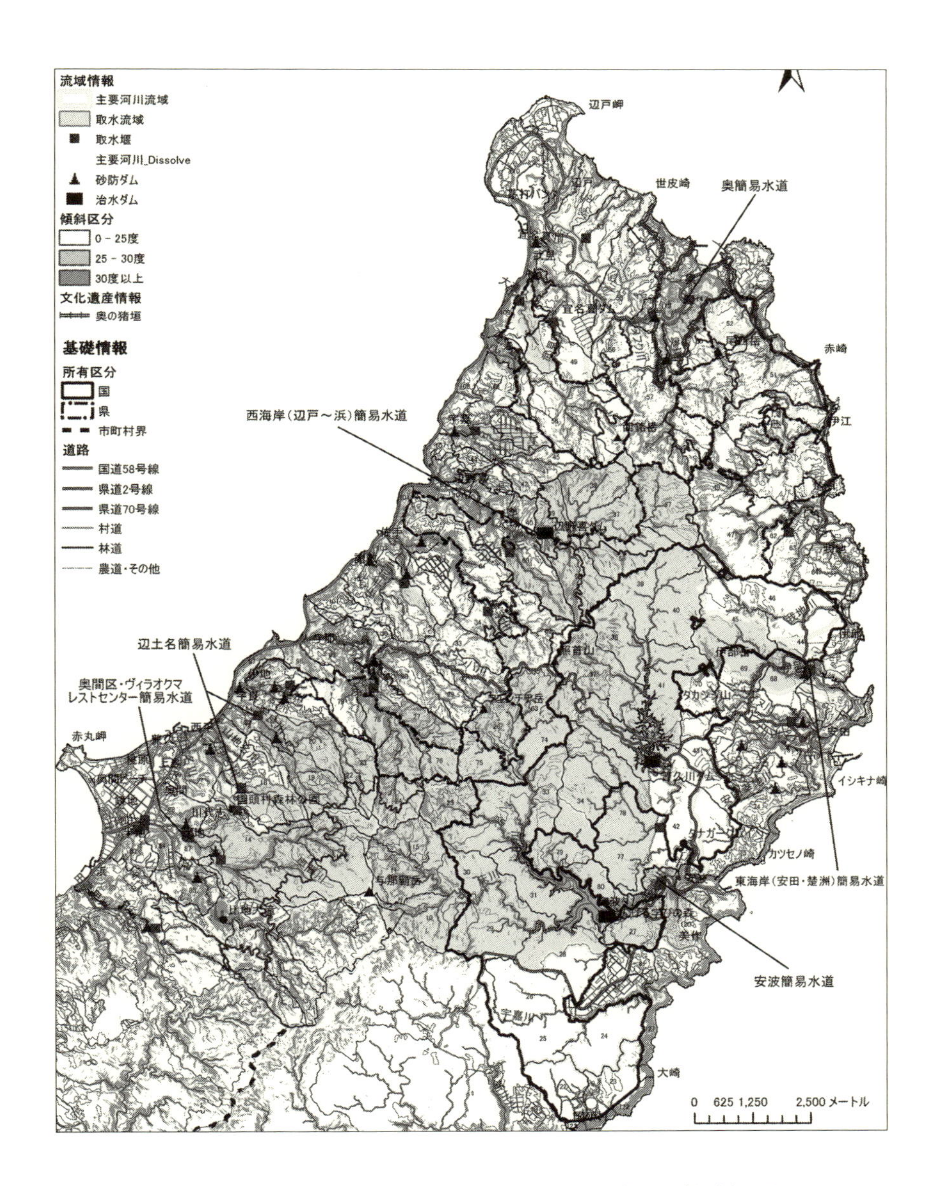


**図 6-9　国頭村の流域情報（主要河川、取水堰等）及び傾斜区分図**
（第 5 回検討委員会資料：口絵 p13 参照）

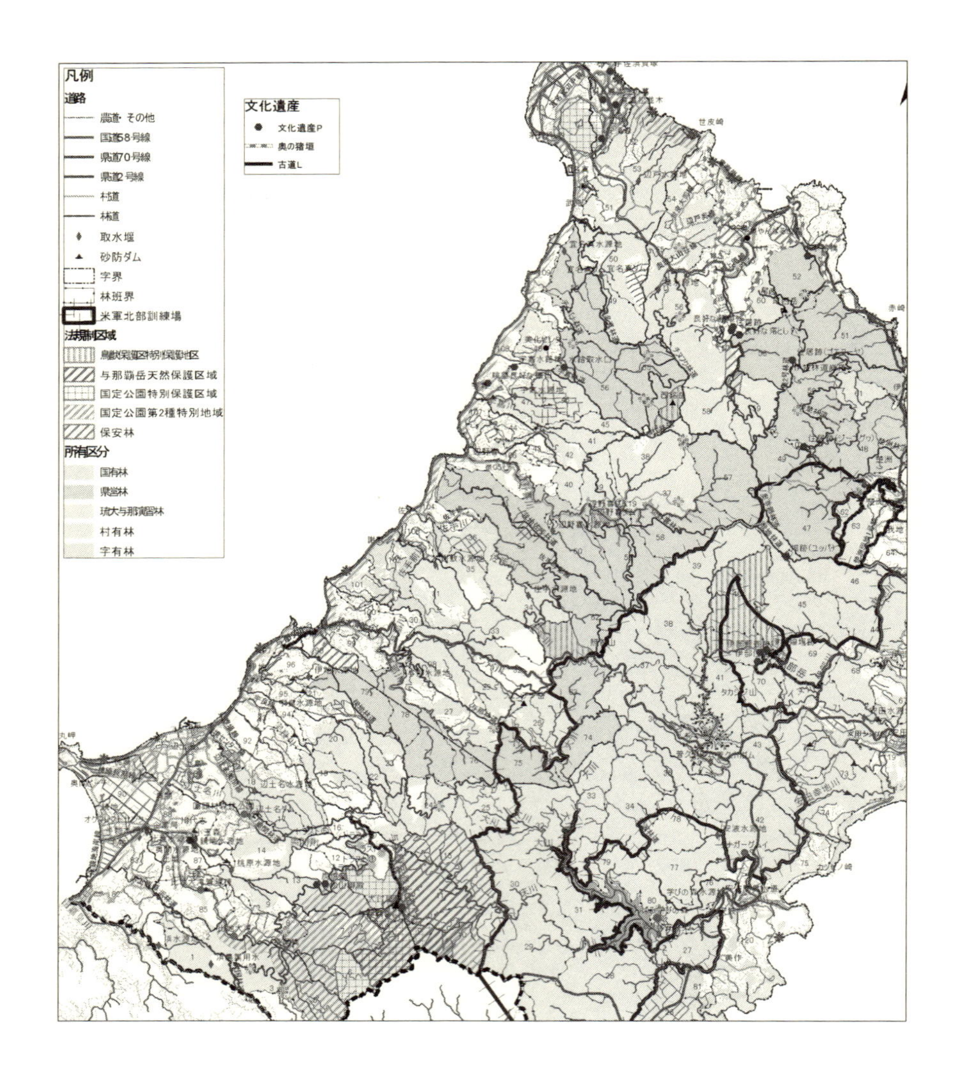


**図 6-10　文化遺産等位置図**（第 6 回検討委員会資料：口絵 p14 参照）

## 第3節 「ゾーニング計画図」の作成

### (1) 「残すところ（保存）・守るところ（保全）」の抽出

ゾーニングの前提条件となるのが、法規制区域及び森林法に基づく地域森林計画等の上位計画である。国頭村内には、環境省所管の自然公園法及び鳥獣保護法、文部科学省所管の文化財保護法による規制区域がある。これらのうち、伐採や立入制限のある地区をまずは「残すところ（保存：preservation）」として設定した。また、国有林に関しては、既に米軍基地返還後のゾーニングが行われているため（沖縄県北部国有林の取り扱いに関する検討委員会, 2009）[23]、「保存地区（コアエリア）」を「残すところ」、「保全利用地区（バッファーゾーン）」を「守るところ（保全：conservation）」として設定した。

次に、森林法に基づく地域森林計画の「森林と人との共生林」を「守るところ」として設定した。当地域は、国頭村が策定した「国頭村森林整備計画」において、「伐採を控える地域」として独自に定義されている。最後に、ゾーニングの基本方針である「連続性の確保」を目的として、研究者の聞き取り調査と航空写真解析により「原生的な森林」として抽出された地域（佐藤ら, 2011）をそのまま「残すところ」として設定した。

ここまでを「残すところ・守るところ」として保全を優先する地域の抽出とし、次に木材生産を行っていく地域の抽出に入った。

### (2) 「利活用を図るところ」の選定

国頭村内の森林地域の人工林率は約20％と低く、その多くは、県営林に分布する伐期を過ぎた7齢級（約35年生）のリュウキュウマツ林である。森林簿及び現存植生図よりGIS化したリュウキュウマツ林の分布をもとに、木材生産を目的とした「利活用するところ」を抽出した。プロジェクト・チームは、以上の作業を事務局及び作業部会で行い、ゾーニング計画図原案（**図6-11**参照）として検討委員の意見を求めた。図面とあわせて、ゾーニング区分ごとの利活用の具体的な内容についてもゾーニング計画図原案の対応表という形で作成した（**表6-4**参照）。

## 表 6-4　ゾーニング計画原案図に対応する検討資料（第 5 回検討委員会資料）

| 国頭村森林地域ゾーニング区分 | | ①残すところ | ②守るところ |
|---|---|---|---|
| ゾーン区分概念図 | 利用 | 学術研究 | 森林業・環境教育 |
| | 機能 | 生物多様性保全機能 | 水土保全機能 |
| 基本概念 | | ・極力手をつけずに現状を維持<br>・法令による特別保護地区等 | ・生活・文化等多様な遺跡等の保全<br>・希少種の生息地を積極的に保護 |
| 具体的方針 | ・連続性のあるゾーニング（回廊の設定）<br>・緩衝地帯の設定（区分①と④は隣接しない） | 研究目的以外の利活用は行わず、自然の遷移に任せる。 | ・自然環境への影響を配慮した環境教育的ツーリズムの実施。<br>・生物多様性保全のための森林管理を優先し、伐採は控える。 |
| ●利活用条件・制限● | | ①残すところ | ②守るところ |
| 林業関連（経済・建設課） | 伐採対象 | ― | 人工林のみ<br>長伐期（60 年以上）<br>急傾斜地を避ける |
| | 伐採方法 | ― | 択伐を基本<br>皆伐は極力控える |
| | 植栽・保育 | ― | ○水土保全・生物多様性を目的とした森林管理 |
| | 天然改良林施業 | ― | |
| | 林道の開設 | ― | △（仮設作業路のみ） |
| 環境教育・ツーリズム（企画課） | 立ち入り | ― | ○利用者数の制限 |
| | 散策路 | ― | △地形改変不可 |
| | 施設 | ― | ○研究・教育目的の施設整備 |
| | 林道の利活用（エコ道路） | ― | ○ |
| 野生生物保護（企画・建設課） | 学術研究 | ◎ | |
| | 希少種保護 | ― | ◎対象種の生息環境整備 |
| | 密猟防止 | ◎林道管理（利用制限） | |
| | 外来種駆除 | ― | |
| 森林業（経済課） | 生物資源の活用（薬草木） | ― | ○ |
| | 遊休農地の活用 | | |
| | 森林業の業務開発 | | |
| 自然再生事業(企画・建設・経済課) | 流域再生（集水域森林整備） | ― | ○ |
| | 湧水・小川の再生 | | |
| | 河川・海岸・海の再生 | | |

| ③再生するところ | ④利活用を図るところ | 備　考 |
|---|---|---|
| 自然再生事業 | ツーリズム・セラピー | |
| 二酸化炭素吸収機能 | 木材生産機能 | |
| ・流域単位の再生<br>・豊かな森林像からの森林再生・整備 | ・木材資源の循環利用<br>・環境教育・ツーリズムによる利用 | |
| ・自然再生・水源涵養機能の向上等を目的とした事業の実施<br>※②④区分と重複するエリア | ・自然資源を利用したツーリズムの推進（施設・散策路の整備等）<br>・木材生産の 100 年循環利用計画の策定 | |
| **③再生するところ** | **④利活用を図るところ** | **課　題** |
| ヤブ化した二次林・若齢林等 | 人工林主体<br>通常伐期 (30 年以上)<br>急傾斜地を避ける | 100 年循環利用計画<br>(10 〜 15 ha/ 年の収穫で設定) |
| 目的に応じて実施 | 皆伐（架線・ﾊﾞｯｸﾎｳ集材）<br>1 カ所 5ha まで<br>隣接地は 5 年以上避ける | 表土流失防止対策 |
| ◎水源涵養機能を高める | ◎早生樹種・有用樹種の植林・保育、水源涵養機能向上 | 水源涵養機能向上のための施業<br>(研究成果を反映) |
| ○ | | 関係者との調整 |
| ◎積極的活用 | | 適切な利用者数の設定・制限方法 |
| ○未舗装 | ◎環境に配慮した整備 | |
| ○目的に応じた施設 | ◎環境に配慮した施設整備 | |
| ◎積極的活用 | | |
| ○ | | 生物多様性保全のための基本的考え方 |
| ◎多様な環境の創出 | ○ | |
| ○パトロール | | |
| ◎ | | |
| ◎積極的活用 | | 新たな森林業の検討 |
| ◎ | ○ | 具体的施策 |

| Ⅰ．法規制区域、Ⅱ．上位計画からの設定 | | ①残すところ | ②守るところ |
|---|---|---|---|
| 鳥獣保護法 | （国）鳥獣保護区 | 特別保護地区（796 ha） | |
| 自然公園法 | （県）国定公園 | 特別保護地区（467 ha） | 第2種特別地域（750 ha：択伐） |
| 文化財保護法 | 天然保護区域（国指定） | 与那覇岳（71.9 ha） | |
| 森林法 | 保安林 | | ○ 949 ha |
| 国有林取扱い検討委員会（H21.3） | やんばる森林生態系保護地域 | 保存地区（ｺｱｴﾘｱ：896 ha） | 保全利用地区（ﾊﾞｯﾌｧｰｿﾞｰﾝ：428 ha） |
| | 機能類型区分 | | 水土保全林 |
| | | | 森と人との共生林 |
| 村木材拠点産地計画 | 拠点産地区域 | | |
| | 機能類型区分 | | 森林と人との共生林（2,034 ha） |
| その他設定根拠 | | ①残すところ | ②守るところ |
| 植生 | 自然植生 | ○ 60 林齢以上（全体：8,512 ha@ 植生図） | |
| （施業履歴） | リュウキュウマツ群落 2,854 ha 植生図 | | ○ 3,858 ha |
| 林齢 | 高齢林（60 年生以上） | ○ 3,121 ha（民有林の 25%、県 1602、他 1518 ha） | |
| 流域情報 | 主要水源地 | | |
| | 流域自然再生事業 | | |
| ツーリズム施設 | 環境教育的施設 | | |
| | レクリエーション施設 | | |
| 区分参考項目 | | ①残すところ | ②守るところ |
| 村森林計画機能類型区分 | 水土保全林 | | ○（4,257 ha：35%） |
| | 森林と人との共生林 | | ○（2,034 ha：16%） |
| | 資源循環利用林 | | |
| 村国土利用計画 | 自然維持エリア | ○ | ○ |
| | 自然エリア | | ○ |
| 傾斜区分 | 25 度以上 | | ○ |
| | 25 度未満 | | |
| 貴重種 | 植物、カエル類、トゲネズミ等 | ※作業中 | |
| 文化遺産 | 生活跡（藍壺、炭焼、住居跡） | ※調査中 | |
| | 昔道、猪垣等 | | |
| 流域情報 | 既設ダム流域・取水位置 | | ○ |
| | 既設砂防ダム | | |
| | 湧水・小川 | | |

〈凡例〉◎：該当する　　○：部分的に該当する

| ③再生するところ | ④利活用を図るところ | 制限等 |
|---|---|---|
| | | 禁伐 |
| | | 禁伐 |
| | | 現状変更許可制 |
| | | 伐採規制 |
| | | 禁伐 |
| （水源かん養タイプ） | | 間伐・萌芽更新・択伐 |
| （森林空間利用タイプ） | | 皆伐は行わない |
| | ○ 2,873 ha | |
| | | 伐採を控える |

| ③再生するところ | ④利活用を図るところ | 出典等 |
|---|---|---|
| | | 環境省相観植生図（1998 年空中写真判読） |
| （民有の 31%、県 993 ha、他 2865 ha@ 森林簿） | | |
| | | 森林簿（民有林） |
| 奥間・辺土名・辺野喜 | | |
| 奥・安田・辺土名・比地川 | | |
| ○森林公園、学びの森 | | |
| ○ | | |

| ③再生するところ | ④利活用を図るところ | 出典等 |
|---|---|---|
| 標準伐期＋10 年林分を対象とし、伐採箇所を分散 | | 国頭村森林整備事業計画（H21 ～ 25 年） |
| 伐採を控える | | |
| ◎（6,189 ha：50%） | | |
| | | 国頭村第三次国土利用計画（H22 ～ 31 年） |
| ○ | ○ | |
| ○ | | （株）北海道地図「Terrain」(20 mﾒｯｼｭ計算） |
| ○ | ○ | |
| | | |
| | | |
| | | |
| ○ | | |
| ○ | | |
| ※調査中 | | |

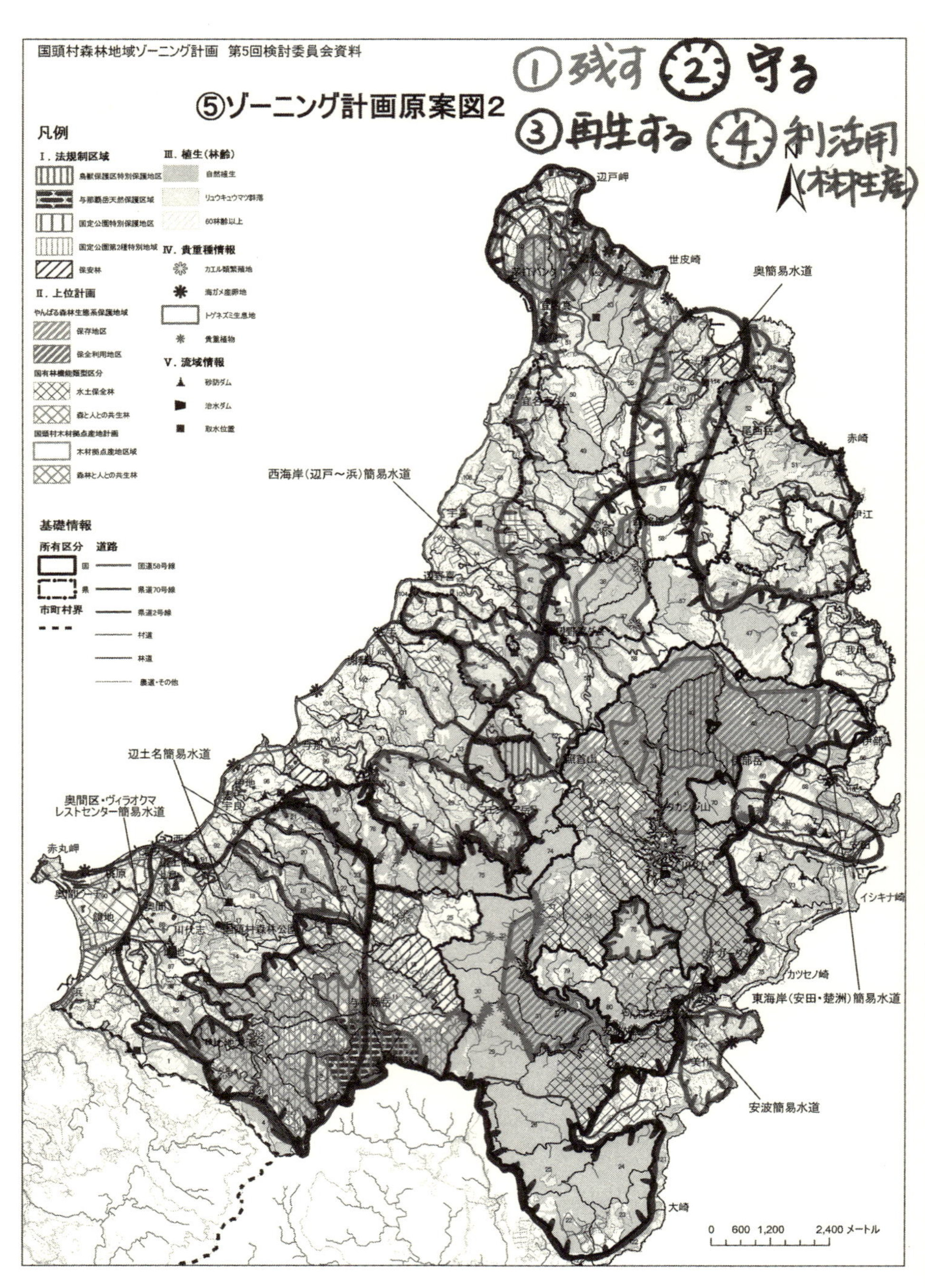


図 6-11　作業部会で作成したゾーニング計画原案（第 5 回検討委員会資料）

図表で示された利活用区域における具体的な内容は、林業の規制に直結する問題であり、議論が紛糾した。皆伐面積の上限の設定や、伐採対象とする林分の特定への反発が林業者から挙がり、各区分の考え方と区分設定の見直しが作業部会で続いた。国頭村で行われている林業は、イタジイの優占する天然林を伐採し、その多くをパルプチップとして利用している。リュウキュウマツは、美しい木目をもち、市場価値が高まる可能性が高いといわれているものの、現在の市場は公共工事の支柱材が多くを占め、知名度も低いため、人工林であるリュウキュウマツを主体とした林業への転換は、短期間では困難であるとの意見であった。

地区別住民意見交換会での意見や、県営林担当部局との調整の結果、県営林エリアは「調整を要するところ」として「白抜き」で表現することで、合意が形成された。

### (3) ゾーニング区分の基本方針及び区分ごとの具体的内容

森林法による森林整備計画で行われている類型区分の特徴は、①林分を単位に、②最も優先する機能を決定することである。長所として、①具体的な整備計画をたてやすい、②機能的（施業履歴などの整理が容易）であり、短所として、①本来の連続性が無視され、②保護区域と利活用区域が隣接することが挙げられる。

本計画では、森林地域の生物多様性を保全するために「まとまり」と「つながり」を重視し、区分にあたっての基本方針を明確にした。

> 収集・整理した情報をもとに、「①残すところ、②守るところ、③再生するところ、④利活用を図るところ」を区分しました。区分に際しての基本方針は以下のとおりです。
>
> 1. 連続性の確保
>
> 多くの固有種を育むやんばるの森特有の生物多様性を保全するために、「①残すところ」と「②守るところ」の各エリアが、極力連続的に分布するように配慮しました。

2. 緩衝地帯の設定

「①残すところ」の周辺に「②守るところ」を緩衝地帯として配置することで、「①残すところ」と「④利活用を図るところ」は極力隣接しないように配慮しました。

3. 流域単位の検討

「③再生するところ」は、山から海までの流域単位の再生を検討できるように設定しました。

（「4. 国頭村森林地域ゾーニング計画（4）「国頭村森林地域ゾーニング計画図」とその説明（p 8)」より）

以上の基本方針に基づき設定した各区分の概要、及び保全・利活用の具体的な内容を、**表6-5、6**及び以下に示す。

**①　残すところ**

法令等で土地の改変、伐採等が規制されている地域を中心に、辺戸安須森地域、西銘岳－伊部岳地域、照首山西地域、安波ダム上流地域、与那覇岳周辺地域の5箇所に設定しました。特に、西銘岳－伊部岳地域は、原生的な森林が残っていることが研究者より指摘されているため、連続性の確保を目指します。

研究目的以外の利活用は極力行わず、自然の遷移に任せます。研究機関等と連携しながら、生物多様性保全のための保護活動や森林管理を優先し、林道等の新設、自然散策路等の整備は行わないものとします。今後は、環境教育やツーリズムで利用する場合のルールづくり等を検討します。

**②　守るところ**

「①残すところ」の周辺地域に設定することで、緩衝地帯の役割を果たします。上位計画で伐採を控える地域として設定されている地域や、地域の要望として、主要水源地や流域全体を保全したい地域等に設定しました。

新たな森林業の創出のための資源の保全・研究や、自然環境への影響を配慮した環境教育的ツーリズムや森林セラピーでの活用（奥川流域文化遺産、伊部岳散策路、やんばる学びの森等）及び施設整備、生物多様性及び水源涵養機能の向上等を目的とした森林整備、自然環境に配慮した森林施業等を行います。

今後は、既設林道を利用して、希少野生生物の盗掘・乱獲パトロールの体制や、外来種の駆除活動を、関係機関と連携しながら検討します。

### ③　再生するところ

地域において流域単位の自然再生または保全を希望する、比地川・奥間川・辺土名川・宇良川、与那川、佐手川、宇嘉川、大兼久・武見川、奥川、伊江川・楚洲川、安田川・伊部川、安波川下流域を設定しました。

本地域では、水源涵養機能の向上を目的とした森林整備を行うことにより、林業による流域再生を行います。また、山から海までの有機物や生物のつながりを再生するために、現況の河川構造物の改善等を積極的に検討します。

なお、本地域は、流域単位の再生を目指すため、その他のゾーニングエリアと重複して設定しました。

### ④　利活用を図るところ

「①残すところ」及び「②守るところ」以外のすべての地域を、「④利活用を図るところ」として設定しました。

農林漁業等の一次産業の振興、自然・文化資源を利用したツーリズムや推進のための施設・散策路の整備を行います。

林業については、伐採に関しては、皆伐は１か所 5ha 以下とし、隣接地での連続した伐採は避けます。また、早生樹種や有用樹種の植林・保育を積極的に行います。国頭産材の有効活用の開発に努め、将来的には人工林を主体とした森林資源の循環利用を 100 年計画で目指します。加えて新たな森林業の業務開発のために、生物資源（薬草・薬木）の活用等に積極的に取り組みます。

（「4. 国頭村森林地域ゾーニング計画（4）「国頭村森林地域ゾーニング計画図」とその説明（p 8-9)」より）

**表 6-5　森林地域ゾーニング区分の概要（①設定根拠）**

| ゾーニング区分 | | ①残すところ | ②守るところ | ④利活用を図るところ |
|---|---|---|---|---|
| Ⅰ法規制 | 鳥獣保護法 | 特別保護地区 | | |
| | 自然公園法 | 特別保護地区 | 第 2 種特別地域 | |
| | 文化財保護法 | 天然保護区域 | | |
| | 森林法 | | 保安林 | |
| Ⅱ上位計画 | 国土利用計画法 | 自然維持エリア | 自然エリア | |
| | 森林法<br>（村森林整備計画） | | 森林と人との共生林<br>水土保全林 | 資源循環利用林 |
| | やんばる森林生態系保護地域（案） | 保存地区 | 保全利用地区 | |
| | 農振法 | | | 農用地 |
| Ⅲその他 | 流域情報 | | 比地川・奥間川・辺野喜川 | |
| | 現存植生 | 自然植生 | | リュウキュウマツ群落 |
| | 施業履歴 | 高齢林（目安：60 林齢以上の林分） | | 植林地 |
| | 観光関連施設 | | やんばる学びの森 | 森林公園、<br>エコスポ公園 |
| | 希少種 | 植物、カエル類・トゲネズミ、ウミガメ繁殖地 | | |
| | 文化遺産 | 猪垣、藍壺・炭焼・住居跡等 | | |

※「③再生するところ」は、各種団体及び地域での要望に応じて設定した。

（「4. 国頭村森林地域ゾーニング計画（4）「国頭村森林地域ゾーニング計画図」とその説明（p9)」より）

**表 6-6 森林地域ゾーニング区分の概要（②利活用）**

<table>
<tr><th colspan="2">ゾーニング区分</th><th>①残すところ</th><th>②守るところ</th><th>④利活用を図るところ</th></tr>
<tr><td rowspan="3">林業</td><td>伐採方法</td><td>禁伐</td><td>小面積・分散化</td><td>皆伐は1か所5ha以下<br>隣接地は避ける</td></tr>
<tr><td>森林管理</td><td></td><td>水源涵養機能・生物多様性の向上</td><td>早生・有用樹種の植林・保育</td></tr>
<tr><td>林道</td><td>新設を控える</td><td>仮設作業路のみ</td><td>環境に配慮する</td></tr>
<tr><td rowspan="4">環境教育・ツーリズム</td><td>立入</td><td colspan="2">利用者数制限の検討</td><td>積極的活用</td></tr>
<tr><td>散策路整備</td><td></td><td>最小限の整備</td><td>環境配慮した整備</td></tr>
<tr><td>施設整備</td><td></td><td>研究・教育目的の施設</td><td>環境配慮した施設整備</td></tr>
<tr><td>既設林道活用</td><td></td><td></td><td>積極的活用</td></tr>
<tr><td rowspan="4">生物多様性保全等</td><td>学術研究</td><td colspan="3">水土保全、希少種・生物多様性保全のための研究の推進</td></tr>
<tr><td>希少種保護</td><td>生息環境の保全</td><td colspan="2">生息環境の整備</td></tr>
<tr><td>密猟・盗掘防止</td><td colspan="3">既設林道を利用したパトロール体制の検討</td></tr>
<tr><td>外来種駆除</td><td></td><td colspan="2">駆除活動の推進</td></tr>
<tr><td rowspan="2">森林業</td><td>新たな森林業創出</td><td></td><td colspan="2">生物資源（薬草・薬木）の積極的活用</td></tr>
<tr><td>遊休農地の活用</td><td></td><td></td><td>積極的活用</td></tr>
</table>

※「③再生するところ」は、流域ごとに再生目的に応じた利活用を検討するとともに、その他ゾーニング区分の利活用方針に準じる。

※沖縄県の県営林については、林業経営に供されてきたことから、「調整を要するところ」と位置付け、これまでの森林整備や今後の経営計画等を踏まえ、取扱いについては県と調整を行い、区分を検討する。

（「4．国頭村森林地域ゾーニング計画（4）「国頭村森林地域ゾーニング計画図」とその説明（p10）」より）

### (4)「再生するところ」と合意形成

地域住民の要望は、「森と海をつなぐ」ことに終止した。国頭村は20集落のほとんどが森と川と海岸線を有しており、森と海の距離が短いのが特徴である。そのため、公共工事により森と海をつなぐ川の分断による河川や海の環境悪化に気づきやすく、何とか再生させたいと考える住民が多い。森は利用と再生を繰り返しながら、水源地としての保水力と海への栄養源を「守り育て」、河川は森の栄養源を海に運ぶ。河川には人間活動や人間自身を清める役割もある。海は「恵み」の象徴である。結果的に、国頭村20集落のうちの12集落に流れる15河川の流域を「再生するところ」として設定した。

### (5)「調整するところ」と合意形成

最終的な合意形成の段階で論点となったのは、地域住民の要望による「再生するところ」のほかに、保護団体が再三林道建設や伐採中止の要望を出していた県営林の取扱いであった。第6回検討委員会終了後の沖縄県農林水産部森林緑地課との3度の協議の結果、県営林エリアは「調整を要するところ」として「白抜き」で表現することとなった。

以上をふまえ、第7回検討委員会では、県営林の表現方法について2案を提示し、議論を行った。「白抜き」によって、本計画の「まとまり」や「つながり」は分断されることとなったものの、最終案では、それらの想いが読みとれる表現で合意が形成された(図6-12参照)。

**注**

1　国頭村(2010)国頭村第三次国土利用計画(2010-19)
2　国頭村(2002)第3次国頭村総合計画・基本計画(2002-11)
3　九州森林管理局(2008)第3次地域管理経営計画　沖縄北部森林計画区(2009.4-19.3)
4　沖縄県(2008)沖縄北部地域森林計画書(2009.4-19.3):GISデータは森林総合研究所より提供。
5　国頭村(2009)国頭村森林整備事業計画(2009-13)
6　国有林取扱検討委員会(2009)やんばる森林生態系保護地域計画(案)
7　沖縄県(2007)拠点産地育成計画書(国頭村・木材)
8　「沖縄県北部土木事務所管内図」(沖縄県発行)

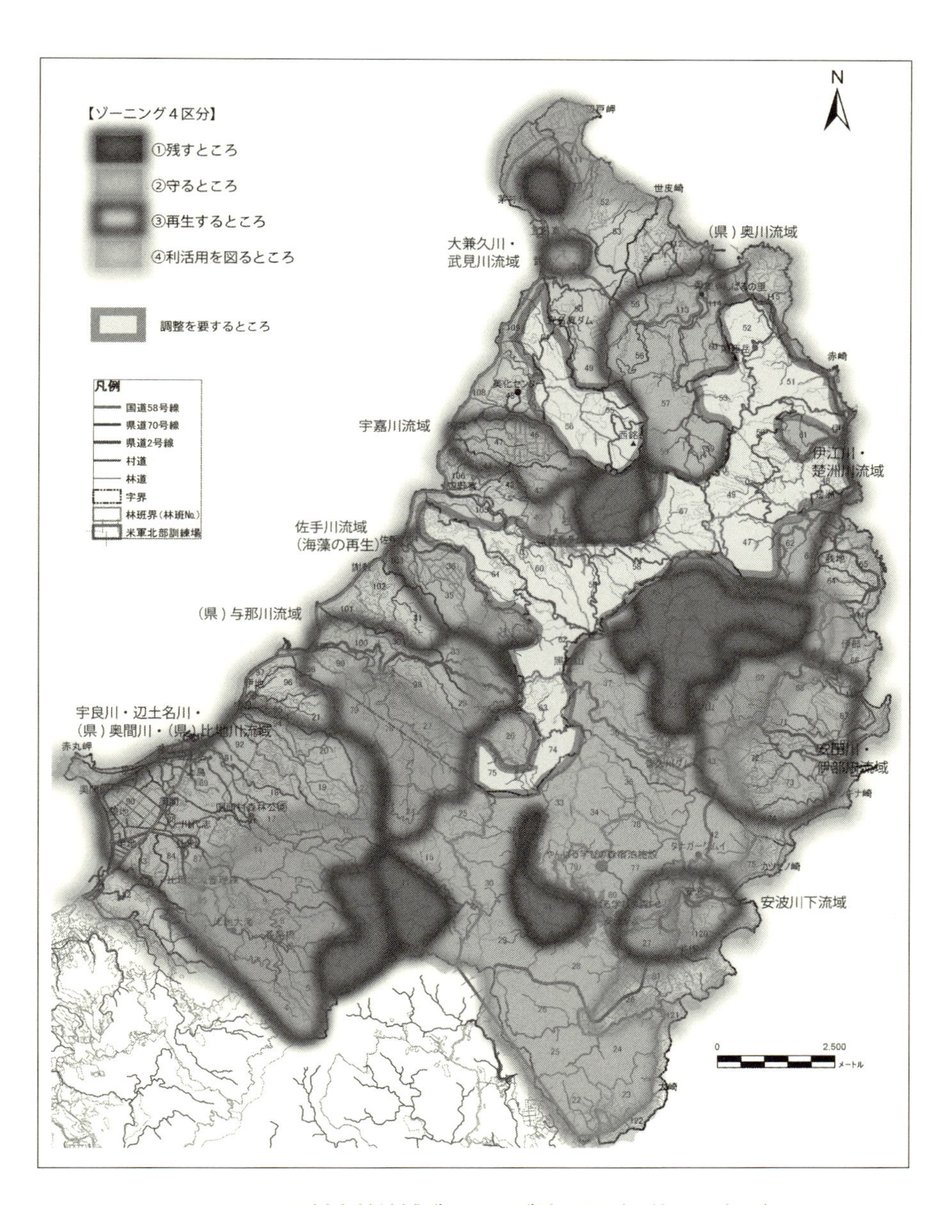


図 6-12 国頭村森林地域ゾーニング計画図（口絵 p15 参照）

**9**　国頭村取水ヶ所位置図（1999，国頭村），国頭村水道施設位置図（国頭村建設課資料）及び集落区長への水源地聞き取り調査をもとに作成した。

**10**　現存植生図は、環境省生物多様性センターのホームページよりGISデータをダウンロードして作成・加工した。

**11**　森林基本図（1/5000　国有林・民有林），森林簿（県営・村有・私有：国頭村経済課）をもとに作成した。

**12**　国頭村流域森林基本図（国頭村経済課資料）

**13**　以下の国土交通省ダム候補地調査関連資料（沖縄総合事務局北部ダム事務所）を使用した。

「沖縄本島北部地域における生物調査データ 第1～3巻」（2002）

「与那川生物環境調査データ」（1998）

「座津武川生物環境調査データ」（1998）

「奥間川生物環境調査データ」（1998）

「沖縄北部地域環境保全対策検討業務広域調査調査台帳渓流植物（平成5～8年度）」（1997）

**14**　ウミガメ類は、「平成21年度沖縄島北部地域におけるウミガメ類の生息実態調査業務報告書」（2010年　環境省那覇自然保護官事務所）、カエル類・トゲネズミは現地調査及び聞き取り調査を実施した。

**15**　「第5回自然環境保全基礎調査　特定植物群落調査報告書」（環境庁自然保護局，2000）

**16**　文化遺産調査は、国頭村史、字誌等の既存資料に加え、集落住民の案内による現地確認調査を実施した。

**17**　2016年12月に北部訓練場7,824 haの約半分にあたる4,166 haが返還された。返還地の9割（3,559 ha）が国有林である（国頭村役場資料）。

**18**　2016年のやんばる国立公園指定により、特別保護区は786 ha、第一種特別地域は4,428 haと約10倍の面積に規制がかけられることとなった。

**19**　齋藤和彦（2011）森林簿にもとづく沖縄県国頭村域の林齢分布の分析．環境情報科学論文集25，pp.245-250.

**20**　佐藤大樹・後藤秀章・小高信彦・末吉昌宏・野宮治人・田内裕之・杉村乾・根田仁・阿部眞・長谷川元洋・服部力・齋藤和彦・山田文雄（2011）沖縄島ヤンバル地域の森の利用と生物多様性．森林総合研究所　平成22年度版　研究成果選集，pp.18-19.

**21**　林道として整備される場合、永続的使用を目的としているため、舗装される。作業路は、一時的利用を目的として整備するもので、林道からの延伸は400～500 mが限界であり、それ以上は効率が悪くなるといわれている（沖縄県やんばる多様性森林創出事業　現地視察時の聞き取り：2015.3.17）。

**22**　沖縄県北部土木事務所管内図（平成15年）

**23**　沖縄県北部国有林の取り扱いに関する検討委員会（2009）沖縄北部国有林の今後の取扱いについて（案），p.14.

# 第７章　「ゆるやかなゾーニング」と「自然再生」

「国頭村森林地域ゾーニング計画」策定プロジェクトでは、これまで困難とされてきた保全と利活用の対立を克服する森林計画を策定するためには、国や県からのトップダウン型ではなく、「地域を主体とした社会的合意形成プロセス」を実現することで、森林管理に直接関わる行政や林業関係者に加えて多様な関係者からの意見を盛り込むことが可能となり、結果として、保全と利活用の単純な線引きではない包括的・統合的ゾーニングとなったことが合意につながった。地域からの要望を聞き取ることで明確になった「再生するところ」の視点は、住民参加型の話し合いがあってはじめてゾーニング計画に反映することができた項目である。また、住民に提示した「ゆるやかなゾーニング」の概念が、森林管理計画に地域住民の想いを反映するのに有効であった。

本章では、「国頭村森林地域ゾーニング計画」における終盤の厳しい合意形成の構築に大きく貢献した、「ゆるやかなゾーニング」の概念と、ゆるやかさの重要な要素となった「自然再生」に対する地域住民の想いについて論じる。

## 第１節　「ゆるやかなゾーニング」の概念

### (1) 誰のための、何のための森林管理計画か

これまでみてきたとおり、森林の利用には長い歴史があり、2001 年には木材生産から環境保全機能に重点が置かれることが、森林・林業基本法で示

されているが、保全と利活用の対立は後を絶たない。ここで、根本的な問いを投げかけてみたい。そもそも森林管理計画とは、誰のために策定するものなのか。そして策定する目的は何なのか。栗山（1997）[1]は、一般市民、林業者、環境保護団体などの森林をめぐる「権利」のあり方、すなわち所有権の問題に踏み込む必要性を論じている。一般市民の森林をレクリエーション等で利用する権利、林業者が木材生産を行なう権利、環境保護団体が森林を保護する権利、それらの権利は公共財としての機能が大きい森林に対して権利があることは確かである。であれば、どの権利が最も優先されるべきなのであろうか。フィリピンの森林政策と開発援助を研究する葉山アツコは、資源の持続性のためには、もっとも資源に依存している集団の利用権を保障することが、結果的に森林資源の持続可能性につながることを指摘している（葉山, 1999）[2]。

国内では、地方自治体または基礎自治体レベルで独自のゾーニングによる森林管理計画を策定しているところは少ない。しかしながら、2000年代頃からは、行政と大学機関の研究者が主導・連携し、独自の森林管理計画の策定が始まっている（第4章参照）。2011年の森林法の改正では、機能区分の名称を林野庁のものを踏襲するのではなく、独自に設定してゾーニングを行い、区分ごとの管理方針を設定することが可能になった。結果的にはほぼ同様の意味合いをもつ区分となっているものの、「空間の意味づけ」を行うことになる「ゾーニング」に、地域の特性を反映させたいという策定主体の想いの表出に他ならない。そうであるとすれば、ここで「ゾーニング」の意味を考えてみる。

### (2) ゾーニングの概念

「ゾーニング（zoning）」とは、「区分する」という意味をもつ英語で、一般的には都市計画や建築設計などで地域や空間を区分・区画する時に使われる言葉である。「ゾーニング」について考えるとき、2つの視点からの思考が必要である。ひとつは、特定の空間同士の境を定める意味での「境界」への思考。もうひとつは、空間を定める「空間への意味づけ」への思考である。

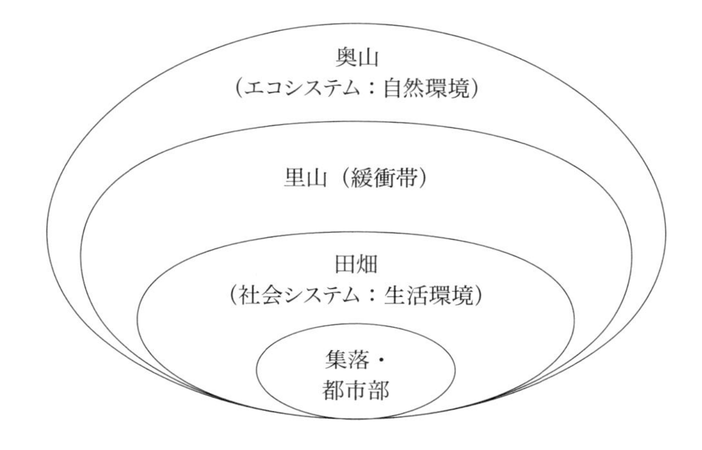


**図 7-1 地域住民にとってのひとつづきの生活空間**（複眼的自然保護論）

日本には厳密に「原生自然」といわれる場所はほとんどなく、地域住民は、人間が生活する「集落・都市部」から物理的要因により利用頻度が低い「奥山」までを「ひとつづきの生活空間」（**図 7-1**）として認識しており、ゾーニングは馴染まないことを、環境社会学者の鳥越皓之は指摘している（鳥越, 2001）[3]。ここで使われている「ゾーニング」は、「境界」を定めることを意味している。地域住民は、自然環境と生活環境の境界を里山による「緩衝帯」で緩やかに区分し、空間全体を「ひとつづきの生活空間」として管理・利用することで、地方特有の美しい風景をつくりだしてきた。

これまで維持されてきた「ひとつづきの生活空間」のなかの「境界」はどのような人間活動により定められてきたのだろうか。ここで、人間活動と森林に生息する野生生物の境界の変遷をみてみよう。

### (3) 人間活動と野生生物の境界

「境界」を「空間を区切る線」に限定すると、人間活動の制限や土地の評価・分類等の特定の目的のために人為的に設定される「固定的で明確な線」と、野生動物にみられる餌やメスなどの特定の資源を防御した結果できる

**表 7-1 「明確な境界」と「緩やかな境界」**

| 明確な境界 | 緩やかな境界 |
| --- | --- |
| 騒・乱 | 静 |
| 単 | 多・重 |
| 制 | 創 |
| 直線 | 曲線 |
| 固定 | 流動 |
| 行政主体の<br>タテワリ・ナワバリライン | 地域主体の<br>ヒトと野生動物のナワバリ界 |

「なわばり」のような「流動的で緩やかな線」の２つに分けることができる(**表 7-1** 参照)。この２つの視点から自然環境の保全と利活用を考える時、山と里の境界は、ある時はダイナミックに、またある時は少しずつ変動してきた。それはヒトと野生動物の「なわばり」をめぐるせめぎあいの歴史でもあった。

日本人の多くが一次産業に従事し、地域が共同体としての多くの機能を担っていた時代の「境界」は、農作物を守るために地域住民が力を結集して猪垣を造り、夜番をするなど、多くのエネルギーを注いで死守した「人間のなわばり」形成による「防衛ライン」であった。近年、農山村地域の過疎化・高齢化や一次産業の衰退とともに、それまで奥山でひっそりと生きていたサル、クマ、シカ、イノシシ等が人里に出没し、農作物や人への被害を増大させている。特に「３獣苦」といわれるイノシシ、シカ、サルの生息する地域では、出没のメカニズムや被害防除対策、地域のしくみづくりについて農村計画や環境社会学、動物生態学等の様々な分野で研究や取組みが行われているが、人間活動の衰退という根本的な要因が解決を困難にしている。

ヒグマとツキノワグマは、日本に生息する数少ない「人命」を奪う力を持っている野生生物であり、人命を守るための有害駆除が行われている。人と熊との厳しい関わり、緊張と信頼に満ちた関係、すなはち「親和力」[4] が失われた今、熊は単に「恐ろしい獣」として扱われ、人間の生活空間を脅かすと即射殺されてしまう。関係性が失われたことは弱きもの、人間以外の者の命を奪う結果に直結する。

一方、現在の多様化・複雑化した「境界」の多くは、さまざまな行政機関がそれぞれの目的や都合のために設定する。地域計画や森林管理計画の分野で行われる「ゾーニング」や、自然公園法の特別地域や森林法の保安林など、人間の生命・財産や景観、貴重な野生生物を守るための法に基づき設定される「住民不在のなわばり」による「縦割りライン」である。人と自然との関わりが希薄になり、それまで地域が共同体として担ってきた多くの機能を行政組織に委ねた結果、「どこかの誰かがひいた境界」に住民、そして時には野生動物も翻弄されることとなる。

加えて、戦後の高度経済成長期以降、都市部への人口集中と過疎化により、地方の景観は大きく変貌を始めた。災害の経験からリスク管理のために河道は直線化され、ダムや砂防堰堤により分断化された。効率重視のために水田は直線的区画として整理され、高規格道路や高速道路などの交通網が増え続けた。物質的豊かさを求めて木材供給やレジャー施設、農地開墾等の開発は奥山まで広がり、緩やかに変化していた「ひとつづきの生活空間」のなかに、直線化・分断化された境界と虫食い状に広がる開発地の境界が明確に風景に刻まれていった。

行政による「タテワリ・ナワバリライン」と、空間に刻み込まれた「直線化・分断化された境界」を定め直すためには、もうひとつの視点である「空間への意味づけ」について思考する必要がある。

### (4) やんばるの森に張り巡らされている境界

現在のやんばるの森にはたくさんの見えない境界がある（図 7-2）。森林地域に関わるものだけでも村界、字界、林班界、流域界、所有区分（国有、県有、勅令貸付県営、村有、字有、私有、琉球大学演習林、米軍北部訓練場）、法規制区域（鳥獣保護区、国定公園、天然保護区域、保安林）、森林整備計画類型区分（水土保全林、森林と人との共生林、資源循環利用林）、木材拠点産地計画区域、

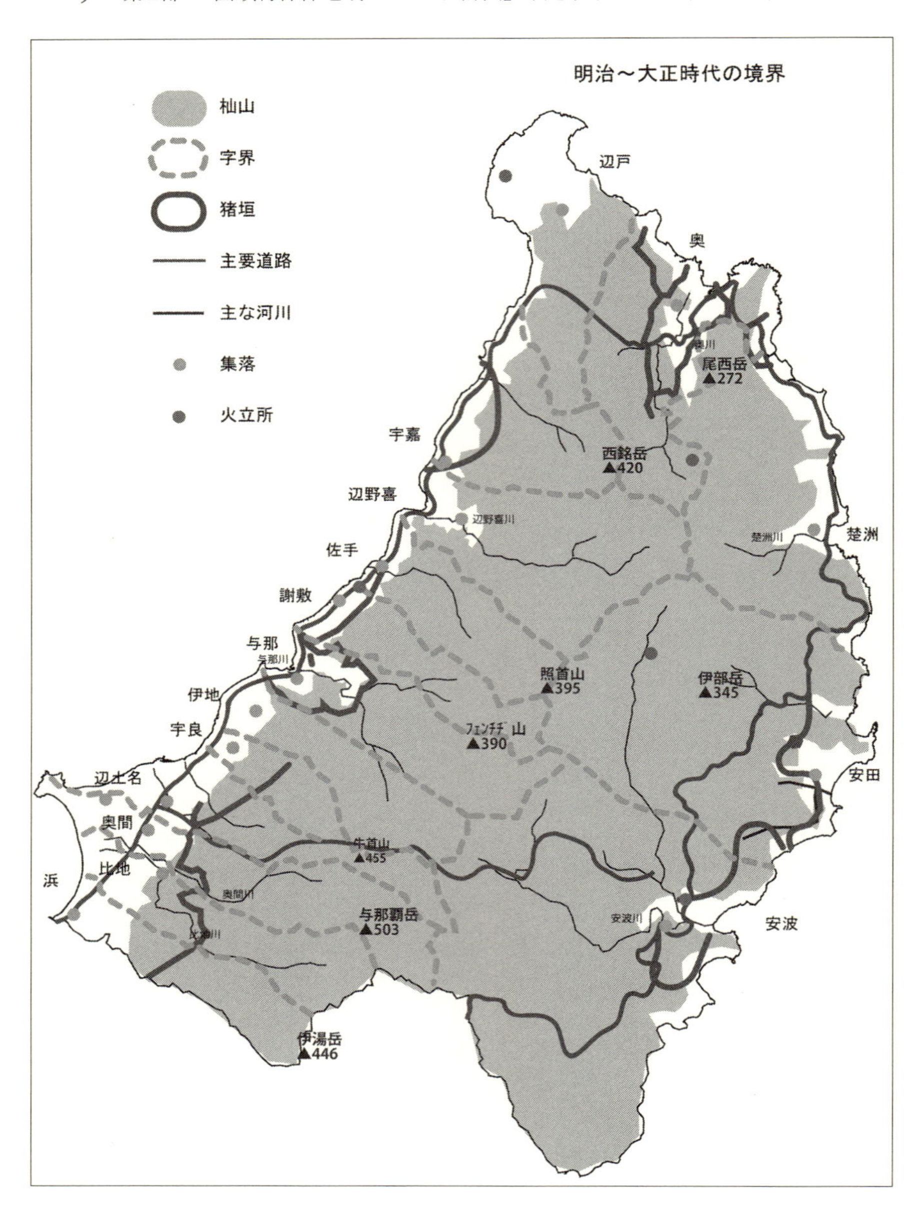


図 7-2　国頭村における境界の過去と現在（口絵 p16 参照）

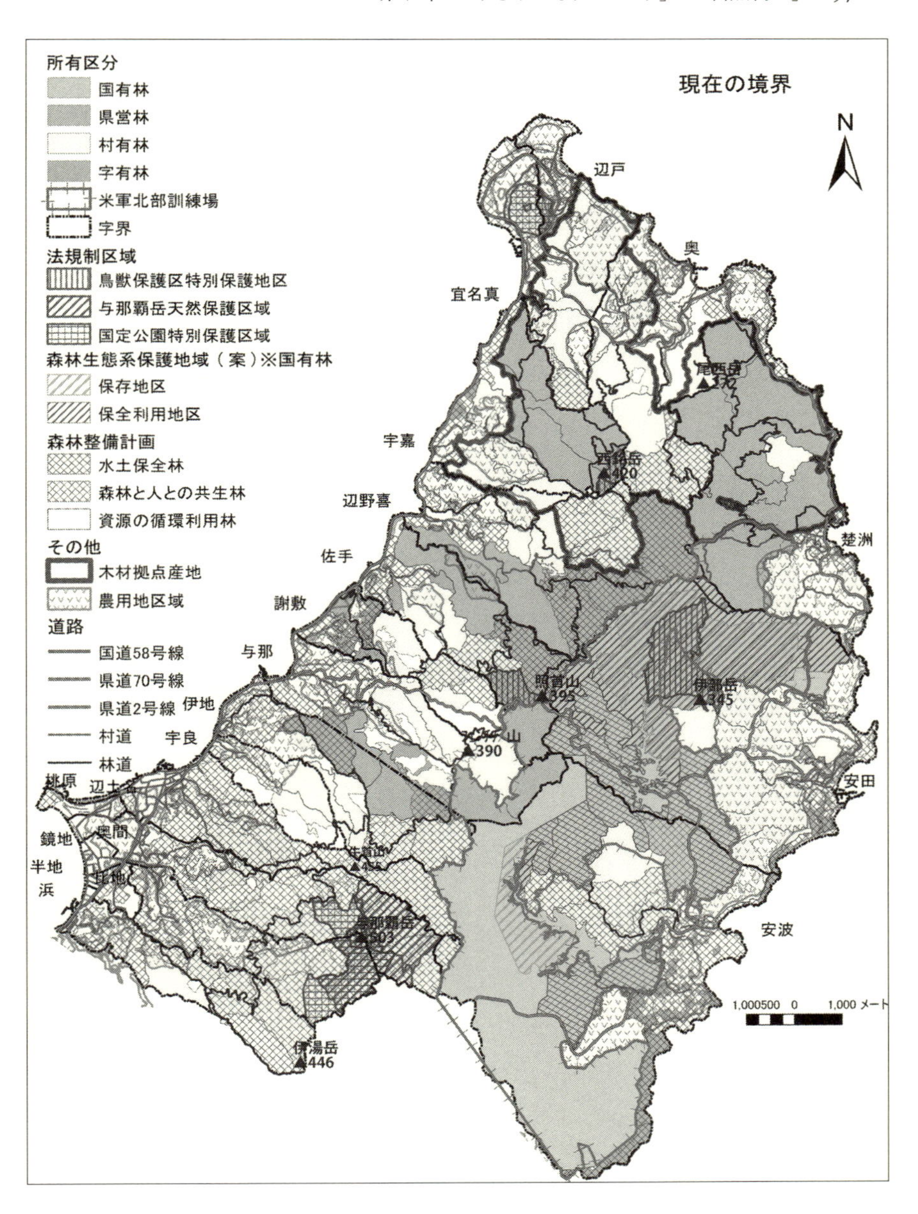
所有区分
国有林
県営林
村有林
字有林
米軍北部訓練場
字界
法規制区域
鳥獣保護区特別保護地区
与那覇岳天然保護区域
国定公園特別保護区域
森林生態系保護地域（案）※国有林
保存地区
保全利用地区
森林整備計画
水土保全林
森林と人との共生林
資源の循環利用林
その他
木材拠点産地
農用地区域
道路
国道58号線
県道70号線
県道2号線
村道
林道
現在の境界
N
辺戸
奥
宜名真
宇嘉
辺野喜
佐手
謝敷
与那
伊地
宇良
桃原
辺土名
鏡地
奥間
半地
浜
比地
楚洲
安田
安波
西銘岳
▲420
照首山
▲395
伊部岳
▲345
▲390
与那覇岳
▲503
伊湯岳
▲446
1,000500 0 1,000 メートル

森林生態系保護地域（案)、農業振興地域・農用地などがある。

エネルギー革命以前の森林資源が地域の生活を支えてきた時代、山と里を分ける重要な境界は猪垣によって物理的に設定されており、森林資源の利用を規定する境界は杣山界と字界くらいであった。機械による搬出ができなかった時代は、集落から遠い急傾斜地等の環境の脆弱な地域に森林が残されたが、機械化に伴い、比較的山が浅いやんばるの森では、本来守るべき尾根部を中心に林道が整備され、当然ながら林道を中心とした林業が行われてきた。その結果、米軍訓練場や法規制区域以外は、毛細血管のように張り巡らされた林道を利用して材積の豊かな林分を中心に伐採されてきた。

### (5)「流動的境界」と「空間の重層的意味づけ」による「ゆるやかなゾーニング」の設定

混乱する「タテワリ・直線的境界」を地域の目線でとらえ直し、緩やかに統合する作業、それが「「国頭村森林地域ゾーニング計画」策定プロジェクトであった。桑子は、「ゾーニング」を「特定の空間への意味づけ」と定義し、「空間的意味づけを伴う概念の適用は、実はそれ以前に当の空間に存在していた意味づけを消去するはたらきをもつ」危険性を指摘している（桑子, 1999)[5]。北米大陸で生まれた白人による「原生自然」という空間の評価が、ネイティブアメリカンにとっての「空間の履歴」の消去につながった。

「空間の履歴」とは、ある特定の「空間」に歴史的に与えられたさまざまな意味づけである。空間の豊かさは、豊かな履歴をもつことにあり、そこに住んでいる人々だからこそ認識できる価値である。特定の空間に無理やりひとつの意味づけをしようとするのではなく、空間の履歴を住民の目線で捉え直した上で、特定の空間に多様な機能・管理目標を設定する「重層的な意味づけ」を行うことが、「ゆるやかなゾーニング」につながる。

基礎自治体が独自で策定する森林管理計画は、将来ビジョンの構築を重視した「ゆるやかなゾーニング」を目指すべきである。機能による類型区分は地域森林整備計画で策定されているのだから、境界の設定にエネルギーの大半を消耗させるべきではない。緩衝帯に近い「流動的な境界」の設定と、住民の目線で捉え直した「重層的な空間の意味づけ」による「ゆるやかなゾーニング」を、地域住民にわかりやすく将来ビジョンとして表現することが、基礎自治体が独自で策定する意義ではないだろうか。

「住民の目線で捉え直す」とは、「地域住民全体の合意」を形成する作業である。国頭村でこれまでほとんど実績のないこの作業を実践するためには、社会的合意形成をプロジェクトとしてマネジメントすることが不可欠であった。

### (6)「国頭村森林地域ゾーニング計画」における「ゆるやかなゾーニング」

環境省は、2007年に「やんばる地域の国立公園に関する検討会」で基本的な進め方を説明し、翌年には住民との意見交換会が行われたが、利用規制に対する不安の声が多く出された。説明会で提示された国立公園区分（案）では、森林に関する基礎情報の間違いが指摘され、間違った基礎情報による区分設定をめぐって議論が紛糾した。その結果、当初村内3箇所で開催予定だった意見交換会は1回で終了し、以降、環境省は地域住民との交流を主とした事業に移行していくこととなった。これに伴い、国頭村においても、国立公園化をはじめとする土地利用の方針を検討する機会がもたれないまま、各分野での施策が展開されていった。本計画では、持続可能な森林管理計画策定の「ゾーニング」のために、目標とする森林の機能を設定する従来のゾーニングではなく、多様な価値観を重ね合わせた、「ゆるやかなゾーニング」概念の導入による対立構造の克服を目指した。協議では、特定の境界への固執による議論の硬直化を避けるために、まずはGISによる情報の統合によって境界の複雑性を多様なステークホルダーが認識し、「ゆるやかなゾーニング」概念が必要であることを共有した。加えて、創造的合意形成プロセスの構築により、地域の人々から「自然再生」への期待を明らかにし、これをプロセスに組み込むことで生まれた「再生するところ」による重層的な意味も含め、「ゆるやかなゾーニング」と呼ぶことにした。

つまり、「ゆるやかなゾーニング」とは、既存の多様なゾーニングに住民の意見を反映した上で重ね合わせた「包括的・統合的ゾーニング（すなわちゆるやかなゾーニング)」である。「ゆるやかなゾーニング」は、前章に示した①GISソフトを使った多様な情報の集積・統合によって境界の複雑性を多様なステークホルダーが感じることができたこと、②創造的・建設的合意形成プロセスの構築により、地域の人々から「自然再生」への期待を明らかにし、これをプロセスに組み込むことで生まれた区分「再生するところ」によって形成された合意の成果である。

具体的には、第2回地区別住民意見交換会（2010年9月27～29日：全4回実施）において、保全と利用に関する意見以外の質問項目を具体的に設定したことで（下記①～④)、地域住民の「生活の営み」に近い森林の価値を掘り起こすことができた。

①　残したい・守りたい地域（禁じ山、水源地等）
②　残したい・守りたい文化遺産（住居跡、猪垣、藍壺・炭焼窯跡等）
③　再生したい地域（湧水、河川等）
④　地域づくりや観光等で活用したい地域（散策路・観光施設の整備、周辺集落との連続性等）

質問項目③をきっかけとして、「保護」でも「利活用」でもなく、これまで提案する機会がなかった河川再生や田んぼの復元、水源涵養機能向上等のための森林整備を行ってほしい等の意見が、ほとんどの集落から出された。これらの意見を集約することによって、「再生するところ」というゾーニング区分が生まれ、豊かな森林を創出することを目指す「地域住民の望む森林整備ビジョン」の具現化につながった。

また、質問事項④によって地域住民からでてきた、森林地域の「生活の営み」に関する価値を評価し、猪垣に代表される山間部の生活遺産等の調査を実施し、調査結果を本計画に迅速に反映した。水源地の保全、今後散策路を整備してツアーなどに活用したい生活遺産の保全・復元、農産品の付加価値をつけるための流域全体の保全等の様々な住民の生活の営みのなかで重要な視点が計画の検討に加えられることで、「保全か利用か」の二項対立の議論に新たな視点・価値観を加えることとなり、「再生するところ」として豊かな森林像が創出された。

## 第2節　地域住民の「自然再生」への想い

### (1) 自然再生とは

環境省、農林水産省、国土交通省の連携により2003（平成15）年に施行された「自然再生推進法」では、「自然再生」を以下のように定めている。

> 過去に損なわれた生態系その他の自然環境を取り戻すことを目的として、関係行政機関、関係地方公共団体、地域住民、特定非営利活動法人、自然環境に関し専門的知識を有する者等の地域の多様な主体が参加して、河川、湿地、干潟、茂場、里山、里地、森林その他の自然環境を保全し、再生し、若しくは創出し、又はその状態を維持管理すること（第2条）

自然再生推進法に基づき自然再生事業を行う際は、「地域の発意」による自然再生協議会の設立が必須となっており、事業の事前調査の段階から事業完了後の維持管理まで、地域の多様な主体による合意形成・連携・参画を求めている。

また、自然再生事業では、自然環境の複雑性による予測の不確実性が伴うことから、生物多様性国家戦略のなかでも示された「順応的管理（adaptive management）」の考え方を導入している。当初計画に固執せず、科学的根拠に基づく評価検証と計画の見直しを行う柔軟性が求められている。2013年3月時点で、全国24の自然再生協議会が設立され、全体構想及び実施計画の作成等が行われている[6]。

**【順応的管理の指針】**

17　事業の透明性を確保し、第3者による評価を行う

18　不可逆的な影響に備えて予防原則を用いる

19　将来成否が評価できる具体的な目標を定める

20　将来予測の不確実性の程度を示す

21　管理計画に用いた仮説をモニタリングで検証し、状態変化に応じて方策を変える

22　用いた仮説の誤りが判明した場合、中止を含めて速やかに是正する

**【合意形成と連携の指針】**

23　科学者が適切な役割を果たす

24　自然再生事業を担う次世代を育てる

25　地域の多様な主体の間で相互に信頼関係を築き、合意をはかる

26　より広範な環境を守る取り組みとの連携をはかる

（日本生態学会生態系管理専門委員会, 2005）[7]

### （2）自然保護政策としての要望が高まる自然再生事業

国が行った「自然の保護と利用に関する世論調査」によると、「国や都道府県の行う自然保護対策についての要望」の選択肢に「傷ついた自然環境の回復・再生事業」が2001年に新たに加わり、その5年後には教育に次ぐ要望となった（**図7-3**参照）。同様に加わった「自然とのふれあい」や「情報の入手」、「専門家の養成」を上回る要望である。高度経済成長、バブル崩壊を経て、大規模なダム、道路等のインフラ整備やリゾート開発のピークは過ぎたものの、豊かさを失ってしまった身近な自然の回復・再生への関心が急速に高まっていることを示している。

世論調査の選択肢で使われている「傷ついた自然環境」とは、どういう状態の自然なのだろうか。地域住民が語る「傷ついた自然環境」、「失われた自然の豊かさ」を知ることが、「自然再生」を考える第一歩である。

### （3）地域住民の語りから「失われた自然の豊かさ」を知る

国頭村には、34の河川に、大規模ダムが3箇所、砂防ダムや流路工が33箇所、取水堰が26箇所あり、ほとんどの河川が横断構造物による何らかの

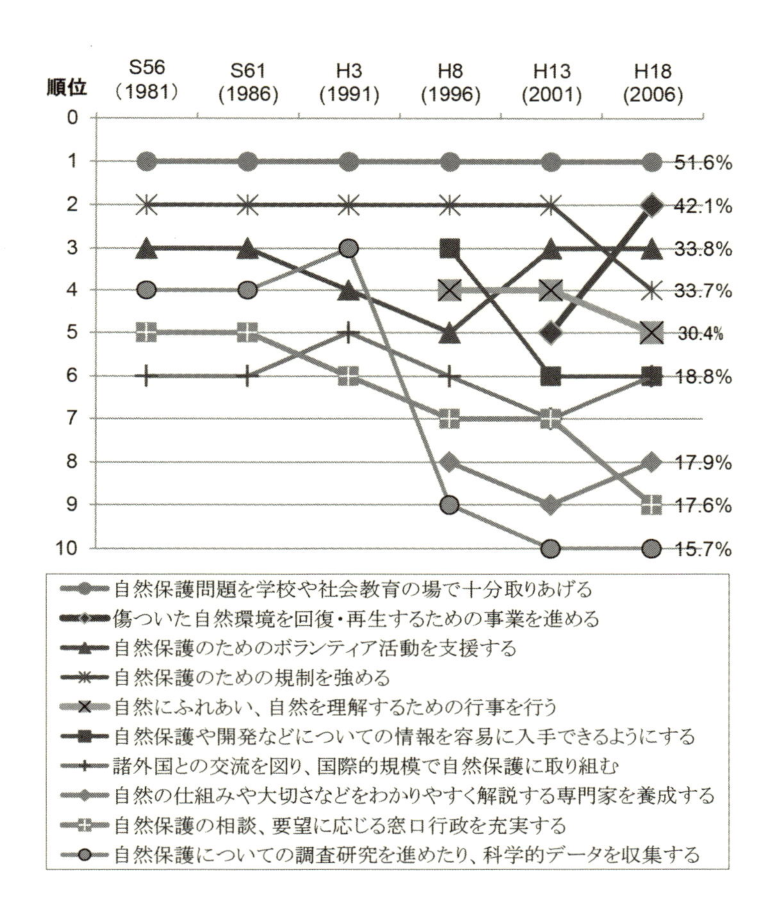


**図 7-3 自然保護に関する国や地方公共団体への要望** [8]

内閣府「自然保護に関する世論調査」(1981, 1986)、「自然の保護と利用に関する世論調査」(1991, 1996, 2001, 2006)
注：回答は選択数を設定しない複数回答。

問題を抱えている。2004年に設立された「やんばる河川・海岸自然再生協議会」では、県管理河川の奥川を中心とした河川再生についての協議が始まり、2012年には河川改修事業の試験施工が始まっている。この他にも、東部地域の河川で砂防ダム改修を県に要請しており、今後も機能を喪失した砂防ダムや平準化した河川の再生への要望は強まることが予測される。

本計画の最も創造的・独創的な区分である「再生するところ」は、地域住民の声によって誕生した。住民意見交換会では、住民と川との関係性を示す意見が多数を占めた。団塊の世代以上の住民にとって、森の豊かさは、川でどれだけのウナギやテナガエビ（タナガー）が獲れるかというのがひとつの指標になっている。砂防ダム等の公共事業によって川の恵みが失われ、何とか再生させたいと考えている（**表7-2、7-3**参照）。ほかにも、農作物に付加価値をつけるためや、集落の緊急時の水源地確保のために、流域全体の保全・再生を求める意見が出された。つまり、「再生するところ」には、地域住民の以下の3つ想いが含まれている。

① 豊かな川の恵みを取り戻すための川の再生
② 農産物に付加価値をつけるための流域保全
③ 次世代の利水（農業用水・飲料水）のための水源地の保全・再生

地域住民にとっての「森の豊かさ」とは「川の恵みの豊かさ」「水の清らかさ」であり、以前の豊かさを知っている世代の責任として、河川を再生し、次世代に継承したいという想いを聞くことができた。森の健全さや豊かさを、川の清らかさや豊かさから感じとる感覚は、地域が持続的に自然資源を利活用していくために培ってきた指標、感覚的装置の役割を果たしてきた。

生き物調査においても、生態系の豊かさを示す指標として、トンボやチョウなどのわかりやすい生き物を「環境指標生物」と定め、生息種や種数で豊かさを表す手法がある。地域住民にとって、「森林の豊かさ」の指標が「川の豊かさ」であり、「川の豊かさ」とは、川で生き物を捕ることや、清浄な水の中で遊ぶこと、つまり、「川との関わりの豊かさ」なのではないだろう

表 7-2 「国頭村森林地域ゾーニング計画」における「再生するところ」の概要

| 河川名（集落名） | 保全・再生の要望内容 |
|---|---|
| 比地川<br>(比地) | 簡易水道として利用しているため、流域の保全。堤防の改修。湧水の復元。 |
| 奥間川<br>(奥間) | 簡易水道として利用しているため、流域の保全。砂防ダムの改良。 |
| 辺土名川<br>(辺土名) | 河川改修による川の生き物の再生。 |
| 宇良川<br>(宇良) | 砂防ダムによる水質改善、川の生物（カニなど）の再生。 |
| 与那川<br>(与那) | 砂防ダムの改良 |
| 佐手川<br>(佐手) | 砂防ダムの改良、河床部の砂の撤去による生生き物の再生、河口部の海藻（ホンダワラ）の復元。流域再生による漁場の再生。 |
| 宇嘉川<br>(宇嘉) | 砂防ダムの改善・撤去、コンクリート三面張りの撤去による河川再生。 |
| 大兼久・武見川<br>(宜名真) | 砂防ダムの改修によるウナギ、エビの復元。 |
| 奥川（奥） | 自然再生事業を実施中。農産物の付加価値をつけるためにも流域全体を保全。 |
| 伊江川・楚洲川<br>(楚洲) | 横断構造物が唯一ない伊江川の流域全体の保全。楚洲川の砂防ダムの撤去による再生・水質改善 |
| 安田川・伊部川<br>(安田) | 砂防ダム４カ所の撤去による安田川の再生（1か所は県に要請）。河口部のマングローブ林の再生。水田の再生 |
| 安波川<br>(安波) | 下流域の河川改修。 |

※第２回地区別住民説明会（2010/9/27-29）の意見を中心にとりまとめた。

表 7-3　川の再生を望む地域住民の意見からみえてくる将来ビジョン

| 発言者 | ①何が失われたか（自然環境の現状） | ②何をしたせいか（原因・過去の行為） | ③何を取り戻したいか（将来ビジョン） |
|---|---|---|---|
| 辺野喜区 A 氏 | 川にいる小さい貝の背中にトゲがある。 | ダムを造る前はトゲはなかった。（⇒ダムを造ったため） | 子供たちが裸足で川に入れない。（⇒子供が安全に遊べる川） |
| 辺野喜区 B 氏 | 小さい頃はたくさんのカイがいたが採れなくなった。 | 遮断されて生物の行き来がない。（⇒砂防堰堤などの横断構造物の設置） | （昔たくさんいたカイなどの川の生物の再生） |
| 辺野喜区 C 氏 | アユはたくさんおったのに、今はもう一匹もいない。 | ダムつくらんまではたくさんおった。（⇒ダムを造ったため） | 子供たちついて遊んだりしてとりおった。（⇒今の子供たちにも遊ばせたい） |
| 宇良区 A 氏 | カニとかすごく数が少ない。 | 川の生物も上流までいけない。（⇒砂防堰堤等の横断構造物の設置） | 再生の方向に進むと考えている。（川の生物の再生） |
|  | 昔いなかった貝類が異常な繁殖があります。 | 有機物のせいでしょうか。（⇒砂防ダム満砂による水質悪化） | （昔たくさんいた川の生物の再生） |
| 楚洲区 A 氏 | 今は死の川になっている。よどんでしまっている。 | 上流に畜産基地、砂防ダムがある。区で反対したができてしまった。 | 撤去して、楚洲の川を蘇らせたい。（清浄な川の復元） |
| 辺土名区 A 氏 | 自分たちが若い時分は、どの川にもエビとかカニもいたが、いなくなった。川でうなぎもとりました。 | 砂防ダムのせいか自然に水が流れてこないからかそれまでは知っていないです。 | 現在はエビも見れない。今の若いのなんか寂しいはずですよ。昔はうなぎなんかも釣っていたのに。 |

※表中のカッコ内は、筆者の解釈による発言に対する補足を示す。

か。やんばるの森にある観光施設では、川で遊べる場所を探す親子連れが多い。やんばる地域でも安心して遊ぶことのできる河川敷をもつ奥川には、大型連休中には3万人の親子連れが、たくさんのこいのぼりがたなびく川で遊ぶためにやってくる。森と人との関わりへの希求が増している。

地域住民が身近な自然環境に関心をもつこと、「失われた自然の豊かさ」とは何であり、どのように取り戻したいかについて考えることが、人と自然との関わりを再生・創出する第一歩である。そしてそのきっかけとなるのが「自然再生」ではないだろうか。地域住民の意見を真摯に受け止め、「自然再生事業」として具体化することが、これからの公共事業には求められている。

**注**

1　栗山浩一（1997）「森林管理の意思決定における市民参加と合意形成の批判的検討―環境経済学からのアプローチ―」森林計画誌 (29)，森林計画学会，pp.1-11.
2　葉山アツコ（1999）「熱帯林の憂鬱―森林の共同管理は可能か」，秋道智彌編『自然はだれのものか―「コモンズの悲劇」を超えて（講座　人間と環境　第1巻）』，昭和堂，pp.162-185.
3　鳥越皓之（2001）「人間にとっての自然－自然保護論の再検討」，鳥越皓之（編）『講座　環境社会学第3巻　自然環境と環境文化』，有斐閣，pp.1-24.
4　谷川健一（1984）「聖なる動物」，『魔の系譜』，講談社学術文庫，pp.32-51.
5　桑子敏雄（1999）『環境の哲学』，講談社学術文庫.
6　環境省ホームページ　自然再生推進法に基づく自然再生協議会の設置状況（全国）
7　日本生態学会生態系管理専門委員会（2005）自然再生事業指針，保全生態学研究，10，pp.63-75.
8　環境省行政資料（2013年9月5日）自然の保護と利用に関する世論調査
http://www.env.go.jp/nature/whole/chosa.html

# 第８章　「国頭村森林地域ゾーニング計画」の意義

本章では、地域森林計画の策定プロセスを、ステークホルダーが森林についての理解を深め、問題解決の場を共有する場づくりという意味での森林教育のプロセスと捉え、その構造を明らかにした。本書で示す地域森林計画の作成プロセスにおける森林教育の意義は、①知識の獲得の場、②態度の変容、③取り組みへの参加の３つのステップとして評価される。以下にその具体的な内容について論じる。

なお、本章でいう「地域森林計画」は、「市町村レベルで策定する森林管理の方策」、「地域住民」は、「対象が位置する市町村の住民」と定義する。

## 第１節　持続可能な地域づくりのための地域森林計画策定の意義

### (1) 森林教育における地域森林計画の役割

森林が国土の64%を占める日本において、森林地域は、人と自然、人と野生動物の関わりなどの様々な学びを提供してくれる重要なフィールドである。森林を利用した教育全般としての「森林教育」は、森林生態学や水文学等の自然科学から、人と森林や人と野生動物との関わり等を扱う社会科学、木材生産の場として扱う林業、多面的機能を発揮するための森林政策と、その取扱い分野は多岐に亘る。比屋根（2009）[1]は、「今日の自然保護教育、森林環境教育を含めた環境教育の大きな課題の１つ」は「何が自然（森林）の危機を招き、その解決には何が必要かを歴史の流れの中で説明していくこと」であり、「自然保護や森林（林業）の歴史は、これからの自然（森林）

のあり方を展望するために確かな視点を提供してくれる」と述べ、人と自然との関わりの歴史と現状について学ぶことが、課題解決につながることを指摘している。

一方、「持続可能性（Sustainability）」概念を含んだ環境教育の理論と実践の研究は、国内では1990年代後半より環境に関連する国際会議の動向を反映しながら、理論・学校教育・地域づくり（社会教育）の分野で始まった。地域づくりにおける「持続可能な開発のための教育（ESD：Education for Sustainable Development）」研究は、2002年のヨハネスブルグサミット以降、すでに行われてきた実践活動の掘り起しと、ESD概念の出現による新たな取組についての分析及び取組間の連携が行われている（阿部, 2009[2]：櫃本, 2009[3]：小玉, 2009[4]など）。阿部（2009）[5]は、「地域住民が主体的・創造的に持続可能な開発に参加することなしに持続可能な地域づくりの継続はありえない」と述べ、ESDの概念を地域づくりの活動に取り込むことの重要性を指摘している。

日本環境教育学会における「森林教育」議論は始まったばかりである（井上ほか, 2013）[6]。ただし、「森林教育」を森林地域における「自然保護教育」として捉えるとすれば、その歴史は、1957年の財団法人日本自然保護協会の陳情までさかのぼることとなり、二次林をフィールドに展開した自然体験学習の実践報告等は多く存在している（小川, 2009）[7]。林学関連の分野では、森林教育、林業教育、森林環境教育、自然教育、野外教育、森林文化教育、木材教育などの用語の定義・整理・分類が行われている（井上ほか, 2010[8]、上飯坂, 1998[9]、関岡, 1999[10]、佐藤, 2002[11]）。本章では「森林教育」を「森林および木材に関わる教育的な活動の総称」とした。

エネルギー革命による薪炭利用の減少、拡大造林政策、国有林大規模伐採やスーパー林道等に反対する自然保護運動、輸入自由化による林業不振のなか、国有林改革特別措置法（1998年）、森林・林業基本法（2001年）の制定により、森林の位置付けが生産林から公益林に明確に転換された。森林政策及び人と森との関わり方は、この半世紀の間にめまぐるしく変化し、「森林教育」の内容も揺らぎ続けている。

地域森林計画の策定は、森林・林業を地域の人々がどう捉え、どのようにしていきたいかを考える絶好の機会を提供してくれる。比屋根（2003）[12]は、環境教育と同様に森林教育についても、「単に森林に関心をもたせるだけでなく、森林そのものと森林と人間とのかかわりの問題に対して自分は何ができるか考え、自ら行動できる人材の育成を目指す」ことが重要としている。

地域住民を主体として地域森林計画を策定するためには、森林の管理における問題を、関係者が深く理解し、その解決のための話し合いの場づくりをすることが必要である。つまり、地域森林計画の策定を、「地域の森林や林業の歴史や現状について学びあい、森林・林業のあり方を考える場」としてとらえ、この場を設計・運営することが、本書で考察する「森林教育」の意味である。

### （2）持続可能な地域づくりのための地域森林計画

1992年の地球サミット（環境と開発に関する国際会議）において、気候変動枠組条約、生物多様性条約、砂漠化防止条約といった地球環境問題への具体的な条約が採択されるなかで、「持続的な森林管理（Sustainable Forest Management: SFM）」のための「森林原則声明」が採択された。1995年には、「持続的な森林管理がなされているか否か」を論議するための「基準（重要な要素）」と「指標（基準を具体的に示す項目）」が定まり、国際的な合意形成に必要なプロセス（方法や手順）が整った（藤森, 2004）[13]。法的規制を伴った森林条約は未だ成立していないものの、森林管理においても「持続可能性（Sustainability）」の概念は今後も重要視されるであろう。

国内の森林管理に関する法令の中心は、森林法に基づく森林計画制度である。政府が策定する長期的・総合的方向・目標を定めた「森林・林業基本計画」に則り、農林水産省が森林法に基づき「全国森林計画（15年計画）」を5年ごとに策定し、国有林は「地域別森林計画」を、民有林は「地域森林計画」を策定する。2003年の森林法改正に伴い、都道府県で策定していた民有林においても、市町村による森林整備計画の策定が義務付けられ、地域特性を反映した独自の計画策定が期待されているが、課題は多い。

柿澤（2004）[14]は、「地域住民の関心や地域の課題と何の関連もないまま提示される森林政策は、それがどんなに「優れた」政策であろうと受け入れられることはない」のであり、「市町村レベルにおける森林政策はまちづくりの一環として初めて機能する」と指摘している。つまり、地域における「持続可能な森林管理」計画を策定するためには、「持続可能な地域づくり」（環境省, 2002）[15]のなかで森林の保全と利用について考えることで、地域住民の意見を取り込むことが可能になる。

地域の森林管理のあり方も含めた「持続可能な地域づくり」計画を策定するにあたって、森林を利用する機会がほとんどない多くの住民の声を取り込むためには、どのようなプロセスを組み込むことが必要なのだろうか。

## 第２節　本計画策定プロセスにおける森林教育の意義

地域森林計画の策定プロセスを、持続可能な地域づくりを考える機会と捉えた時、いかに地域の多様な意見を聞き、計画に取り組むことができるかが重要な課題である。課題解決のための理念と手法は、第II部で示してきた。本節では、計画策定プロセスを、森林教育の５つの目標（認識、知識、態度、技能、参加）から考察することで、森林教育の視点からの意義を示す。

森林教育の評価の視点としては、ユネスコのトビリシ会議（1977）における環境教育の５つの目標の「環境」を「森林」に読みかえた検証が複数紹介されている（紙野, 1998[16]、比屋根ほか, 2002[17]、山本, 1998[18]）。本書においても、「認識（Awareness）、知識（Knowledge）、態度（Attitudes）、技能（Skills）、参加（Participation）」の５つの目標について分析した。特に、「情報の伝達による「知識」「技能」「認識」の増加だけでなく、「態度」「参加」といった行動変容」（阿部, 2002）[19]の視点から、本計画の策定プロセスを評価した結果、以下の３つの森林教育としての意義があると考える（**図 8-1** 参照）。

第１ステップとして、情報交換による「知識の獲得」の場としての意義である。森林管理に関する情報が、行政の広報やマスメディアによって地域住民に提供される機会は少ない。計画を策定するために整備した法規制、上

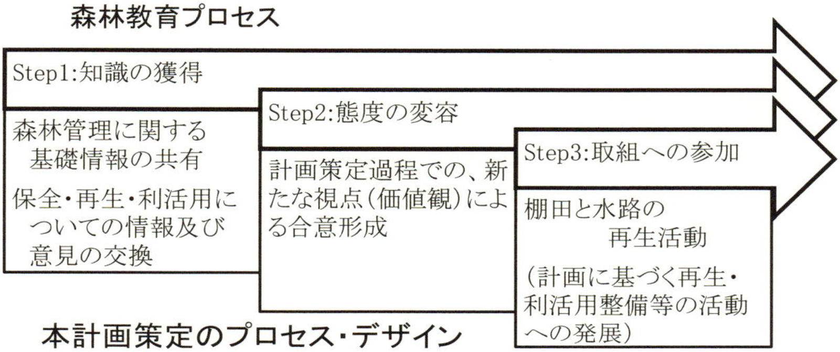

**図 8-1 本計画策定プロセスにおける森林教育の意義**

位計画などの情報を一方的に行政が提供するだけでなく、計画策定プロセスにおいて多様な参加者が集まり、文化遺産等の情報を提供しあうことで、より多様な情報の交換の機会となった。

第 2 ステップとして、多様な立場の人の想いや価値観を知ることで、合意に向かおうとする「態度の変容」が生じることである。林業関係者は、自分たちの仕事に後ろめたさすら感じながら日々の厳しい作業に取り組んでいる。漁業関係者は、赤土流出等により劣化した河口部の産卵場を再生するために植林活動をしたいと考えている。住民は、集落の中心を流れる川の生き物がどんどんいなくなることに心を痛めている。また、先人が作り、管理してきた猪垣が壊され、なくなっていくことをさみしく感じている。多様な関係者が、本計画を策定するプロセスで、森林のあり方に対して様々な価値を尊重しながら、新たな視点から合意を形成しようとする態度が醸成されていった。

さらに第 3 ステップとして、具体的な「取組への参加」である。具体的な事例として、計画策定プロセスで実施した文化遺産調査をきっかけとして、これまで念願とされていた棚田と水路の再生を実現した集落も現れた(図 8-2 参照)[20]。この活動は、森林との関わりの「再生」であり、文化遺産

# 宇嘉の棚田再生へ

## 国頭 活性化へ産学と共同

【国頭】村宇嘉区（宮城幸一区長）で、かつての棚田や水路を再生する地域活性化プロジェクトが進んでいる。大学や企業が活動資金などを提供し、地元と連携。5月26日には地域の小学生が参加して棚田水路の散策や田植えに取り組んだ。

棚田の再生を目指し、田植えをする参加者たち＝国頭村宇嘉

### 児童らも田植えで協力

同区では1956年、山に区民総出で約10㌶の棚田と水路を整備し、85年ごろまで米を栽培していた。17年前には佐手小中学校の農業体験学習の場として復活し、約3年間稲作が行われたが、その後は利用されていなかった。

2011年7月、早稲田大学環境総合研究センターとブリヂストン社の助成金で「やんばる国頭の森の水路再生・棚田ビオトープ整備による地域活性化プロジェクト」として事業化。区も「宇嘉棚田再生友の会」（会長・宮城区長）を結成し、再生への取り組みが始まった。

先月26日、佐手小学校（棚原久校長）の児童4人やPTA、婦人会など約50人が参加し、全長約600㍍、高さ約5㍍の水路橋を散策。国頭ツーリズム協会の山川安雄会長や谷口恭子事務局長らの指導を受け、田植えも行った。

佐手小5年の小橋川廉真君は「こんなところに田んぼを作ったなんて、昔の人々の苦労が分かった」と話した。棚原校長は「田植え体験学習の場として、村内外の児童生徒の活用も期待される」と棚田復活の意義を強調した。（山城正二通信員）

# 棚田と水路復活

国頭村宇嘉区

## 小学生ら田植え、散策も

【国頭】国頭村宇嘉区やNPO法人国頭ツーリズム協会などでつくる「宇嘉棚田再生プロジェクト実行委員会」が、かつて区内にあった棚田の一部と水路を復活させた。村内の小学生ら約50人が5月26日、初めて田植えを行い水路を散策した。

### 高さ10㍍橋に歓声

宇嘉には1956年、琉球政府の土地改良事業で約10㌶の棚田と約600㍍の水路が整備され、85年まで自給米を作っていた。17年前には棚田の一部を復活させ、佐手小学校が授業の一環で3年間米を作っていたが、児童が減少し続かなかった。

高さ10㍍の水路橋を渡る参加者＝5月26日、国頭村宇嘉

実行委は昨年6月から活動を始め、水路を掘り起こし雑木林を伐採して棚田を復活させた。活動資金は早稲田大とブリヂストン（本社・東京）のプロジェクト「W-BRIDGE」の助成を受けた。

5月26日は、児童らが泥だらけになって田植えと水路散策を満喫。谷をまたぐ長さ25㍍、高さ10㍍の水路橋も渡り、「怖い」「楽しい」と歓声を上げた。米は9月に収穫する予定。佐手小5年の上地就君は「収穫した米をおにぎりにして食べたい」と話した。

実行委員会会長の宮城幸一宇嘉区長(57)は「1回きりで終わらせないよう、棚田を増やして子どもたちの体験学習や一般向けの貸し出しに使っていきたい」と意気込んだ。

図 8-2　宇嘉の棚田水路散策＆田植え体験イベント

の「再生」である。この他にも、住民意見交換会で要望があった文化遺産を巡る散策路の整備についても、本計画を国頭村の基本的な森林利活用方針と位置付け、林野庁等の関係機関との協議が可能である。

以上のように、本計画の策定プロセスは、同時に、多様なステークホルダーがやんばるの森について理解を深め、対立を合意へと導き、さらに課題解決のための実践へと至る「学び」のプロセスとしても機能したのである。

本章で論じたのは、森林をめぐる対立紛争を解決するための合意形成のプロセスを森林教育的な意味をもつものとしてデザイン・実践することで、多様なステークホルダーが環境をめぐる問題を深く理解し、また解決するためにはどのようなことが必要かを学ぶ機会を提供することができたということである。具体的には、本計画の策定において、住民意見交換会等により多様なステークホルダーの多様な情報を集積・共有し、地域住民の多様な価値観を新たな取組への創出につなぐための、貴重な森林教育の機会としてプロセスをデザインすることが、より豊かな将来ビジョンの構築や、行動変容につながることを明らかにすることができた。

本計画の基本方針では、「生物多様性・脱温暖化時代の「山から海へつなぐ」国頭村森林資源管理像による地域づくり」を目標とした、様々な取組課題が挙がった。本計画の策定プロセスで重視した地域住民の声にこれからも耳を傾けながら、本計画の適宜見直し、取組課題の具体化を継続するためには、地域にどのような仕組みをつくっていけばいいかを、森林教育的視点から分析することが、今後の重要な研究課題である。

**注**

1　比屋根哲（2009）「森林環境教育と自然保護教育」，環境教育，19(1)，pp.79-80.
2　阿部治（2009）「持続可能な開発のための教育」（ESD）の現状と課題，環境教育，19(2)，pp.21-30.
3　櫃本真美代（2009）「地元学に学ぶ地域づくりに向けた環境教育の一考―東北タイ・ブア村の事例から―」，環境教育，18(3)．p.15-26.
4　小玉敏也（2009）「霞ヶ浦流域における学校を拠点としたESD実践の考察」，環境教育，19(1)，pp.29-41.

5　前掲（阿部治、2009）p.27.

6　井上真理子・関岡東生・比屋根哲・岩松真紀（2013）「座談会：自然保護教育と森林教育」，環境教育，23(1)，pp.50-58.

7　小川潔（2009）「自然保護教育の展開から派生する環境教育の視点」，環境教育，19（1）．pp.68-76.

8　井上真理子・大石康彦（2010）「森林教育が包括する内容の分類」，日林誌，92，pp.79-87.

9　上飯坂實（1998）「これからの森林・林業教育のあり方と森林総合学（〈特集〉転換期の森林・林業教育の現状と課題（Ⅰ））」，林業経済，51(6)，pp.1-7.

10　関岡東生（1999）「わが国における野外教育の展開と森林教育（〈特集〉転換期の森林・林業教育の現状と課題（Ⅱ））」，林業経済，52(2)，pp.1-7.

11　佐藤快信（2002）「森林環境に関する一考察」，長崎ウェスレヤン短期大学地域総合研究所研究所報，11，pp.75-82.

12　比屋根哲（2003）「森林環境教育」，木平勇吉編『森林計画学』，朝倉書店，東京，pp.204-222.

13　藤森隆郎（2004）『森林と地球環境保全』，丸善，東京.

14　柿澤宏昭（2004）「地域における森林政策の主体をどう考えるか―市町村レベルを中心にして―」，林業経済研究，50，pp.3-14.

15　環境省総合環境政策局（2002）持続可能な地域づくりのためのガイドブック

16　紙野伸二（1998）「森林・林業教育の再考と市民参加（〈特集〉転換期の森林・林業教育の現状と課題（Ⅰ））」，林業経済，51(6)，pp.8-14.

17　比屋根哲・山本信次・大石康彦（2002）「森林教育の課題と展望」，東北森林科学会誌，7(1)，pp.48-51.

18　山本信次(1998)「市民参加における「林業教育」と森林管理(〈特集〉転換期の森林・林業教育の現状と課題（Ⅰ））」，林業経済，51(6)，pp.25-32.

19　阿部治（2002）「認識・知識・態度・技能・参加－環境教育における五つの目標をどう達成・評価していくのか」，総合教育技術，57(5)，pp.6-12.

20　棚田と水路の再生活動は、同上 W-BRIDGE プロジェクトの助成による「やんばる国頭の森の水路再生・棚田ビオトープ整備による地域活性化プロジェクト（2011 年 7 月～ 2012 年 6 月）」として、NPO 法人国頭ツーリズム協会が受託し、国頭村宇嘉区と協働で実施した。

# 第Ⅲ部

# 世界自然遺産登録に向けて

# 第９章　やんばる国頭村の持続可能な森林資源管理の課題

本書の目的は、「森林管理における保全と利活用の二項対立を克服するための合意形成プロセスをどのように構築するか」という問いに答えることである。本書では、この問いに対して、「多様なステークホルダーの意見を地域が主体となった管理計画に反映させるための合意形成プロセスを構築すること」という答えを導き出した。特に、森林管理計画の策定においては、合意形成プロセスのなかで、①地域の人びとから「自然再生」への期待を明らかにし、これを計画策定の議論のプロセスに組み込んだこと、②自然環境、行政機関等による生態学的・行政的資料をもとに、各種境界の複雑かつ多様な情報をGISソフトの活用によって重ね合わせ、統合したことで、「再生するところ」による「ゆるやかなゾーニング」となり、合意の形成を実現することができた。また、合意形成のプロセスを、森林教育的な意味をもつものとしてデザイン・実践することで、多様なステークホルダーが環境をめぐる問題を深く理解し、また解決するためにはどのようなことが必要かを学ぶ機会を提供することができた。

終章では、今後のやんばる国頭村の森の持続可能な森林資源管理を考えていく上で課題となる、国立公園化・世界自然遺産登録に向けての課題、「林業」から「森林業」への転換、計画策定後の課題について論ずる。

## 第1節　国立公園化・世界自然遺産登録に向けての課題

### (1) 国内の世界自然遺産登録地

世界遺産条約（正式名称「世界の文化遺産及び自然遺産の保護に関する条約(Convention Concerning the Protection of the World Cultural and Natural Heritage)」）は、「世界で唯一の価値を有する遺跡や自然地域などを人類全体のための遺産として損傷又は破壊等の脅威から保護し、保存し、国際的な協力及び援助の体制を確立すること」を目的として、1972年のユネスコ（国連教育科学文化機関）総会で採択された。世界遺産とは、「顕著な普遍的価値（Outstanding Universal Value)」を有し、将来にわたり保全すべき遺産として世界遺産委員会が認め、「世界遺産一覧表」に記載されたものであり、「自然遺産」と「文化遺産」、両方の価値を兼ね備えている「複合遺産」がある。2015年3月現在、加盟国は198か国、世界遺産リストには1007件（うち日本は18件）が登録（inscription：記載）されている。このうち、自然遺産は約2割にあたる197件である[1]。

2003年の世界自然遺産候補地に関する検討委員会で、知床、小笠原諸島、琉球諸島3候補地が選定されてちょうど10年となる2013年1月、「奄美・琉球」の暫定リスト記載が決まった。暫定リスト記載までにこれほど時間がかかったのは、「絶滅危惧種の生息地など重要地域の保護担保措置の拡充」の課題解決、つまり「やんばるの森」の国立公園の指定が進まないことにあった。加えて、やんばるの森の国有林の約半分が米軍北部訓練場のため、遺産区域に含めることができない。国内の世界自然遺産4か所（白神、屋久島、知床、小笠原）すべての世界遺産区域の8割以上が国有林であることを考えると、面積確保のために民有林指定の割合が高くなれば、地域との調整は困難が予想される。

日本の世界自然遺産登録地は、知床、白神山地、屋久島、2011年に新たに登録された小笠原諸島の4か所である（**表9-1**参照）。世界遺産条約（1972年採択）に指定された地域では、世界遺産として認められた価値を将来にわたって保護することが世界遺産条約に定められており、関係行政機関と関係

**表 9-1　日本の世界自然遺産登録地の概要**

| 名　称<br>(指定年) | 登録面積 | 関係町村 | 保護の担保措置 | 指定理由他※ |
|---|---|---|---|---|
| 屋久島<br>(1993) | 10,747 ha<br>国有林率<br>95%<br>町の 21% | 屋久町 | 国立公園（9,528ha）、原生自然環境保全地域（1,219ha）、森林生態系保護地域保存地区（9,600ha） | 自然美（vii）・生態系（ix）：海岸部の亜熱帯から亜高山体植生の垂直分布、多くの固有植物、北限・南限種、老齢の巨樹天然林（ヤクスギ）等。 |
| 白神山地<br>(1993) | 16,971 ha<br>核心地域<br>60%<br>国有林率<br>100% | 青森県鯵ヶ沢町・深浦町・岩崎村・西目屋村、秋田県藤里町 | 森林生態系保護地域保存地区（核心地域と一致）、自然環境保全地域特別地区（9,844ha） | 生態系（ix）：ブナ林の純度の高さ、原生状態の保存、動植物の多様性。東アジアの代表的ブナ林。 |
| 知床<br>(2005) | 71,103 ha<br>国有林率<br>95%<br>※海域 31% | 斜里町、羅臼町 | 遠音別岳原生自然環境保全地域（全域）、知床国立公園（全域）、知床森林生態系保護地域 | 生態系（ix）・生物多様性（x）：海と陸が一体となった生態系。世界危機遺産リストにも指定（地球温暖化による生物多様性の崩壊） |
| 小笠原諸島<br>(2011) | 6,285ha<br>国有林率<br>80%<br>村の約 60% | 小笠原村 | 原生自然環境保全地域、国立公園、森林生態系保護地域 | 生態系（ix）：固有性の密度の高さと適応放散の証拠の多い、進化の過程を示す重要な地域。陸産貝類と植物相が顕著。 |

※自然遺産登録の評価基準（クライテリア）は、自然美（vii）、地形・地質（viii）、生態系（ix）、生物多様性（x）の 4 つであり、1 つ以上に適合する必要があ

団体で構成される世界遺産地域連絡会議の設置と世界遺産地域管理計画の策定が行われる。これらに共通するのは、いずれも世界遺産地域の 80%以上が国有林であることである。環境省による国立公園か林野庁による森林生態系保護地域に指定され、保護のための法律がトップダウンで設定できた地域といえる。

2011 年に世界自然遺産に登録された小笠原は、まさにトップダウンを絵に描いたような登録の経緯をもつ。2007 年の林野庁による森林生態系保護

地域の指定、続く環境省の国立公園区域の見直し、そして国家予算に近い莫大な予算をもつ東京都が主導の世界自然遺産のための取組である。社会面でも、米国や日本政府の政策に翻弄されてきたところや、返還時期などは類似していたが、大きく違うのは、地方自治の弱さだ。小笠原村は血縁関係のないＩターン新住民が過半数を占めており、集落単位の自治組織がほとんどないため、遺産登録までの法的規制に、小笠原村民の意見はほとんど反映されなかった。産業の１割に満たない１次産業、林業の歴史もない地域では、森と人との関わりが希薄で、法的に規制されることに対するデメリットがないため、自然を保護するための規制に異議を唱える人はほとんどいない。加えて、地域の経済的発展を目的としない、初めての世界遺産だという。小笠原を愛し、移住してきた人にとって、発展による観光客や人口の増加は誰も望んでいない。東京から船で25時間半、週１便というアクセスが急激な変化の抑止力となることを期待している[2]。

世界遺産登録による地域活性化、観光産業の振興を掲げる日本国政府と、地域住民の望む地域のあり方の乖離が、地域に新たな課題を生み出していないか、行政をはじめとする関係者は捉え続ける努力が求められている。

### (2) やんばる地域における国立公園化、世界自然遺産登録に向けての協議

1996（平成8）年４月、日米特別行動委員会（SACO）が、やんばるの森にある米軍北部訓練場の一部（約4,000 ha）の返還を表明した。これを受けて、環境省（当時は環境庁）が国立公園指定に関する調査検討を開始することを発表した。1999（平成11）年には、全国で唯一国立公園や世界遺産のない地域である国頭村に野生生物保護センターを開設し、前後３年にわたってやんばる地域の基本整備構想策定のための調査や検討会を実施した。

一方、林野庁の所管である九州森林管理局は、1997（平成9）年に「沖縄北部国有林の取り扱いに関する検討委員会」を設置し、返還地域の管理運営方針を検討してきた。2008（平成20）年度の第７回協議で示された、「沖縄北部国有林の今後の取り扱いについて（案）」では、返還地の約半分（約2,000 ha）を「森林生態系保護地域」とし、国有林内での林業は行わないと

いう方針を明確にした。

2003（平成15）年5月には「世界自然遺産候補地に関する検討会」を、環境省・林野庁が共同で設置し、琉球諸島を候補地として選定したが「絶滅危惧種の生息地など、重要地域の保護担保措置の拡充が課題」として推薦段階に至らなかった。以降、小笠原の世界自然遺産の登録の翌年2013年の暫定リスト掲載までの間、環境省は、地域住民の理解を得るための様々な取り組みを行ってきた（**表9-2**参照）。

2007年には、環境省主催の「やんばる地域の国立公園に関する検討会」（座長：桜井沖大学長）を3村の村長を委員とし、各村での座談会を開催し、基本的な進め方の説明・検討を行い、その結果が「やんばる地域の国立公園に関する基本的な考え方」としてとりまとめられた[3]。翌年には、住民との意見交換会が行われたが（2008年9月）、利用規制に対する不安の声が多く、加えて、森林に関する基礎情報の不備などで林業関係者の環境省に対する不信が増幅された結果となった。そのため、当初村内3か所の予定が1回で終了し、以降、環境省は地域住民との交流を主とした事業[4]に移行していくこととなった。このような状況のなかで2010（平成22年）年1月に始まったのが、「国頭村森林ゾーニング計画検討委員会」であり、環境省やんばる野生生物保護センター職員はオブザーバーとして参加した。

第4章で述べたとおり、国頭村内では与那覇岳を中心とした森林地域に、自然公園法による国定公園が指定されているが、環境省は1996年から国立公園指定のための施策を展開してきた。環境省及び沖縄県の動きが加速化したのは、2013（平成25）年1月に琉球諸島の世界遺産暫定一覧表記載が決まって以降、2014（平成26）年9月には、「第1回奄美・琉球世界自然遺産候補地科学委員会」による協議が始まり、国立公園化・世界自然遺産登録のための取組みが本格化した。

国頭村は、これらの上位機関の動きに対応するために、2014（平成26）年6月に「国頭村における国立公園指定及び世界自然遺産に関する検討委員会」を設置し、登録によるメリット、デメリットの抽出等の本格的な検討を始めた。2015年2月には、「答申書」という形で国頭村長あてに検討

**表 9-2　国立公園・世界遺産地域の指定の動きにおける合意形成**

| 年 | 国（環境省・林野庁等） | 自治体（沖縄県、国頭村） |
|---|---|---|
| 1995 | 沖縄北部国有林取扱検討会（林野庁）<br>（96'）SACO（沖縄に関する特別行動委員会）設置 →米軍北部訓練場の一部変換を表明<br>↓　⇒国立公園指定調査検討開始<br>（98'）米軍北部訓練場の一部返還<br>（99'）やんばる野生生物保護センター開設 | |
| 2000 | （03'）世界自然遺産候補地選定（知床・小笠原） | （01'）「北部訓練場・安波訓練場跡地利用計画」策定審議会（6 回） |
| 2005 | （05' 知床自然遺産登録）<br>（07'）国立公園検討会・座談会↓<br>「国立公園に関する基本的な考え方（08'）<br>（08'）住民説明会（1 回で中止）<br>（09'）鳥獣保護区指定（安田） | （07' やんばる学びの森開設） |
| 2010 | （11'　小笠原自然遺産登録）<br>（13'）世界自然遺産暫定一覧表記載決定 | （11'）国頭村森林ゾーニング計画<br>（13'）やんばる型森林業推進計画（県）<br>（14'）国頭村国立公園指定・世界自然遺産検討委員会 |
| 2015 | 世界遺産科学委員会<br>（16'.3）やんばる国立公園パブリックコメント，希少野生動植物種追加指定<br>（16'.9）やんばる国立公園指定<br>（16'.12）米軍北部訓練場一部返還<br>（17'2）世界遺産ｾﾝﾀｰ推薦書提出 | （15'）世界自然遺産対策室設置<br>（15'.5）住民説明会 |

委員会の審議の結果を示した（国頭村における国立公園指定及び世界自然遺産に関する検討委員会, 2015）[5]。筆者は、環境省との国立公園地種区分協議のための検討資料として、森林ゾーニング計画策定時に使用したGIS情報の更新、施業履歴・計画の追加・検討を行い、林業作業部会での協議に参加した。2015年4月には、国頭村役場に「世界遺産対策室」が設置され、国立公園・世界遺産登録に向けた動きが本格化した。5月には住民説明会を開催、7月には国頭、大宜味、東の3村長が国立公園指定の素案に同意し、2016（平成28）年9月、国内で33箇所目となる「やんばる国立公園」が誕生した。

やんばる国立公園指定の影響を受け、同じく民有林の割合が高く難航していた奄美地域も2017年3月に「奄美群島国立公園」に指定された。2016年3月には、種の保存法に基づき、奄美・琉球地域の多くの固有種が国内希少野生動植物種に追加指定され、世界自然遺産登録の課題であった「保護担保措置」が講じられたため、同年2月にユネスコ世界遺産センターへ「奄美・琉球」の推薦書が提出され、2018年度の登録を目指している。

第2章で示した「顕著で普遍的価値」を有する重要な地域の3条件について、推薦書（日本政府, 2017）[6]では、②完全性の条件（適切な面積と悪影響の回避）については、「安定的な生息・生育環境が確保されている（面積）」とし、マングース、ネコ等の外来種の影響、野生動物の交通事故、違法採集等のリスクも対策により防止・低減していると記している。また、③十分な「保護管理」についても、国立公園指定、国内希少野生動植物種や天然記念物指定、地域連絡協議会・科学委員会の設置等を挙げているが、課題は山積している。

世界自然遺産登録を、地域住民が望む地域づくりの絶好の機会ととらえ、地域を主体とした多様なステークホルダーによる合意形成プロセスを経て取組み続けることが重要である。

## 第2節　「林業」から「森林業」への転換

国頭村では、2001（平成13）年の米軍訓練場返還予定地の保全と利活用についての審議会で、「森林業」という言葉が生まれた。そこでは、森林業を「森林のすべての恵みを人と生き物が持続的に享受するための包括的な森林の管理事業」と定義し、本計画の検討委員会でも新たな森林業の創出について活発な意見が交され、その結果は基本方針にも盛り込まれた。国頭村で「森林業」ということばが使われるとき、その言葉には新たな林業の転換に対する積極性や明るい展望を感じることが多く、議論では、「ヤンバルクイナやヤンバルテナガコガネの養殖」という、保護派が聞いたら大きな物議をかもし出すような用語が使われる一方、すぐにでも実施したい林道管理や密猟者の監視等の現実的な提案も多く出された。「森林業」の概念に一縷の光を見出す場面がしばしばあった。この森林業の創出には、生物多様性の保全・向上が不可欠である。そもそも「森林業」の定義にある「森林のすべての恵み」のことばのなかには、「森林資源を多面的にとらえ、持続可能な利活用を図る」という理念が組み込まれている。

「森林業」については、「第３次国頭村総合計画　基本構想」（国頭村, 2002）[7] に以下のように記載されている。

「森林業」とは、「北部訓練場・安波訓練場跡地利用計画」で初めて示された造語で、古より森とともに繁栄してきた国頭村において、「これから森林を舞台として展開する活動は、経済林として造林や伐採を主とする行為だけでなく、森と人とのより深いかかわりの中で行っていく」という決意を示したものである。

### （1）さらなる環境配慮型林業への転換

沖縄県は、2013（平成 25）年 10 月に、「やんばる型森林業の推進（施業方針）」を作成し、独自の森林利用区分（ゾーニング）の設定及び利用区分に応じた森林施業方針を明確にした。翌 2014 年からは、県営林に試験伐採地を設定し、環境調和型の収穫伐採方法について実証事業を行っている（沖縄県, 2015）[8]。

国頭村民にとってやんばるの森は、国有林であれ民有林であれ、使い方の制限は違っても、自分たちの先祖の生活を支えてくれた自分たちの森である。安田区の猪垣調査の時、皆伐後植林して4年目の造林地にポツンと残っていたそれほど大きくもない1本のリュウキュウマツが気になり、猪垣を案内してくれていたベテラン施業班長[9]に尋ねてみた。万が一植えた木に何かあった時に、種子が落ちて回復するように、リュウキュウマツやイタジイ、イジュなどの母樹となる木をわざと残しているということだった。国頭村のすべての施業班に徹底されている方法ではなく、この造林地は県から優良造林地として表彰を受けた。長年森と真剣に向き合ってきた林業技術者ならではの細やかな配慮が、次世代の林業者に継承されることで、林業者が自身の仕事に対する誇りを持ち、利活用の正当性をアピールする姿勢が求められている。

### (2) 付加価値を追求する木材活用方法の模索

1977年頃から有用木として常緑広葉樹の植樹が始まった。ほとんどの樹種は標準伐期が30年ではあるが、その生育は十分とはいえず、人工造林地で木材として収穫できるのは2030年頃からと予測されている[10]。

エネルギー革命後の高度経済成長期の拡大造林によりスギ・ヒノキ植林が行われて以降現在に至るまで、国は広葉樹の利活用について真剣に研究を行っていない。現在沖縄県や国頭村ではその利用についての模索が続いている。これまで、国頭村森林組合の伐採木の多くはパルプの原料としてチップに加工し、本土に送られてきた。しかしながら、森林管理協議会（FSC：Forest Stewardship Concil）の認証が得られていない製品であるため、2015年度から売買ができない状況になっている[11]。今後の施業にも生態学的な順応的管理（adaptive management）の導入によって、施業者自身が生態系の変化を常に把握しながら、環境保全型の林業技術の確立が不可欠である。

### (3) 林業者から森林管理者への転換

出口が見いだせない亜熱帯林業の解決策に、環境省、沖縄県、国頭村の行政担当部局は様々な取組を林業者に投げかけている。環境省・沖縄県の協働で行っている外来種対策事業（マングースバスターズ）は、これまで建設コンサルタントが委託事業として行い、地域住民の雇用の場となってきた。今後、国頭村森林組合や林業者への事業展開が期待されている。

2013年度からは、村内に張り巡らされている林道を利用した貴重な野生生物の密猟・盗掘を減らすための林道パトロール事業（環境省）を、国頭村森林組合が実施している。やんばるの森ではマニアや業者による甲虫類、カエル類、ラン科植物などの密猟・盗掘が長年横行しており、貴重な野生生物が高値で取引されている。生物多様性の保全、貴重な野生生物の保護が当たり前になった現在ではあるが、その保全・保護のために費やされる税金は少ない。林業者に伐採の制限や半年近い生業の自粛を強いる現状を勘案すれば、密猟・盗掘を防止するためのパトロールや生息状況等の基礎調査を、山に精通した体力のある林業者に役割として担ってもらうなどの配慮や努力が行政側にも必要である。当然林業者にもそれらの役割を担うための研鑽が求められる。

また、これまでの施業履歴の整理や今後の森林整備事業計画の策定の際、本事業で作成したGISデータの電子データの活用・更新ができる仕組みをつくるために、本事業で使用していたPCを国頭村森林組合に提供したが、人材育成が進んでおらず、活用できていないのが残念である。

この他にも、不法投棄調査・パトロール、造林木のモニタリング調査、ヤンバルテナガコガネの増殖、林道管理等、欧米の国立公園では一般的となっているフォレスターとしての役割を担っていくことで、多様性豊かな「森林業」を創出することが、持続可能な森林資源管理の実現につながる。

## 第３節　「国頭村森林地域ゾーニング計画」策定後の課題

### (1) 沖縄県のゾーニング計画に組み込まれた「地域の考え」

本計画の内容は、沖縄県が2013年に策定した「やんばる型森林業の推進（施策方針）」の利用区分等にも反映され、策定の目的でもあった「関係機関によるやんばるの森の森林政策等に対し、国頭村の考え方として発信」（国頭村, 2011）[12] することができた。県の事業で実施された検討委員会や作業部会において、国頭村の検討委員は、本計画を国頭村の考え方として発言した。2012年12月に地元国頭村で開催された「やんばる森の利用を考えるフォーラム」（沖縄県農林水産部森林緑地課主催）においても、村長挨拶及び副村長講演のなかで、「国頭村ゾーニング計画」が国頭村の森林の保全と利活用に関する基本方針であると説明した。

その一方で、計画が策定された後の平成23、24年度の国頭村の伐採地域は9か所、面積約22.6 ha、すべて村有林であり、そのうち1か所4.8 haはゾーニング区分の「守るところ」の伐採であった。ノグチゲラの古巣や大径木が残る渓流部の伐採に対し、監督機関である沖縄県森林緑地課、国頭村及び国頭村森林組合に自然保護団体が抗議行動を起こし、地元新聞にも大きく掲載された。「ゆるやかなゾーニング」により、多様な関係者の合意形成が可能となった反面、行政担当者の異動等の行政システムの問題によって、本計画が運用の段階で十分に反映されない等、運用段階における課題が明らかとなった。

### (2) 地域による森林管理計画の継続的な策定（見直し）と実践のしくみづくり

これまでみてきたとおり、現在の森林管理は公共事業が主体となっているため、行政と研究者が専門家として管理計画の策定を行っている。しかしながら、現在直接的に策定に関わっているのは、利害関係者と普遍的価値を守るために活動している一部の保護団体のみとなっている。森林の持続性を重視するならば、多様な関係者の意見を取り込みながら地域住民が持続可能性と真摯に向き合い、管理計画を策定することが不可欠である。

本計画では、末尾に下記の運用方針を示している（下記文章参照）。ここでは、本計画を国頭村の各種計画への反映と事業への活用を謳っている。2012年に策定された「第4次国頭村総合計画　基本構想・基本計画」[13] では、土地利用の方針等について、本計画のゾーニング区分や基本的な考え方に基づくことが記載されており、本計画の考え方が施策に反映された。

　本計画は、今後の国頭村森林整備事業計画、国頭村木材拠点産地計画、国頭村総合計画等に反映するとともに、森林整備事業、森林資源活用事業、観光関連の推進事業、河川・海岸・流域等の自然再生事業等を推進するための基礎資料として活用していきます。

　また、「国頭村土地開発規則」及び「森林法第10条の8: 伐採及び伐採後の造林の届出制度」等の申請に対しては、それぞれの審査機関において、本計画との適合性を含め、審査することとします。

　なお、「国頭村森林整備事業計画」等の上位計画が改正された場合や、研究機関等により水源涵養機能や野生生物の生育・生息状況、生物多様性等に関する新たな科学的知見が報告された場合等に、適宜見直しを行います。

（「4. 国頭村森林地域ゾーニング計画（5）「国頭村森林地域ゾーニング計画」の運用方針（p 12)」より）

　今後は、本計画の継続的な見直しと、計画を実践するためのしくみづくりが課題である。計画の実践についての仕組みづくりに関しての具体的な取組は進んでいない。今回策定した国頭村のゾーニング計画は、光田ら（2009）[14]の森林計画手法の分類のなかでは、計画レベル3分類（戦略・戦術・実行）のうちの「戦略レベル（Strategic level)」であり、空間スケール3分類（地域・団地・林分）のうちの「地域レベル（Regional level)」に該当する。今回のゾーニング計画を踏まえた収穫規整計画等の実行レベルへの移行は、具体的には既存の森林整備計画や森林経営計画の見直し作業を行うことである。本計画策定以降、「国頭村森林整備計画」において、本計画との整合性についても確認・検証が行われているものの、「再生するところ」に対する流域単位での整備に向けた具体的な管理等は実行されておらず、「戦術・実行レベル及び団地・林分レベルの計画立案システムの確立」には至っていない。

### (3) 地域を主体とした社会的合意形成プロジェクトの実践

「国頭村森林地域ゾーニング計画」策定事業によって、森林管理に関する合意形成プロセス・マネジメントの構築による社会的合意形成のプロジェクトを実践することができた。国頭村では、世界自然遺産登録に向けて、森林ツーリズムのルールづくりをはじめとする多種多様な合意形成プロジェクトが始まっている。世界遺産登録は、国家プロジェクトであり、環境省、林野庁、沖縄県などの上位機関との調整・協議が必要である。様々な事業が様々な組織の思惑で進められる中で、地域住民の意見を反映していくためには、トップダウンで行われる事業の中にも、社会的合意形成プロセスを組み込む必要がある。国頭村の行政、研究者、地域住民が一丸となって、表出する様々な課題に対し、創造的な解決策を創出するための積極的な取組が、持続的な地域づくりにつながる。

### (4) 亜熱帯林の資源管理に関する合意形成プロセス研究としての今後の展開

本書の実践対象である沖縄県国頭村のやんばるの森は、世界自然遺産に値する学術的価値を有する亜熱帯林として、国内では特殊な事例と位置付けられるが、グローバルな視点からみると、アジア地域の類似した森林地域の資源管理に関する合意形成プロセス研究として典型事例ということができる。東南アジア地域の持続的森林管理に関する合意形成については、インドネシア、マレーシア、タイ、フィリピン等で研究が行われている（藤田, 2008[15]：永井, 2014[16]：井上, 2004[17]：葉山, 1999[18]：笹岡, 2001[19]：原田, 2001[20]）。これらの地域で共通していることは、ローカルからグローバルなコモンズへの急激な変化のなかで、地域住民の権利が普遍的価値や経済的価値のために奪われていることである。政治情勢が不安定な地域はその傾向が顕著である。どのような状況においても、地域住民の声の反映が地域の課題解決の基礎的要件と考え、本書で示した実践手法を展開することを今後の研究課題としたい。

## 注

1　環境省ホームページ　日本の世界自然遺産より
http://www.env.go.jp/nature/isan/worldheritage/info/index.html

2　2010 年 11 月 1 ～ 6 日に、立教大学異文化コミュニケーション研究科リサーチワークショップに参加し、世界自然遺産登録前の小笠原村で行政、観光業者、第 1 期入植者の子孫の方等に聞き取り調査を行った。

3　環境省那覇自然環境事務所（2008）やんばる地域の国立公園に関する基本的な考え方

4　やんばる 3 村持続可能な地域づくり応援講座事業（2009 ～ 11 年度）、比地大滝等の特定地域の基礎調査等

5　国頭村における国立公園指定及び世界自然遺産に関する検討委員会（2015）国立公園指定・世界自然遺産に関する基本的な考え方について　答申報告書

6　日本政府（2017）世界遺産一覧表記載推薦書　奄美大島、徳之島、沖縄島北部及び西表島

7　国頭村（2002）第 3 次国頭村総合計画・基本計画（H14 ～ 23 年）

8　沖縄県農林水産部森林管理課　やんばる多様性森林創出事業　検討委員会（第 2 回）資料（2015.3.17）.

9　大城盛雄氏（安田区）。（公社）国土緑化推進機構「森の名手・名人（平成 18 年度）」の森づくり部門（造林手）に選定されている。

10　国頭村国立公園・世界自然遺産検討委員会　林業作業部会（2015.4.8）

11　2017 年 10 月には、県が本島北部の県営林で「森林管理認証（FM認証）」を、国頭村森林組合が、認証材の適切な管理に関する「CoC 認証（緑の循環認証会議（SGEC）による審査）」を取得した。

12　国頭村（2011）国頭村森林地域ゾーニング計画

13　国頭村（2012）第 4 次国頭村総合計画　基本構想・基本計画』

14　光田靖・家原敏郎・松本光朗・岡裕泰（2009）「基準・指標の理念に基づく森林計画手法に関する検討」．森林計画誌 42(1)，pp.1-14.

15　藤田渡（2008）「悪評をこえて―サワラク社会と「持続的森林管理」のゆくえ―」．東南アジア研究 46(2)，pp.255-275.

16　永井博子（2014）「住民から見た参加型森林事業―フィリピン中部マアシンにおける水源林再生事業と地域社会―」．東南アジア研究 51(2)，pp.197-226.

17　井上真（2004）『コモンズの思想を求めて』，岩波書店，東京.

18　葉山アツコ（1999）「熱帯林の憂鬱―森林の共同管理は可能か」，秋道智彌編『自然はだれのものか―「コモンズの悲劇」を超えて（講座　人間と環境　第 1 巻）』，昭和堂，pp.162-185.

19　笹岡正俊（2001）「コモンズとしてのサシ―東インドネシア・マルク諸島における資源の利用と管理」，井上真・宮内泰介編『コモンズの社会学―森・川・海の資源共同管理を考える―(シリーズ環境社会学 2)』，新曜社，pp.165-189.

20　原田一宏（2001）「熱帯林の保護地域の地域住民―インドネシア・ジャワ島の森」，

井上真・宮内泰介編『コモンズの社会学―森・川・海の資源共同管理を考える―(シリーズ環境社会学 2)』，新曜社，pp.190-212.

# 終章　結論

森林管理では、保全と利活用の二項対立をどう克服するか、その道筋をどのようにみいだすかということが重要な課題である。本書は、この課題について、わが国で代表的な亜熱帯林である沖縄県やんばる国頭の森の「国頭村森林地域ゾーニング計画」(2011　国頭村) の策定事業を題材に、社会合意形成及び森林教育の観点から考察した。実践フィールドは、沖縄本島北部に広がるやんばるの森のなかでも、特に貴重な動物たちの生息地の中心となっている国頭村である。生物多様性豊かな亜熱帯林の保全と利活用をめぐる多様なステークホルダー (関係者) 間のインタレスト (関心・懸念) が潜在的に対立するなか、紛争に陥らせずに合意形成を図るには、合意形成プロジェクト・マネジメントをどのように行うかが重要である。森林資源管理に関する合意形成については、様々な分野で研究が行われているが、基礎自治体による森林計画策定の実践に関する研究事例は少ない。

事業では、合意形成プロセスを含む事業による理論的・経験的な情報を分析した上で構築した「社会的合意形成プロセスにおける設計・運営・進行の具体的手法」を用いて行った。すなわち、本書は、困難な合意形成の現場において、合意形成プロセスのための仮説を立て、当事者として問題解決の試みとして行った実践的・社会実験的研究を示したものである。

本書は３部構成とし、第Ⅰ部では、やんばるの森の保全と利用の対立を解決するための森林管理計画を策定するための課題として、①保全と利活用をめぐる二項対立へ新たな価値観の導入、②森林地域の様々な境界による混乱の解消、③地域住民の意見を取り込むための仕組みづくりが必要であることを示した。第Ⅱ部では、第Ⅰ部で明確になった課題について、解決のために実践した基礎自治体による森林計画策定事業の具体的な内容と合意形成マネジメントについて論じた。第Ⅲ部では、やんばる国頭村の持続可能な森林資源管理の課題として、国立公園化・世界自然遺産登録に向けての課題、「林業」から「森林業」への転換、「国頭村森林地域ゾーニング計画」策定後の課題について論じた。

本書では、多様なステークホルダーによる保全と利活用の対立が存在するなかで、対立を克服するための合意形成プロセスをどのように構築するかという課題について、その解決のために以下の４点を示した。

① 対立の深い森林管理の問題について、その問題の本質に沿い、かつ地域の実情に即しつつ、社会的合意形成プロセスのデザインとマネジメントを社会実験的に実践することで、対立の深い課題を合意に導くことができる。
② 森林をめぐる対立紛争を解決するための合意形成のプロセスを、森林教育的な意味をもつものとしてデザイン・実践することで、多様なステークホルダーが環境をめぐる問題を深く理解し、また解決するためにはどのようなことが必要かを学ぶ機会を提供することが重要である。
③ 自然環境、行政機関等による生態学的・行政的資料をもとに、各種境界の複雑かつ多様な情報をGISソフトの活用によって重ね合わせ、統合することで、戦略的概念としての「ゆるやかなゾーニング」による合意形成を実現することが重要である。
④ 創造的・建設的合意形成プロセスの構築により、地域住民の意見を計画策定プロセスに組み込むことが重要であり、これにより、「再生するところ」による「ゆるやかなゾーニング」が実現できた。

本書では、「国頭村森林地域ゾーニング計画」の策定事業の実践を、一般的な森林資源管理計画の策定において参照価値のある理論として示した。特に、関係者の潜在的な対立により森林管理計画の策定が困難な地域においては、基礎自治体である市町村が主体となって計画を策定すること、及び策定事業をプロジェクトとしてマネジメントすることが重要であることを強調したい。基礎自治体が主体となることで、林野、建設、環境等の行政部門単位での限定された法定計画としてではなく、部門の枠を超えたまちづくり計画等の総合計画として森林管理計画を策定することが、潜在的な対立を克服するための有効な手段であることを示した。

また、基礎自治体が主体となって計画を策定することにより、①対象地域の多様なステークホルダーが協議に参加し、インタレストを表現できる場をデザインすること、②多様なインタレストを基盤とした「ゆるやかなゾーニング」を行うことにより、地域の将来ビジョンを創造することを、計画策定の第1ステップと位置付けることが、関係者の潜在的な対立により森林管理計画の策定が困難な地域において重要である。つまり、しばしば明確な線引き（ゾーニング）によって顕在化する対立構造を克服するために、合意形成が可能な事項とそうでない事項を明確にしながら、地域の将来像を描くことを目的としたプロジェクトデザインとマネジメントを行うことが重要であること示した。次のステップとしての森林管理の具体的な実践にむけた合意形成プロセスの構築、さらに、類似環境を有するアジア地域や森林管理以外の事業への応用可能性の検証は、今後の重要な研究課題である。

# あとがき

大学で生物学を選択した時から、人間活動により生存を脅かされている野生生物の役に少しでも立ちたいという想いで、建設コンサルタントで働くことに決めた。自分なりに頑張ったつもりだが、所詮開発側からの委託による環境調査や環境影響評価であり、本質を見ないように続けていくうちに、大好きな現場からも徐々に遠ざかる立場になり、退職した。

以来、森林インストラクター、環境調査員、旅行添乗員、派遣社員、ネパールトレッキングガイド見習いと混迷は続いた。標高4千mのヒマラヤで満天の星空をみながら、環境教育の道に進もうと修士課程に進学し、生きもの大好きな指導教授の阿部治先生からのご縁で、ここ沖縄県国頭村のNPOで働くこととなった。NPO法人国頭ツーリズム協会は、「国頭村環境教育センターやんばる学びの森」を指定管理で運営しており、まさに子供から観光客まで幅広く「広義の環境教育」の機会を提供していたので、学んだことを実践するにはぴったりの職場だった。

ところが、私の担当は地域再生事業関係だった。血縁も知人もいない沖縄本島最北の村で、村が元気になるために思いつくメニューを次々に試した。1年目のメニューは既に決まっていて、その中のひとつに、村の中心街を活性化するためのワークショップがあった。ワークショップの経験が全くなかった私の脳裏に浮かんだのが、桑子敏雄先生だった。桑子先生のことは、修士課程の集中講義で知ったが、「哲学者に実践者がいるんだ」という程度の印象だった。講義の後も交流はなく、まさにダメモトでワークショップのファシリテーションをお願いしてみたら、あっさりと受けてくださり、それ以来、今に至る長いおつきあいとなった。私の混迷期に多大な影響を与えてくださった阿部治先生と桑子先生は、どちらも生きものが大好きで、歳は違うが同じ誕生日！という偶然が、とても気に入っている。

「国頭村森林地域ゾーニング計画」を策定することになったのは、沖縄県観光部局の補助事業がきっかけだった。もちろんその前の地域再生事業でも、森林の利活用については重点課題のひとつだった。国は早い段階からやんばるの森の世界自然遺産登録を目指していたが、環境省と林業者の間には根深い不信感があった。私が国頭村に移住した年（2008年）の環境省主催の住民意見交換会では、規制への反発や、地図情報の不備に関する林業者の発言に対し、「地元に任せていたら、やんばるの森はなくなる」という趣旨の発言が環境省職員からもあり、関係性が悪化しただけの会合となった。以来、環境省からの国立公園化に向けた直接的な働きかけはなくなった。二項対立の膠着状態を打破するためには、国頭村民だけで、かつ林業者だけでなく、できるだけ多様な人々で、やんばるの森について話し合うしかなかった。本格的な協議が始まった2年目は、当時の宮城馨村長もその必要性を認め、村単費での実施となり、その成果は、国頭村民の総意として発信された。

ツキノワグマ、ツシマヤマネコ、イヌワシ、クマタカ等の森林性野生動物を守りたいと願い続けてきた私にとって、豊かで多様な森の広がりやまとまり、つながりをどう保全・管理するかを考えることが重要なテーマであり続けている。森林を、生活の糧を求めて利用するのではなく、美しい風景や野生の生き物を探し求める人々が増え、その価値はこの半世紀で大きく変化している。一方、戦後の拡大造林で伐期を迎えた森林資源は、過疎化・超高齢化を迎えた集落の貴重な財産であり、その活用が期待されている。私が住む国頭村にとっても、森林資源の活用は、野生生物の保護と同じく重要な課題であり、課題の創造的解決にこれからも携わり続けたいと願っている。

本書の執筆にあたり、多くの方々のご支援を賜ったことを、この場を借りてお礼申し上げたい。修士課程修了後も様々にご指導・支援いただいた立教大学社会学部教授・阿部治先生、博士課程での職場であるNPO法人国頭ツーリズム協会の山川雄二さん、當山邦昭さん、嘉陽絹代さんほか皆様、山川安雄さん、九州大学工学研究院・島谷幸宏教授、久保田后子宇部市長、様々な実践の場を提供してくださった国頭村役場の大城靖さん、神山徳夫さん、ほか国頭村の皆様、国頭村森林組合の山城健さん、比嘉進さん、賀数安志さんほか皆様、GISデータ整備でご指導いただいた森林総合研究所の齋藤和彦さん、琉球大学与那フィールドの高嶋敦史さん、やんばるの森の生きもののすばらしさをいつも情熱的に教えてくれる新星出版の村山望さん、論文審査等の博士課程でお世話になった加藤まさみさん、広瀬洋子さん、豊田光代さん、高田知紀さん、ほか桑子研究室メンバー・OB に心よりお礼申し上げたい。

指導教官である桑子敏雄教授には、博士課程在籍中からその後も、遠く沖縄県国頭村までご足労いただき、現場での実践から論文執筆まで、細部にわたってご指導と、励ましをいただきました。心より深く感謝申し上げる。

本書を出版するにあたっては、東信堂の下田勝司氏にご尽力いただきましたことに心からお礼申し上げたい。

最後に、どのような状況においても、私を見守り、一喜一憂し、励まし続けてくれた父・修二朗と母・千枝子に心からの感謝を捧げたい。

※　本書は、独立行政法人日本学術振興会平成 29 年度科学研究費助成事業（研究成果公開促進費）の交付を受けて公刊するものである。

谷口　恭子

# 引用・参考文献一覧

秋廣敬恵（2005）「地域社会における森林管理・利用への住民参加・パートナーシップに関する社会経済学的考察（I）―パートナーシップ形成過程の類型化―」，森林計画学会誌 39，pp.123-142.
秋廣敬恵（2007）「地域社会における森林管理・利用への住民参加・パートナーシップに関する社会経済学的考察（II）―森林ボランティア活動みる森林管理・利用のための「協働システム」の分類と特徴―」，森林計画学会誌 41，pp.249-270.
字伊地編集委員会（2010）あしみなの里　伊地
東清二（1997）「貴重な沖縄の昆虫」，池原貞雄・加藤祐三編著『沖縄の自然を知る』，築地書店．東京，pp.95-108.
阿部治（2002）「認識・知識・態度・技能・参加―環境教育における五つの目標をどう達成・評価していくのか」，総合教育技術，57（5），pp.6-12.
阿部治（2009）「持続可能な開発のための教育」（ESD）の現状と課題，環境教育，19（2），pp.21-30.
伊澤雅子（2005）「ノネコ，マングースによるヤンバルクイナの捕食」，遺伝 59 巻 2 号，pp.34-39.
井上真・宮内泰介（2001）『コモンズの社会学―森・川・海の資源共同管理を考える―（シリーズ環境社会学 2）』，新曜社，東京．
井上真（2004）『コモンズの思想を求めて』，岩波書店，東京．
井上真理子・大石康彦（2010）「森林教育が包括する内容の分類」，日林誌，92，pp.79-87.
井上真理子・関岡東生・比屋根哲・岩松真紀（2013）「座談会：自然保護教育と森林教育」，環境教育，23（1），pp.50-58.
猪原健弘（2011）「合意と合意形成の数理―合意の効率，安定，存在」，猪原健弘編著『合意形成学』．勁草書房，東京，pp.103-122.
太田英利（1997）「両生類と爬虫類たち」，池原貞雄・加藤祐三編著『沖縄の自然を知る』，築地書店，pp.109-128.
小川潔（2009）「自然保護教育の展開から派生する環境教育の視点」，環境教育，19（1），pp.68-76.
沖縄県（2007）拠点産地育成計画書（国頭村・木材）
沖縄県（2008）平成 19 年度亜熱帯島嶼域における統合的沿岸・流域森林管理に関する研究推進事業報告
沖縄県（2008）沖縄北部地域森林計画書（2009.4-19.3）
沖縄県・国頭村（2014）国頭村森林整備事業計画（H26-36）
沖縄県文化観光スポーツ部（2017）平成 28 年度　沖縄県入域観光客統計概要 http://www.pref.okinawa.jp/site/bunka-sports/kankoseisaku/kikaku/statistics/tourists/h28-f-

tourists.html
沖縄県北部国有林の取り扱いに関する検討委員会（2009）沖縄北部国有林の今後の取扱いについて（案）
沖縄県農林水産行政史編集委員会（1989）『沖縄県農林水産行政史第7巻（林業）』，（財）農林統計協会，東京．
沖縄県農林水産部森林緑地課（2013）やんばる型森林業の推進〜環境に配慮した森林利用の構築を目指して〜（施策方針）
沖縄県農林水産部森林緑地課（2014）沖縄の森林・林業（概要版）　平成25年版
沖縄県文化環境部自然保護課（2005）改訂・沖縄県の絶滅のおそれのある野生生物（動物編）―レッドデータおきなわ―
沖縄県文化環境部自然保護課（2017）「改訂・沖縄県の絶滅のおそれのある野生生物第3版（動物編）―レッドデータおきなわ―」
沖縄県林業水産部森林管理課（2017）沖縄の森林・林業（概要版）　平成28年版
沖縄総合事務局北部ダム事務所（1997）沖縄北部地域環境保全対策検討業務広域調査調査台帳渓流植物（平成5〜8年度）
沖縄総合事務局北部ダム事務所（1998）与那川生物環境調査データ
沖縄総合事務局北部ダム事務所（1998）座津武川生物環境調査データ
沖縄総合事務局北部ダム事務所（1998）奥間川生物環境調査データ
沖縄総合事務局北部ダム事務所（2002）沖縄本島北部地域における生物調査データ第1〜3巻
奥田夏樹（2005）「西表リゾート要望書―現状報告と今後の展望―」．保全生態学研究10，pp.107-110.
奥のあゆみ刊行委員会（1986）奥のあゆみ
奥間川に親しむ会（2000）清流に育まれて―奥間川流域生活文化遺跡調査報告書―
尾崎清明（2005）「ヤンバルクイナの分布域と個体数の減少」，遺伝59巻2号，pp.29-33.
尾崎清明（2009）「「飛べない鳥」の絶滅を防ぐ―ヤンバルクイナ―」，山岸哲（編）『日本の希少鳥類を守る』，京都大学出版，pp.51-70.
柿澤宏昭（1993）「森林管理をめぐる市民参加と合意形成―日本とアメリカの現状から―」．森林計画誌20，pp.77-95.
柿澤宏昭（2000）『エコシステムマネジメント』，築地書館，東京，p.206.
柿澤宏昭（2003）「森林計画と社会」，pp.40-63，木平勇吉編著『森林計画学』，p.228.
柿澤宏昭（2004）「地域における森林政策の主体をどう考えるか―市町村レベルを中心にして―」，林業経済研究，50，pp.3-14.
加藤衛拡（1997）「林政八書　全（琉球）蔡温ほか著・沖縄県編」，pp.67-260.『日本農書全集第57巻　林業2』農山漁村文化協会，東京，p.261.
神奈川県（2014）神奈川県地域森林計画（神奈川森林計画区：2013-2023）
紙野伸二（1998）「森林・林業教育の再考と市民参加（〈特集〉転換期の森林・林業

教育の現状と課題（I））」，林業経済，51(6)，pp.8-14.
上飯坂實（1998）「これからの森林・林業教育のあり方と森林総合学（〈特集〉転換期の森林・林業教育の現状と課題（I））」，林業経済，51(6)，pp.1-7.
神谷厚昭（2007）「琉球列島ものがたり」，ボーダーインク
文部科学省・農林水産省・国土交通省・環境省（2004）ヤンバルクイナ保護増殖事業計画　https://www.env.go.jp/nature/kisho/hogozoushoku/yambarukuina.html
環境省（2009）国指定やんばる（安田）鳥獣保護区、特別保護地区指定計画書
環境省（2013 年 9 月 5 日）自然の保護と利用に関する世論調査　http://www.env.go.jp/nature/whole/chosa.html
環境省（2016 年 9 月 15 日）やんばる国立公園　指定書及び公園計画書　http://www.env.go.jp/nature/np/yambaru.html
環境省　日本の世界自然遺産　http://www.env.go.jp/nature/isan/worldheritage/info/index.html
環境省総合環境政策局（2002）持続可能な地域づくりのためのガイドブック
環境省那覇自然環境事務所（2008）輝くやんばるの森　森と生き物たちのつながり
環境省那覇自然環境事務所（2008）やんばる地域の国立公園に関する基本的な考え方
環境省那覇自然保護官事務所（2010）平成 21 年度沖縄島北部地域におけるウミガメ類の生息実態調査業務報告書
環境庁自然保護局（2000）第 5 回自然環境保全基礎調査　特定植物群落調査報告書
北広島市（2012）北広島市森林整備計画（2008―2018）.
鬼頭秀一（1996）『自然保護を問いなおす―環境倫理とネットワーク―』, 筑摩書房．東京.
岐阜県（2012）第 2 期　岐阜県森林づくり基本計画　平成 24 ～ 28 年度〈概要〉
九州森林管理局（2008）「第 3 次地域管理経営計画　沖縄北部森林計画区（2009.4-19.3）」
国有林取扱検討委員会（2009）「やんばる森林生態系保護地域計画（案）」.
国頭村役場（1983）『国頭村史（二刷）』，第一法規出版.
国頭村（1999）国頭村取水ヶ所位置図
国頭村（2002）第 3 次国頭村総合計画・基本計画（2002-11）
国頭村（2007）国頭農業振興地域整備計画書
国頭村（2009）国頭村森林整備事業計画（2009-13）
国頭村（2010）国頭村第三次国土利用計画（2010-19」
国頭村（2011）国頭村森林地域ゾーニング計画
国頭村（2012）第 4 次国頭村総合計画　基本構想・基本計画
国頭村（2013）国頭村　村政要覧．p.39.
国頭村（2016）『国頭村史　くんじゃん―国頭村近現代のあゆみ―』
国頭村における国立公園指定及び世界自然遺産に関する検討委員会（2015）国立公園指定・世界自然遺産に関する基本的な考え方について　答申報告書
NPO 法人国頭ツーリズム協会（2010）W-BRIDGE 2010 年 7 月～ 2011 年 6 月 研究・活動委託　やんばる国頭の森の持続可能な森林資源管理に関する研究報告会資料

沖縄―その歴史と日本史像―』，雄山閣出版，pp.312-344.
西川匡英（2004）『21世紀に向けた森林管理　現代森林計画学入門』，森林計画学出版局，東京.
日本政府（2017）世界遺産一覧表記載推薦書　奄美大島、徳之島、沖縄島北部及び西表島
日本生態学会生態系管理専門委員会（2005）「自然再生事業指針」，保全生態学研究 10，pp.63-75
葉山アツコ（1999）「熱帯林の憂鬱―森林の共同管理は可能か」，秋道智彌編『自然はだれのものか―「コモンズの悲劇」を超えて（講座　人間と環境　第1巻）』，昭和堂，pp.162-185.
原科幸彦（2005）「公共計画における参加の課題」，p.11-40，原科幸彦編著『市民参加と合意形成―都市と環境の計画づくり―』，学芸出版社，東京.
原田一宏（2001）「熱帯林の保護地域の地域住民―インドネシア・ジャワ島の森」，井上真・宮内泰介編『コモンズの社会学―森・川・海の資源共同管理を考える―（シリーズ環境社会学2）』，新曜社，pp.190-212.
比嘉康文（2001）『鳥たちが村を救った』，同時代社，東京.
櫃本真美代（2009）「地元学に学ぶ地域づくりに向けた環境教育の一考―東北タイ・ブア村の事例から―」，環境教育，18(3)．pp.15-26.
比屋根哲・山本信次・大石康彦（2002）「森林教育の課題と展望」，東北森林科学会誌，7(1)，pp.48-51.
比屋根哲（2003）「森林環境教育」，木平勇吉編『森林計画学』，朝倉書店，東京，pp.204-222.
比屋根哲（2009）「森林環境教育と自然保護教育」，環境教育，19(1)，pp.79-80.
広島県（2012）．ひろしまの森づくり事業に関する推進方針（平成24～28年度）.
藤田渡（2008）「悪評をこえて―サワラク社会と「持続的森林管理」のゆくえ―」．東南アジア研究 46(2)，pp.255-275.
藤森隆郎（2004）『森林と地球環境保全』，丸善，東京.
辺土名誌編集委員会（2007）辺土名誌（上下巻）
ポーラ・アンダーウッド（1998）『一万年の旅路―ネイティヴ・アメリカンの口承史』（星川淳訳）翔泳社.
保屋野初子（2010）「恩恵と災害リスクを包括する住民主体の流域管理に向けて」，環境社会学研究，16，pp.154-168.
三重県（2012）三重の森林づくり基本計画 2012
光田靖・家原敏郎・松本光朗・岡裕泰（2009）「基準・指標の理念に基づく森林計画手法に関する検討」．森林計画誌 42(1)，pp.1-14.
三俣学・森元早苗・室田武編（2008）『コモンズ研究のフロンティア―山野海川の共的世界』東京大学出版会，東京.
宮城邦昌（2010）「沖縄島奥集落の猪垣保存活動」，高橋春成『日本のシシ垣―イノシシ・シカの被害から田畑を守ってきた文化遺産』，古今書院，東京 pp.196-211.

宮本博司（2010）「淀川における河川行政の転換と独善」，宇沢弘文『社会的共通資本としての川』，東京大学出版会，東京．pp.395-410.
室田武・三俣学編（2004）「入会林野とコモンズ—持続可能な共有の森日本評論社」，東京，pp.209-212
山口県（2004）やまぐち森林づくりビジョン—未来へ引き継ぐ、みんなで育む豊かな森林.
山本信次（1998）「市民参加における「林業教育」と森林管理（〈特集〉転換期の森林・林業教育の現状と課題（I））」，林業経済，51(6)，pp.25-32.
山本信次編著（2003）『森林ボランティア論』，日本林業調査会，東京.
やんばる国頭を守り活かす連絡協議会・内閣府沖縄総合事務局（2009）平成 20 年度地方の元気再生事業　「命薬の里」親やんばる国頭の資源活用に係る方策検討調査報告書
やんばる国頭の森を守り活かす連絡協議会（2011）ニュースレター Vol.3 サントリー世界愛鳥基金活動報告
横田昌嗣（1997）「沖縄の小さな植物」，池原貞雄・加藤祐三編著『沖縄の自然を知る』，築地書店，pp.139-155.
吉武久美子（2011）『産科医療と生命倫理—よりよい意思決定と紛争予防のために』，昭和堂，京都.
吉本哲郎（2007）「広がり進化する地元学」，pp.10-17．農村文化運動№. 185，農山村文化協会，東京.
与那誌編集委員会（2013）『ユナムンダクマの郷　与那誌』．沖縄コロニー印刷.
林業統計協会（2002）2000 年世界農林業センサス　第 1 巻　沖縄県統計書（林業編）
林野庁（2017）「森林・林業・木材産業の現状と課題」
林野庁（2017）森林・林業統計要覧 2016　http://www.rinya.maff.go.jp/j/kikaku/toukei/youran_mokuzi.html
Millennium Ecosystem Assessment, 2005, Ecosystem and Human Well-being: Synthesis, Washington D.C.,: Island Press.
Ostrom,Elinor（1990）Governing the Commons – The Evolution of Institutions for Collective Action -, Cambridge University Press, p.90
Susskind, L. and Cruikshank, J.(2006) Breaking Robert's Rules: The New Way to Run Your Meeting, Build Consensus, and Get Results. Oxford University Press, Inc.（ローレンス・E.・サスカインド，ジェフリー・L. クルックシャンク（2008）『コンセンサスビルディング入門—公共政策の交渉と合意形成の進め方』．有斐閣，東京.）

# 索　引

【タ行】



【ナ行】



【ハ行】



【マ行】



【ヤ行】

【ラ行】

谷口恭子（たにぐち　やすこ）

多様性デザイン研究所　代表。NPO 法人国頭ツーリズム協会事業部門。国頭村森林組合環境部門アドバイザー。一般社団法人　コンセンサス・コーディネーターズ　国頭支部　上席研究員。山口県生まれ。沖縄県国頭村在住。1993 年、九州大学理学部生物学科（生態学）修了。日本工営株式会社環境部門技師を経て、2008 年、立教大学大学院異文化コミュニケーション専攻（環境教育）修士課程修了。特定非営利活動法人国頭ツーリズム協会事務局長等を経て、2013 年、東京工業大学社会理工学研究科価値システム専攻博士後期課程単位取得退学。2015 年、学位取得。博士（学術）。

主要論文・著書

『あなたの暮らしが世界を変える－持続可能な未来がわかる絵本』（分担、2007 年、山と渓谷社）、「クマに追いかけられた私が「クマ教室」をやってみて感じたこと」『Wildlife Forum（ワイルドライフ・フォーラム）』第 13 巻 2 号（2008 年、野生生物保護学会）、「ヒトと野生生物の「境界」をどのように定めるか」『BIOSTORY（ビオストーリー）』17（2012 年、生き物文化誌学会）、「「ゆるやかなゾーニング」概念の導入による持続可能な森林管理計画策定における合意形成プロセスの構築」『森林計画誌』48（2014 年、森林計画学会）、「森林管理計画策定における参加と合意のプロセス・デザイン」『環境教育』59（2015 年、日本環境教育学会）、『環境と生命の合意形成マネジメント』（分担、2017 年、東信堂）など。

**森林資源管理の社会的合意形成―沖縄やんばるの森の保全と再生―**

2018 年 2 月 25 日　初　版第 1 刷発行　〔検印省略〕

＊定価はカバーに表示してあります。

著者 © 谷口恭子　発行者 下田勝司　印刷・製本／中央精版印刷株式会社

東京都文京区向丘 1-20-6　郵便振替 00110-6-37828

〒 113-0023　TEL 03-3818-5521（代）　FAX 03-3818-5514

発 行 所　株式会社 東信堂

Published by TOSHINDO PUBLISHING CO., LTD.

1-20-6, Mukougaoka, Bunkyo-ku, Tokyo, 113-0023 Japan

E-Mail：tk203444@fsinet.or.jp　http://www.toshindo-pub.com

ISBN978-4-7989-1482-4　C3036 ©Taniguchi Yasuko

# 東信堂

|  |  |  |
| --- | --- | --- |
| 放送大学に学んで―未来を拓く学びの軌跡 | 放送大学中国・四国ブロック学習センター編 | 二〇〇〇円 |
| ソーシャルキャピタルと生涯学習 | J・フィールド 矢野裕俊監訳 | 二五〇〇円 |
| NPOの公共性と生涯学習のガバナンス | 高橋満 | 二八〇〇円 |
| コミュニティワークの教育的実践 | 高橋満 | 二〇〇〇円 |
| 学級規模と指導方法の社会学―実態と教育効果 | 山崎博敏 | 二二〇〇円 |
| 高等専修学校における適応と進路―後期中等教育のセーフティネット | 伊藤秀樹 | 四六〇〇円 |
| 「夢追い」型進路形成の功罪―高校改革の社会学 | 荒川葉 | 二八〇〇円 |
| 進路形成に対する「在り方生き方指導」の功罪―高校進路指導の社会学 | 望月由起 | 三六〇〇円 |
| 教育から職業へのトランジション―若者の就労と進路職業選択の社会学 | 山内乾史編著 | 二六〇〇円 |
| 学力格差拡大の社会学的研究―小中学生への追跡的学力調査結果が示すもの | 中西啓喜 | 二四〇〇円 |
| 教育と不平等の社会理論―再生産論をこえて | 小内透 | 三二〇〇円 |
| マナーと作法の社会学 | 加野芳正編著 | 二四〇〇円 |
| マナーと作法の人間学 | 矢野智司編著 | 二〇〇〇円 |

〈シリーズ 日本の教育を問いなおす〉

|  |  |  |
| --- | --- | --- |
| 拡大する社会格差に挑む教育 | 西村和雄・大森不二雄 倉元直樹・木村拓也編 | 二四〇〇円 |
| 混迷する評価の時代―教育評価を根底から問う | 西村和雄・大森不二雄 倉元直樹・木村拓也編 | 二四〇〇円 |
| 教育における評価とモラル | 戸瀬信之 西村和雄編 | 二四〇〇円 |

〈大転換期と教育社会構造：地域社会変革の学習社会論的考察〉

|  |  |  |
| --- | --- | --- |
| 第1巻 教育社会史―日本とイタリアと | 小林甫 | 七八〇〇円 |
| 第2巻 現代的教養Ⅰ―生活者生涯学習の地域的展開 | 小林甫 | 六八〇〇円 |
| 現代的教養Ⅱ―技術者生涯学習の生成と展望 | 小林甫 | 六八〇〇円 |
| 第3巻 学習力変革―地域自治と社会構築 | 小林甫 | 近刊 |
| 第4巻 社会共生力―東アジアと成人学習 | 小林甫 | 近刊 |

〒113-0023 東京都文京区向丘 1-20-6 TEL 03-3818-5521 FAX03-3818-5514 振替 00110-6-37828
Email tk203444@fsinet.or.jp URL:http://www.toshindo-pub.com/

※定価：表示価格（本体）＋税

〒113-0023　東京都文京区向丘 1-20-6　TEL 03-3818-5521　FAX03-3818-5514　振替 00110-6-37828
Email tk203444@fsinet.or.jp　URL:http://www.toshindo-pub.com/